光传输网络与技术

李淑艳　主　编

北京理工大学出版社
BEIJING INSTITUTE OF TECHNOLOGY PRESS

内 容 提 要

本书内容围绕传输技术发展的历程，重点研究了光网络技术的发展、应用及传输现场的基础维护。

本书主要讲述 SDH、MSTP、DWDM、OTN、PTN 五种光传输技术的应用。针对五种技术，主要从概述、产生背景、关键技术三方面进行描述，合理地设置教学情境和学习型工作任务。

本书概念清晰、内容丰富，理论与实践紧密联系，重点突出实践，可作为高等院校通信类专业的教材，也可作为光传输工程培训用书及传输工程技术人员的参考书。

图书在版编目（CIP）数据

光传输网络与技术/李淑艳主编. —北京：北京理工大学出版社，2017.8
ISBN 978-7-5682-4670-5

Ⅰ.①光…　Ⅱ.①李…　Ⅲ.①光纤通信-同步通信网-高等学校-教材　Ⅳ.①TN929.11

中国版本图书馆 CIP 数据核字（2017）第 203176 号

出版发行／北京理工大学出版社有限责任公司
社　　址／北京市海淀区中关村南大街 5 号
邮　　编／100081
电　　话／（010）68914775（总编室）
　　　　　（010）82562903（教材售后服务热线）
　　　　　（010）68948351（其他图书服务热线）
网　　址／http：//www.bitpress.com.cn
经　　销／全国各地新华书店
印　　刷／北京市国马印刷厂
开　　本／787 毫米×1092 毫米　1/16
印　　张／13.5　　　　　　　　　　　　　　　　责任编辑／王玲玲
字　　数／318 千字　　　　　　　　　　　　　　文案编辑／王玲玲
版　　次／2017 年 8 月第 1 版　2017 年 8 月第 1 次印刷　　责任校对／周瑞红
定　　价／52.00 元　　　　　　　　　　　　　　责任印制／李志强

图书出现印装质量问题，请拨打售后服务热线，本社负责调换

前言
Preface

近年来，各个运营商全业务的开展、各种业务需求的变化，对光传送网提出了新的要求。特别是近两年，光通信再次站在了技术革新的路口，以 40G/100G、OTN、PTN 为代表的新技术，正在将光网络向智能化、分组化和大宽带容量方向发展，所有这些应用都对大容量通信提出了更高的要求，光通信技术正朝着高速度、大容量、可扩展性好的方向发展。本书依据传输技术发展的历程，重点研究了光网络技术的发展、应用及传输现场的基础维护。

全书共分 6 章。第 1 章是 SDH 技术，主要介绍了 SDH 的基础理论知识、SDH 网元设备逻辑组成及其信号告警流程、SDH 网络及其自愈能力、SDH 同步。第 2 章是 MSTP 技术，主要介绍了 MSTP 产生背景、MSTP 概念、MSTP 发展历程、MSTP 关键技术。第 3 章是 DWDM 技术，主要介绍了 DWDM 技术概要和实现 DWDM 通信的关键技术。第 4 章是 PTN 技术，主要介绍了 PTN 的概念、产生背景、PTN 的特点、PTN 的关键技术 PWE3、PTN VPN 和 PTN 的保护机制。第 5 章是 OTN 技术，主要介绍了 OTN 的特点 OTN 光传送模块帧结构和开销的定义、OTN 的物理接口、OTN 设备功能块的定义、OTN 的抖动和漂移性能。第 6 章主要介绍了传输现场基础维护，主要是常见的传输设备、各类传输设备常见告警（面板与头柜）及含义、日常维护项目与注意事项、基本维护操作。

本书概念清晰、内容丰富，理论与实践紧密联系，重点突出实践。本书可作为高等院校通信技术、电子信息等专业相关课程的教材，实现高等院校毕业生零距离上岗要求；也可以供工程技术人员学习、参考。

在编写过程中，编者学习了大量光传输原理的前辈著作，感觉获益匪浅，在此向这些同行和前辈致敬！

限于编著者的水平，本书难免有疏漏之处，敬请广大读者批评指正，以使本教材渐趋完善，也更符合职业教育和培训的需要。

编　者

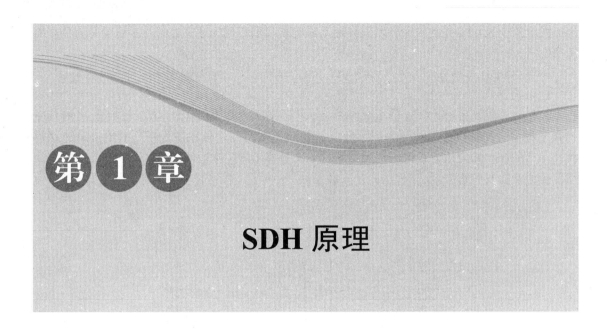

第 1 章

SDH 原理

学习目的

1. 掌握 PDH、SDH 的定义及 SDH 的速率等级、光接口规范和复用方式
2. 掌握 SDH 的块状帧结构及低速信号复用至 STM-N 的三个步骤
3. 掌握段开销中 B1、B2 等几个常用的开销字节的含义
4. 掌握 SDH 网络常见的四种网元类型及基本的网络拓扑结构
5. 掌握 SDH 网络自愈功能的定义

1.1　SDH 概述

1.1.1　SDH 产生的技术背景

在讲 SDH 传输体制之前，首先要清楚 SDH 到底是什么。那么，SDH 是什么呢？SDH 即同步数字传输体制，由此可见，SDH 是一种传输的体制协议，就像 PDH 准同步数字传输体制一样。SDH 规范了数字信号的帧结构、复用方式、传输速率等级、接口码型等特性。

那么，SDH 产生的技术背景是什么呢？

我们知道，当今社会是信息社会，高度发达的信息社会要求通信网能提供多种多样的电信业务，通过通信网传输、交换处理的信息量将不断增大，这就要求现代化的通信网向数字化、综合化、智能化和个人化方向发展。

目前传统的由 PDH 传输体制组建的传输网，其复用的方式已不能满足信号大容量传输的要求，且 PDH 体制的地区性规范也使网络互连增加了难度。由此可见，在通信网向大容量标准化发展的今天，PDH 的传输体制已经逐渐成为现代通信网的瓶颈，制约了传输网向更高的速率发展。

传统的 PDH 传输体制的缺陷体现在以下几个方面。

1. 接口方面

在接口方面，只有地区性的电接口规范，不存在世界性标准。现有的 PDH 数字信号序列有三种信号速率等级：欧洲系列、北美系列和日本系列，各种信号系列的电接口速率等级及信号的帧结构复用方式均不相同，这种局面造成了国际互通的困难，不适应当前随时随地便捷通信的发展趋势。我国采用的是欧洲系列。三种信号系列的电接口速率等级如图 1-1-1 所示。

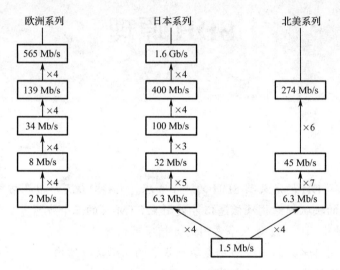

图 1-1-1　电接口速率等级

为了完成设备对光路上的传输性能进行监控，各厂家采用自行开发的线路码型。典型的例子是 mBnB 码，其中 mB 为信息码，nB 是冗余码，冗余码的作用是实现设备对线路传输性能的监控功能。由于冗余码的接入，同一速率等级上光接口的信号速率大于电接口的标准信号速率。这样，不仅增加了发光器的光功率代价，而且由于各厂家在进行线路编码时，为完成不同的线路监控功能，在信息码后加上不同的冗余码，导致不同厂家同一速率等级的光接口码型和速率也不一样，不同厂家的设备无法实现横向兼容。这样，在同一传输路线两端就必须采用同一厂家的设备，给组网管理及网络互通带来困难。

2. 复用方式

现在的 PDH 体制中只有 1.5 Mb/s 和 2 Mb/s 速率的信号（包括日本系列 6.3 Mb/s 速率的信号）是同步的，其他速率的信号都是异步的，需要通过码速的调整来匹配和容纳时钟的差异。由于 PDH 采用异步复用方式，当低速信号复用到高速信号时，其在高速信号的帧结构中的位置便没有规律性和固定性。也就是说，在高速信号中不能确认低速信号的位置，而这一点正是能否从高速信号中直接分/插出低速信号的关键所在。正如你在一堆人中寻找一个没见过的人时，若这一堆人排成整齐的队列，那么你只要知道所要找的人站在第几排和第几列就可以将他找出来。若这一堆人杂乱无章地站在一起，要找到你想找的人，就只能按照片一个一个地去寻找了。

既然 PDH 采用异步复用方式，那么，从 PDH 的高速信号中就不能直接地分/插出低速信号。例如，不能从 140 Mb/s 的信号中直接分/插出 2 Mb/s 的信号，这就会引起两个问题：

① 从高速信号中分/插出低速信号，要一级一级地进行。例如，从 140 Mb/s 的信号中分/插出 2 Mb/s 的低速信号要经过图 1-1-2 所示过程。

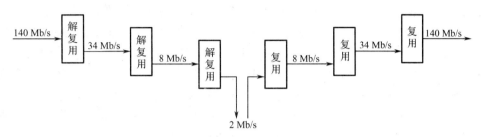

图 1-1-2　从 140 Mb/s 信号中分/插出 2 Mb/s 信号示意图

从图中可以看出，在将 140 Mb/s 信号分/插出 2 Mb/s 信号过程中，使用了大量的背靠背设备，通过三级解复用设备从 140 Mb/s 的信号中分出 2 Mb/s 低速信号，再通过三级复用设备将 2 Mb/s 的低速信号复用到 140 Mb/s 信号中。一个 140 Mb/s 信号可复用进 64 个 2 Mb/s 信号，若在此处仅仅从 140 Mb/s 信号中上/下一个 2 Mb/s 的信号，也需要全套的三级复用和解复用设备，这样不仅增加了设备的体积、成本、功耗，还增加了设备的复杂性，降低了设备的可靠性。

② 由于低速信号分/插到高速信号要通过层层的复用和解复用过程，这样就会使信号在复用/解复用过程中产生的损伤加大，使传输性能劣化。在大容量传输时，此种缺点是不能容忍的，这也就是 PDH 体制传输信号的速率没能更进一步提高的原因。

3. 运行维护方面

PDH 信号的帧结构里用于运行维护工作（OAM）的开销字节不多，这也就是为什么在设备进行光路上的线路编码时，要通过增加冗余编码来完成线路性能监控功能。由于 PDH 信号运行维护工作的开销字节少，这对于完成传输网的分层管理、性能监控、业务的实时调度、传输带宽的控制、告警的分析定位是很不利的。

4. 没有统一的网管接口

由于没有统一的网管接口，这就使得买一套某厂家的设备，就需买一套该厂家的网管系统，容易形成网络的七国八制的局面，不利于形成统一的电信管理网。

以上种种缺陷使 PDH 传输体制越来越不适应传输网的发展。于是美国贝尔通信研究所首先提出了用一整套分等级的标准数字传递结构组成的同步网络（SONET）体制，国际电报电话咨询委员会（CCITT）于 1988 年接受了 SONET 概念，并重命名为同步数字体系 SDH，使其成为不仅适用于光纤传输，也适用于微波和卫星传输的通用技术体制。本书主要讲述 SDH 体制在光纤传输网上的应用。

你也许在资料中看过 SDH 信号能直接从高速信号中下低速信号，如直接从 622 Mb/s 信号中下 2 Mb/s 信号，这种特性与 SDH 所特有的同步复用方式有关。既然是同步复用方式，那么低速信号在高速信号帧中的位置是可预见的，于是从高速信号中直接下低速信号就变成一件很容易的事。

1.1.2 与 PDH 相比，SDH 有哪些优势

SDH 传输体制是由 PDH 传输体制进化而来的，它具有 PDH 体制所无可比拟的优点。它是不同于 PDH 体制的全新的一代传输体制，与 PDH 相比，其在技术体制上进行了根本的变革。

SDH 概念的核心是从统一的国家电信网和国际互通的高度来组建数字通信网，是构成综合业务数字网（ISDN），特别是宽带综合业务数字网（B-ISDN）的重要组成部分。那么怎样理解这个概念呢？因为与传统的 PDH 体制不同，按 SDH 组建的网是一个高度统一的标准化的、智能化的网络，它采用全球统一的接口，以实现设备多厂家环境的兼容，在全程全网范围实现高效的、协调一致的管理和操作，实现灵活地组网与业务调度，实现网络自愈功能，提高网络资源利用率。由于维护功能的加强，大大降低了设备的运行维护费用。下面就 SDH 所具有的优势，从几个方面进一步说明（注意与 PDH 体制相对比）。

1. 接口方面

（1）电接口方面。

接口的规范化与否是决定不同厂家的设备能否互连的关键。SDH 体制对网络节点接口 NNI 做了统一的规范。规范的内容有数字信号速率等级、帧结构、复接方法、线路接口、监控管理等。于是这就使 SDH 设备容易实现多厂家互连，也就是说，在同一传输线路上可以安装不同厂家的设备，体现了横向兼容性。

SDH 体制有一套标准的信息结构等级，即有一套标准的速率等级。基本的信号传输结构等级是同步传输模块——STM-1，相应的速率是155 Mb/s，高等级的数字信号系列，如622 Mb/s（STM-4）、2.5 Gb/s（STM-16）等，可通过将低速率等级的信息模块，如 STM-1，通过字节间插同步复用而成，复用的个数是 4 的倍数。例如，STM-4=4×STM-1，STM-16=4×STM-4。

🔁 技术细节

什么是字节间插复用方式呢？

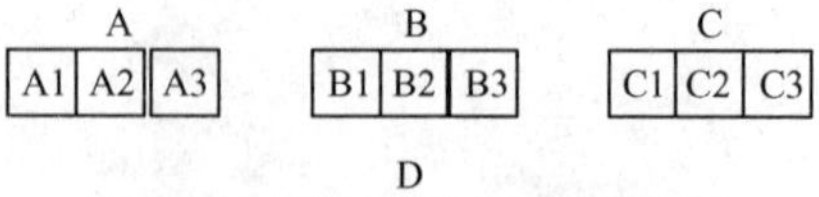

图 1-1-3 字节间插复用

以一个例子来说明。有三个信号帧结构 A、B、C，每帧各为 3 个字节，若将这三个信号通过字节间插复用方式复用成信号 D，那么 D 就应该是这样一种帧结构，帧中有 9 个字节，且这 9 个字节的排放次序如图 1-1-3 所示。

（2）光接口方面。

线路接口（这里指光口）采用世界性统一标准规范。SDH 信号的线路编码仅对信号进行扰码，不再进行冗余码的插入。扰码的标准是世界统一的，这样对端设备仅需通过标准的解码器就可与不同厂家 SDH 设备进行光口互连。扰码的目的是抑制线路码中的长连 0 和长连 1，便于从线路信号中提取时钟信号。由于线路信号仅通过扰码，所以 SDH 的线路信号速率与 SDH 电口标准信号速率相一致，这样就不会增加发端激光器的光功率代价。

2. 复用方式

由于低速 SDH 信号是以字节间插方式复用进高速 SDH 信号的帧结构中的，这样就使低

速 SDH 信号在高速 SDH 信号的帧中的位置是固定的、有规律的，也就是说，是可预见的，这样就能从高速 SDH 信号如 2.5 Gb/s（STM-16）中直接分/插出低速 SDH 信号，如 155 Mb/s（STM-1），从而简化了信号的复接和分接，使 SDH 体制特别适用于高速大容量的光纤通信系统。

另外，由于采用了同步复用方式和灵活的映射结构，可将 PDH 低速支路信号，如 2 Mb/s 复用进 SDH 信号的帧中去（STM-N），这样使低速支路信号在 STM-N 帧中的位置也是可预见的，于是可以从 STM-N 信号中直接分/插出低速支路信号，注意此处不同于前面所说的从高速 SDH 信号中直接分/插出低速 SDH 信号，此处是指从 SDH 信号中直接分/插出低速支路信号，如 2 Mb/s、34 Mb/s 与 140 Mb/s 等低速信号，于是节省了大量的复接/分接设备（背靠背设备），增加了可靠性，减少了信号损伤、设备成本功耗、复杂性等，使业务的上/下更加简便。

SDH 的这种复用方式使数字交叉连接设备（DXC）功能更易于实现，使网络具有了很强的自愈功能，便于用户按需动态组网，进行实时灵活的业务调配。

🔄 技术细节

什么是网络自愈功能？

网络自愈是指当业务信道损坏，导致业务中断时网络会自动将业务切换到备用业务信道，使业务能在较短的时间（ITU-T 规定为 50 ms）内得以恢复正常传输。注意，这里仅指业务得以恢复，而发生故障的设备和发生故障的信道则还是需要人去修复的。

那么，为达到网络自愈功能，除了设备具有 DXC 功能，完成将业务从主用信道切换到备用信道外，还需要有冗余的信道、冗余设备。

3. 运行维护方面

SDH 信号的帧结构中安排了丰富的用于运行维护 OAM 功能的开销字节，使网络的监控功能大大加强，也就是说，维护的自动化程度大大加强。PDH 的信号中开销字节不多，以至于在对线路进行性能监控时，还要通过在线路编码时加入冗余比特来完成。以 PCM30/32 信号为例，其帧结构中仅有 TS0 时隙和 TS16 时隙中的比特用于 OAM 功能。

SDH 信号丰富的开销占用整个帧所有比特的 1/20，大大加强了 OAM 功能，这样就使系统的维护费用大大降低。

4. 兼容性

SDH 有很强的兼容性。这也就意味着当组建 SDH 传输网时，原有的 PDH 传输网不会作废，两种传输网可以共同存在，也就是说，可以用 SDH 网传送 PDH 业务。另外，异步转移模式的 ATM、FDDI 信号等其他体制的信号也可用 SDH 网来传输。

那么，SDH 传输网是怎样实现这种兼容性的呢？

SDH 网中用 SDH 信号的基本传输模块（STM-1）可以容纳 PDH 的三个数字信号系列和其他的各种体制的数字信号系列——异步传输模式（ATM）、光纤分布式数据接口（FDDI）、分布式队列双总线（DQDB）等，从而体现了 SDH 的前向兼容性和后向兼容性，确保了 PDH 网向 SDH 网和 SDH 向 ATM 的顺利过渡。SDH 是怎样容纳各种体制信号的呢？很简单，SDH 把各种体制的低速信号在网络边界处（例如 SDH/PDH 起点）复用进 STM-1 信号的帧结构中，在网络边界处终点再将它们拆分出来即可，这样就可以在 SDH 传输网上传输各种体制的数字信号了。

在 SDH 网中，SDH 的信号实际上起着运货车的功能，它将各种不同体制的信号（本书中主要是指 PDH 信号）像货物一样打成不同大小的速率级别包，然后装入货车（装入 STM-N 帧中），在 SDH 的主干道上传输。在收端，从货车上卸下打成货包的货物（其他体制的信号），然后拆包恢复成原来体制的信号，这也形象地描述了不同体制的低速信号复用进 SDH 信号（STM-N）在 SDH 网上传输和最后拆分出原体制信号的全过程。

1.1.3　SDH 的缺陷

凡事有利就有弊，SDH 的这些优点是以牺牲其他方面为代价的。

1. 频带利用率低

有效性和可靠性是一对矛盾，增加了有效性，必将降低可靠性，增加了可靠性，也会相应地使有效性降低。例如，收音机的选择性增加，可选的电台就增多，这样就提高了选择性，但是由于这时通频带相应地会变窄，必然会使音质下降，也就是可靠性下降。相应地，SDH 的一个很大的优势是系统的可靠性大大地增强了，运行维护的自动化程度高。这是由于在 SDH 的信号 STM-N 帧中加入了大量的用于 OAM 功能的开销字节，这样必然会使在传输同样多有效信息的情况下，PDH 信号所占用的频带（传输速率）要比 SDH 信号所占用的频带（传输速率）窄，即 PDH 信号所用的速率低。例如，SDH 的 STM-1 信号可复用进 63 个 2 Mb/s 或 3 个 34 Mb/s（相当于 48×2 Mb/s）或 1 个 140 Mb/s（相当于 64×2 Mb/s）的 PDH 信号。只有当 PDH 信号是以 140 Mb/s 的信号复用进 STM-1 信号的帧时，STM-1 信号才能容纳 64×2 Mb/s 的信息量，但此时它的信号速率是 155 Mb/s，要高于 PDH 同样信息容量的 E4 信号（140 Mb/s）。也就是说，STM-1 所占用的传输频带要大于 PDH E4 信号的传输频带，二者的信息容量是一样的。

2. 指针调整机理复杂

SDH 体制可从高速信号（例如 STM-1）中直接下低速信号（例如 2 Mb/s），省去了多级复用/解复用过程，而这种功能的实现是通过指针机理来完成的。指针的作用就是时刻指示低速信号的位置，以便在拆包时能正确地拆分出所需的低速信号，保证了 SDH 从高速信号中直接下低速信号功能的实现。可以说指针是 SDH 的一大特色，但是指针功能的实现增加了系统的复杂性，最重要的是使系统产生 SDH 的一种特有抖动——由指针调整引起的结合抖动，这种抖动多发于网络边界处（SDH/PDH），其频率低，幅度大，会导致低速信号在拆出后性能劣化。这种抖动的滤除会相当困难。

1.2　SDH 信号的帧结构和复用步骤

1.2.1　SDH 信号 STM-N 的帧结构

SDH 信号需要什么样的帧结构呢？

STM-N 信号帧结构的安排应尽可能使支路低速信号在一帧内均匀有规律地分布，这样便于实现支路的同步复用、交叉连接（DXC）、分/插和交换，即为了方便地从高速信号中直接上/下低速支路信号。鉴于此，ITU-T 规定了 STM-N 的帧是以字节（8 bit）为单位的矩形块状帧结构，如图 1-2-1 所示。

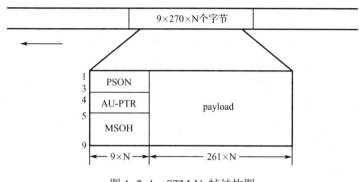

图 1-2-1　STM-N 帧结构图

 诀窍

块状帧是什么呢？

为了便于对信号进行分析，往往将信号的帧结构等效为块状帧结构。这不是 SDH 信号所特有的。PDH 信号、ATM 信号、分组交换的数据包，它们的帧结构都算是块状帧，如 E1 信号的帧是由 32 个字节组成的 1 行 32 列的块状帧；ATM 信号是由 53 个字节构成的块状帧，将信号的帧结构等效为块状仅仅是为了分析的方便。

从图 1-2-1 可以看出，STM-N 的信号是 9 行 270×N 列的帧结构，此处的 N 与 STM-N 中的 N 相一致（取值范围为 1、4、16、64），表示此信号由 N 个 STM-1 信号通过字节间插复用而成。由此可知，STM-1 信号的帧结构是 9 行 270 列的块状帧。当 N 个 STM-1 信号通过字节间插复用成 STM-N 信号时，仅仅是将 STM-1 信号的列按字节间插复用，行数恒定为 9 行。

我们知道，信号在线路上传输时是一个比特一个比特地进行的，那么这个块状帧是怎样在线路上进行传输的呢？STM-N 信号的传输也遵循按比特的传输方式，SDH 信号帧传输的原则是帧结构中的字节（8 bit）从左到右，从上到下，一个字节一个字节、一个比特一个比特地传输，传完一行再传下一行，传完一帧再传下一帧。

STM-N 信号的帧频是多少呢？ITU-T 规定，对于任何级别的 STM，帧频都是 8 000 帧/s，即帧长或帧周期为恒定的 125 μs。帧周期的恒定是 SDH 信号的一大特点。而 PDH 不同等级信号的帧周期是不恒定的。由于帧周期的恒定，使 STM-N 信号的速率有其规律性，如 STM-4 的传输速率恒定地等于 STM-1 信号传输速率的 4 倍，STM-16 的速率恒定等于 STM-4 的 4 倍、STM-1 的 16 倍，而 PDH 中的 E2 信号速率≠E1 信号速率的 4 倍。SDH 信号的这种规律性，使高速 SDH 信号直接分/插出低速 SDH 信号成为可能，特别适用于大容量的传输情况。

 想一想

STM-N 帧中单独一个字节的比特传输速率是多少？

STM-N 的帧频为 8 000 帧/s，这就是说，信号帧中某一特定字节每秒被传送 8 000 次，那么该字节的比特速率是 8 000×8 bit=64 Kb/s。

从图 1–2–1 中可以看出，STM-N 的帧结构由三部分组成：信息净负荷（payload）、段开销（包括再生段开销（RSOH）和复用段开销（MSOH））、管理单元指针（AU-PTR）。下面讲述这三大部分的功能。

（1）信息净负荷（payload）。

信息净负荷是在 STM-N 帧结构中存放将由 STM-N 传送的各种信息码块的地方。信息净负荷区相当于 STM-N 这辆运货车的车箱，车箱内装载的货物就是经过打包的低速信号。待运输的货物为了实时监测打包的低速信号在传输过程中是否有损坏，在将低速信号打包的过程中加入了监控开销字节——通道开销 POH 字节。POH 作为净负荷的一部分与信息码块一起装载在 STM-N 这辆货车上在 SDH 网中传送，它负责对打包的低速信号进行通道性能监视管理和控制。

注意

信息净负荷并不等于有效负荷，因为在低速信号中加上了相应的 POH。

（2）段开销（SOH）。

段开销是为了保证信息净负荷正常灵活传送而必须附加的，供网络运行、管理和维护 OAM 使用的字节。段开销又分为再生段开销（RSOH）和复用段开销（MSOH），分别对相应的段层进行监控。

再生段开销在 STM-N 帧中的位置是第 1～3 行的第 1～9×N 列，共 3×9×N 个字节。复用段开销在 STM-N 帧中的位置是第 5～9 行的第 1～9×N 列，共 5×9×N 个字节。与 PDH 信号的帧结构相比较，段开销丰富是 SDH 信号帧结构的一个重要的特点。

（3）管理单元指针（AU-PTR）。

管理单元指针位于 STM-N 帧中第 4 行的 9×N 列，共 9×N 个字节。AU-PTR 起什么作用呢？我们讲过，SDH 能够从高速信号中直接分/插出低速支路信号，如 2 Mb/s。为什么会这样呢？这是因为低速支路信号在高速 SDH 信号帧中的位置有预见性，指针 AU-PTR 是用来指示信息净负荷的第一个字节在 STM-N 帧内的准确位置的指示符，以便收端能根据这个位置指示符的指针值正确分离信息净负荷。

这句话怎样理解呢？若仓库中以堆为单位存放了很多货物，每堆货物中的各件货物（低速支路信号）的摆放是有规律性的（字节间插复用），那么，若要定位仓库中某件货物的位置，只要知道这堆货物的具体位置就可以了，即只要知道这堆货物的第一件货物放在哪儿，然后通过本堆货物摆放位置的规律性，就可以直接定位出本堆货物中任一件货物的准确位置，这样就可以直接从仓库中搬运（直接分/插某一件特定低速支路信号）。AU-PTR 的作用就是指示这堆货物中第一件货物的位置。

指针有高低阶之分，高阶指针是 AU-PTR，低阶指针是 TU-PTR。支路单元指针 TU-PTR 的作用类似于 AU-PTR，只不过所指示的货物堆更小一些而已。

1.2.2　SDH 的复用结构和步骤

SDH 的复用包括两种情况：一种是低阶的 SDH 信号复用成高阶的 SDH 信号，另一种是低速支路信号（例如 2 Mb/s、34 Mb/s、140 Mb/s）复用成 SDH 信号 STM-N。

第一种情况在前面已有所提及。主要通过字节间插复用方式来完成，复用的个数是四合一，即 4×STM-1→STM-4、4×STM-4→STM-16。

第二种情况用得最多的就是将 PDH 信号复用进 STM-N 信号中去。

传统的将低速信号复用成高速信号的方法有两种。

（1）比特塞入法，又叫作码速调整法。

这种方法利用固定位置的比特塞入指示来显示塞入的比特是否载有信号数据，允许被复用的净负荷有较大的频率差异（异步复用）。因为存在一个比特塞入和去塞入的过程（码速调整），因而不能将支路信号直接接入高速复用信号，或从高速信号中分出低速支路信号，即不能直接从高速信号中上/下低速支路信号，要一级一级地进行，这也就是 PDH 的复用方式。

（2）固定位置映射法。

这种方法利用低速信号在高速信号中的特殊位置来携带低速同步信号，要求低速信号与高速信号同步，即帧频相一致，可方便地从高速信号中直接上/下低速支路信号，但当高速信号和低速信号间出现频差和相差，不同步时，要用 125 μs（8 000 帧/s）缓存器来进行频率校正和相位对准，导致信号较大延时和滑动损伤。

从上面可以看出，这两种复用方式都有一些缺陷，比特塞入法无法从高速信号中上/下低速支路信号，固定位置映射法引入的信号时延过大。

SDH 网的兼容性要求 SDH 的复用方式既能满足异步复用（例如将 PDH 信号复用进 STM-N），又能满足同步复用（例如 STM-1、STM-4），而且能方便地由高速 STM-N 信号分/插出低速信号，同时不造成较大的信号时延和滑动损伤，这就要求 SDH 采用自己独特的复用步骤和复用结构。在这种复用结构中，通过指针调整定位技术来取代 125 μs 缓存器，用以校正支路信号频差和实现相位对准。

各种业务信号复用进 STM-N 帧的过程，都要经历映射（相当于信号打包）、定位（相当于指针调整）、复用（相当于字节间插复用）三个步骤。ITU-T 规定了一整套完整的复用结构，复用路线通过这些路线可将 PDH 的 3 个系列的数字信号以多种方法复用成 STM-N 信号。ITU-T 规定的复用路线如图 1-2-2 所示。

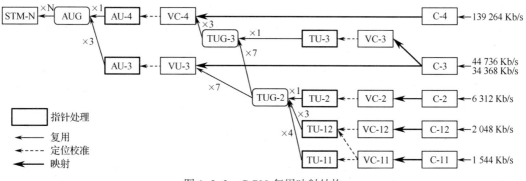

图 1-2-2　G.709 复用映射结构

从图 1-2-2 中可以看到，此复用结构包括了一些基本的复用单元：C 容器、VC 虚容器、TU 支路单元、TUG 支路单元组、AU 管理单元、AUG 管理单元组。这些复用单元的序号表示与此复用单元相应的信号级别。在图中可以看出，从有效负荷到 STM-N 的复用路线不是唯一的,即有多种复用方法,如 2 Mb/s 的信号有两条复用路线复用成 STM-N 信号。

尽管一种信号复用成 SDH 的 STM-N 信号的路线有多种,但是,对于一个国家或地区,则必须使复用路线唯一化。我国的光同步传输网技术体制规定了以 2 Mb/s 信号为基础的 PDH 系列作为 SDH 的有效负荷,并选用 AU-4 的复用路线,其结构如图 1-2-3 所示。

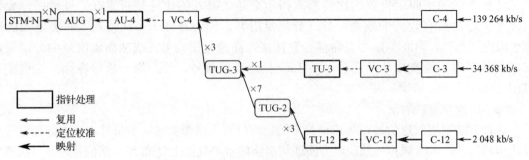

图 1-2-3　我国的 SDH 基本复用映射结构

下面分别讲述 140 Mb/s、34 Mb/s、2 Mb/s 的 PDH 信号是如何复用进 STM-N 信号中的。

（1）140 Mb/s 复用进 STM-N 信号。

① 首先将 140 Mb/s 的 PDH 信号经过码速调整比特塞入法适配进 C4。C4 是用来装载 140 Mb/s 的 PDH 信号的标准信息结构。参与 SDH 复用的各种速率的业务信号都应首先通过码速调整适配技术装进一个与信号速率级别相对应的标准容器——2 Mb/s（C12）、34 Mb/s（C3）、140 Mb/s（C4）。容器的主要作用是进行速率调整,140 Mb/s 的信号装入 C4 也就相当于将其打了个包封,使 140 Mb/s 信号的速率调整为标准的 C4 速率。C4 的帧结构是以字节为单位的块状帧,帧频是 8 000 帧/s,即经过速率适配 140 Mb/s 的信号在适配成 C4 信号时,已经与 SDH 传输网同步了。

C4 的帧结构如图 1-2-4 所示。

C4 信号的帧有 260 列 9 行,PDH 信号在复用进 STM-N 中时,其块状帧一直保持为 9 行,C4 信号的速率为

8 000 帧/s×9 行×260 列×8 bit=149.760 Mb/s。

所谓对异步信号进行速率适配,其实际含义就是指当异步信号的速率在一定范围内变动时,通过码速调整可将其速率转换为标准速率。在这里 E4 信号的速率范围是 139.264 Mb/s（1±15ppm）,而符合 G.703 规范标准的速率范围是 139.261～139.266 Mb/s,通过速率适配可将这个速率范围的 E4 信号调整成标准的 C4 速率 149.760 Mb/s,即能够装入 C4 容器。

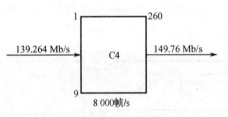

图 1-2-4　C4 的帧结构图

怎样进行 E4 信号的速率调整呢?

可将 C4 的基帧 9 行 260 列划分为 9 个子帧,每个子帧占一行,每个子帧又可以 13 个字节为一个单位分成 20 个单位,每个子帧的 20 个 13 字节块的第 1 个字节依次为 W X Y Y Y X Y Y Y X Y Y Y X Y Y Y X Y Z,共 20 个字节,每个 13 字节块的第 2～13 字节放的是 140 Mb/s 的信息比特,如图 1-2-5 所示。

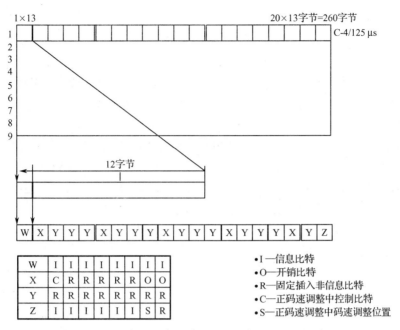

图 1-2-5　C-4 的子帧结构

一个子帧中每个 13 字节块的后 12 个字节均为 W 字节，再加上第一个 13 字节的第一个字节也是 W 字节，共 241 个 W 字节，5 个 X 字节，13 个 Y 字节，1 个 Z 字节，各字节的比特内容如图 1-2-5 所示。那么，一个子帧，如 C4 子帧，其有 241W+13Y+5X+1Z=260 个字节 =1 934I+S+5C+130R+10O=2 080 bit。

一个 C4 子帧总计有 8×260=2 080（bit），其分配如下。

信息比特 I：1 934；固定塞入比特 R：130；开销比特 O：10；调整控制比特 C：5；调整机会比特 S：1。

C 比特主要用来控制相应的调整机会比特 S，当 CCCCC=00000 时，S=I；当 CCCCC=11111 时，S=R。分别令 S 为 I 或 S 为 R，可算出 C-4 容器能容纳的信息速率的上限和下限：

当 S=I 时，C-4 能容纳的信息速率最大，为（1 934+1）×9×8 000=139.320（Mb/s）；

当 S=R 时，C-4 能容纳的信息速率最小，为（1 934+0）×9×8 000=139.248（Mb/s）。

即 C-4 容器能容纳的 E4 信号的速率范围是 139.248～139.32 Mb/s，而符合 G.703 规范的 E4 信号速率范围是 139.261～139.266 Mb/s，这样 C4 容器就可以装载速率在一定范围内的 E4 信号，也就是可以对符合 G.703 规范的 E4 信号进行速率适配，适配后为标准 C4 速率 149.760 Mb/s。

② 为了能够对 140 Mb/s 的通道信号进行监控，在复用过程中要在 C4 的块状帧前加上一列通道开销字节高阶通道开销 VC4-POH，此时信号成为 VC4 信息结构，如图 1-2-6 所示。

VC4 是与 140 Mb/s PDH 信号相对应的标准虚容器，此过程相当于对 C4 信号再打一个包封，将对通道进行监控管理的开销 POH 打入包封中去，以实现对通

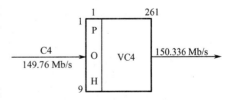

图 1-2-6　VC4 结构图

道信号的实时监控。

虚容器 VC 的包封速率也是与 SDH 网络同步的，不同的 VC（例如，与 2 Mb/s 相对应的 VC12，与 34 Mb/s 相对应的 VC3）是相互同步的，而虚容器内部却允许装载来自不同容器的异步净负荷虚容器。这种信息结构在 SDH 网络传输中保持其完整性不变，即可将其看成独立的单位，十分灵活和方便地在通道中任一点插入或取出，进行同步复用和交叉连接处理。

其实从高速信号中直接定位上/下的是相应信号的 VC 信号包，然后通过打包/拆包来上/下低速支路信号。在将 C4 打包成 VC4 时，要加入 9 个开销字节位于 VC4 帧的第一列，这时 VC4 的帧结构就成了 9 行 261 列。PDH 信号经打包成 C，再加上相应的通道开销而成 VC 这种信息结构，这个过程就叫作映射。

③ 货物都打成了标准的包封后，就可以往 STM-N 这辆车上装载了。装载的位置是其信息净负荷区。在装载货物 VC 时，会出现这样一个问题：当货物装载的速度和货车等待装载的时间 STM-N 的帧周期 125 μs 不一致时，就会使货物在车箱内的位置浮动，那么在收端怎样才能正确分离货物包呢？SDH 采用在 VC4 前附加一个管理单元指针 AU-PTR 来解决这个问题。此时信号由 VC4 变成了管理单元 AU-4 这种信息结构，如图 1-2-7 所示。

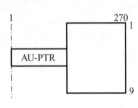

图 1-2-7　AU-4 结构图

AU-4 这种信息结构已初具 STM-1 信号的雏形，9 行 270 列，只不过缺少 SOH 部分而已。这种信息结构其实也算是将 VC4 信息包再加上一个包封 AU-4。

管理单元为高阶通道层和复用段层提供适配功能，由高阶 VC 和 AU 指针组成。AU 指针的作用是指明高阶 VC 在 STM 帧中的位置，即指明 VC 货包在 STM-N 车箱中的具体位置，通过指针的作用允许高阶 VC 在 STM 帧内浮动，即允许 VC4 和 AU-4 有一定的频偏和相差，也可以这样说，允许 VC4 的速率和 AU-4 包封速率（装载速率）有一定的差异，这种差异性不会影响收端正确地定位分离 VC4（尽管货物包可能在车箱内信息净负荷区浮动），但是 AU-PTR 本身在 STM 帧内的位置是固定的。

为什么 AU-PTR 不在净负荷区，而是和段开销在一起？因为这样可保证收端能正确地在相应位置找到 AU-PTR，从而通过 AU 指针定位 VC4 的位置，进而从 STM-N 信号中分离出 VC4。

一个或多个在 STM 帧由占用固定位置的 AU 组成 AUG——管理单元组。

④ 最后将 AU-4 加上相应的 SOH 合成 STM-1 信号。N 个 STM-1 信号通过字节间插复用成 STM-N 信号。

（2）34 Mb/s 复用进 STM-N 信号。

① 同样，34 Mb/s 的信号先经过码速调整将其适配到相应的标准容器 C3 中，然后加上相应的通道开销打包成 VC3，此时的帧结构是 9 行 85 列。

为了便于收端定位 VC3，以便能将它从高速信号中直接拆离出来，在 VC3 的帧上加了 3 个字节的指针——TU-PTR 支路单元指针（注意，AU-PTR 是 9 个字节），此时的信息结构是支路单元 TU-3（与 34 Mb/s 的信号相应的信息结构）。支路单元提供低阶通道层（低阶 VC，例如 VC3）和高阶通道层之间的桥梁，即是高阶通道拆分成低阶通道，或低阶通道复用成高阶通道的中间过渡信息结构。

那么支路单元指针起什么作用呢？TU-PTR 用于指示低阶 VC 的起点在支路单元 TU 中的具体位置，与 AU-PTR 类似，AU-PTR 是指示 VC4 起点在 STM 帧中的具体位置的。实际上二者的工作机理也很类似，在装载低阶 VC 到 TU 中时，也要有一个定位的过程——加入 TU-PTR 的过程。

此时的帧结构 TU3 如图 1–2–8 所示。

② TU3 的帧结构有点残缺，先将其缺口部分补上，成为如图 1–2–9 所示的帧结构。图中 R 为塞入的伪随机信息，这时的信息结构为 TUG3 支路单元组。

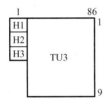　　　　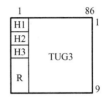

图 1–2–8　装入 TU-PTR 后的 TU3 帧结构图　　图 1–2–9　填补缺口后的 TU3 帧结构图

③ 三个 TUG3 通过字节间插复用方式复合成 C4 信号结构。复合过程如图 1–2–10 所示。

因为 TUG3 是 9 行 86 列的信息结构，所以 3 个 TUG3 通过字节间插复用方式复合后的信息结构是 9 行 258 列的块状帧结构，而 C4 是 9 行 260 列的块状帧结构，于是在 3 个 TUG3 的合成结构前面加两列塞入比特使其成为 C4 的信息结构。

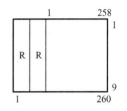

图 1–2–10　C4 帧结构图

④ 这时剩下的工作就是将 C4 复用进 STM-N 中去，过程同前面所讲的将 140 Mb/s 信号复用进 STM-N 信号的过程，类似于 C4→VC4→AU-4→ AUG→STM-N。

（3）2 Mb/s 复用进 STM-N 信号。

当前运用得最多的复用方式是将 2 Mb/s 信号复用进 STM-N 信号中，它也是 PDH 信号复用进 SDH 信号最复杂的一种复用方式。

① 首先将 2 Mb/s 的 PDH 信号经过速率适配装载到对应的标准容器 C12 中，为了便于速率的适配，采用了复帧的概念，即将 4 个 C12 基帧组成一个复帧。

C12 的基帧帧频也是 8 000 帧/s，则 C12 复帧的帧频就成了 2 000 帧/s。那么为什么要使用复帧呢？采用复帧纯粹是为了码速适配的方便，如若 E1 信号的速率是标准的 2.048 Mb/s，那么装入 C12 时，正好是每个基帧装入 32 个字节，即 256 bit 有效信息。这是因为 E1 的帧频为 8 000 帧/s，如果当 E1 信号的速率不是标准速率 2.048 Mb/s，那么装入每个 C12 的平均比特数就不是整数。例如，E1 速率是 2.046 Mb/s 时，将此信号装入 C12 基帧时，平均每帧装入的比特数是（2.046 106 b/s）/（8 000 帧/s）= 255.75 bit，有效信息比特数不是整数，因此无法进行装入。若此时取 4 个基帧为 1 个复帧，那么正好一个复帧装入的比特数为（2.046 106 b/s）/（2 000 帧/s）=1 023 bit，可在前三个基帧每帧装入 256 bit 即 32 字节有效信息，在第 4 帧装入 255 bit 的有效信息，这样就可将此速率的 E1 信号完整地适配进 C12 中去。

那么怎样对 E1 信号进行速率适配，也就是怎样将其装入 C12 呢？C12 基帧结构是 $9×4-2$ 个字节的带缺口的块状帧。4 个基帧组成一个复帧。C12 复帧结构和字节安排如图 1-2-11 所示。

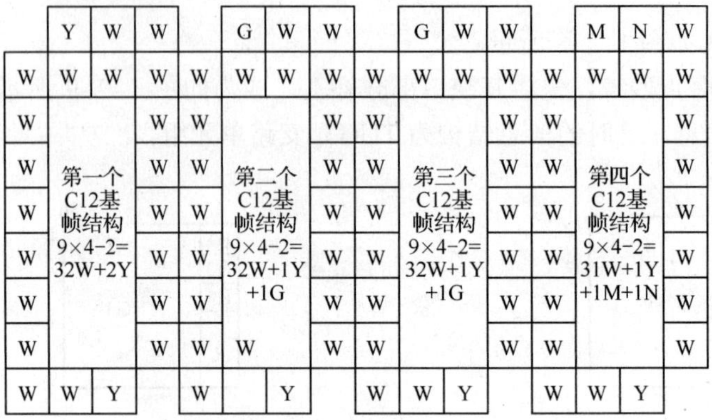

每格为1个字节（8 bit），各字节的比特类别：
W=IIIIIIII   Y=RRRRRRRR   G=C1C2OOOOORR
M=C1C2RRRRRS1   N=S2IIIIIIII
I：信息比特   R：塞入比特   O：开销比特
C1：负调整控制比特   S1：负调整位置   C1=0 S1=I；C1=1 S1=R*
C2：正调整控制比特   S2：正调整位置   C2=0 S2=I；C2=1 S1=R*
R*：调整比特，在收端去调整时，应忽略调整比特的值，复帧周期为125×4=500（μs）

图 1-2-11 C12 复帧结构和字节安排

复帧中的各字节的内容如图 1-2-11 所示。一个复帧共有 C12 复帧=$4×(9×4-2)$=136（字节）=127W+ 5Y+ 2G+1M+1N=（1 023I+S1+S2）+3C1+49R+8O=1 088（bit），其中负正调整控制比特 C1、C2 分别控制负正调整机会 S1、S2。当 C1C1C1=000 时，S1 放有效信息比特 I；C1C1C1=111 时，S1 放塞入比特 R。C2 以同样方式控制 S2。

复帧可容纳有效信息负荷的允许速率范围是：

C12 复帧 $_{max}$=（1023+1+1）×2 000=2.050（Mb/s）

C12 复帧 $_{min}$=（1023+0+0）×2 000=2.046 9（Mb/s）

也就是说，当 E1 信号适配进 C12 时，只要 E1 信号的速率范围在 2.046～2.050 Mb/s，就可以将其装载进标准的 C12 容器中。通过码速调整其速率，调整成标准的 C12 速率 2.176 Mb/s。

🔄 技术细节

从图 1-2-11 中看出，一个复帧的 4 个 C12 基帧是并行搁在一起的，这 4 个基帧在复用成 STM-1 信号时，不是复用在同一帧 STM-1 信号中的，而是复用在连续的 4 帧 STM-1 中，因此，为了正确分离 2 Mb/s 的信号，有必要知道每个基帧在复帧中的位置，即在复帧中的第几个基帧。

② 为了在 SDH 网的传输中能实时监测任一个 2 Mb/s 通道信号的性能，需将 C12 再打包加入相应的通道开销，使其成为 VC12 的信息结构。低阶通道开销是加在每个基帧左上角的

缺口上的，一个复帧有一组低阶通道开销，共 4 个字节：V5、J2、N2、K4。

因为 VC 可看成一个独立的实体，因此以后对 2 Mb/s 的业务的调配是以 VC12 为单位的。一组通道开销监测的是整个复帧在网络上传输的状态。

③ 为了使收端能正确定位 VC12 的帧，在 VC12 复帧的 4 个缺口上再加上 4 个字节的 TU-PTR。这时信号的信息结构就变成了 TU12，9 行×4 列。TU-PTR 指示复帧中第一个 VC12 的起点在 TU12 复帧中的具体位置。

④ 3 个 TU12 经过字节间插复用合成 TUG2，此时的帧结构是 9 行×12 列。

⑤ 7 个 TUG2 经过字节间插复用合成 TUG3 的信息结构。由于 7 个 TUG2 合成的信息结构是 9 行×84 列，为满足 TUG3 的信息结构 9 行 86 列，则需在 7 个 TUG2 合成的信息结构前加入两列固定塞入比特，如图 1-2-12 所示。

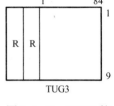

图 1-2-12　TUG3 的信息结构

⑥ TUG3 信息结构再复用进 STM-N 中的步骤则与前面所讲的一样。

🔄 技术细节

从 140 Mb/s 的信号复用进 STM-N 信号的过程可以看出，一个 STM-N 最多可承载 N 个 140 Mb/s，即一个 STM-1 信号只可以复用进 1 个 140 Mb/s 的信号，此时 STM-1 信号的容量相当于 64 个 2 Mb/s 的信号。同样地，从 34 Mb/s 的信号复用进 STM-1 信号，STM-1 可容纳 3 个 34 Mb/s 的信号，即有 482 Mb/s 的容量。从 2 Mb/s 信号复用进 STM-1 信号，STM-1 可容纳 3×7×3= 63 个 2 Mb/s 信号。

由此可看出，从 140 Mb/s 和 2 Mb/s 复用进 SDH 的 STM-N 信号中，信号利用率较高，而从 34 Mb/s 复用进 STM-N 信号，一个 STM-1 只能容纳 48 个 2 Mb/s 的信号，利用率较低。

从 2 Mb/s 复用进 STM-N 信号的复用步骤可以看出，3 个 TU12 复用成一个 TUG2，7 个 TUG2 复用成一个 TUG3，3 个 TUG3 复用进一个 VC4，一个 VC4 复用进 1 个 STM-1，即 2 Mb/s 的复用结构是 3-7-3 结构，如图 1-2-13 所示。

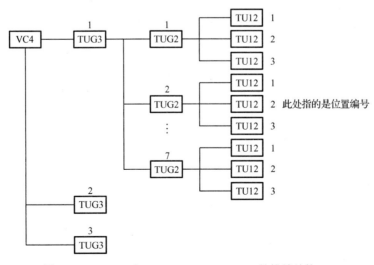

图 1-2-13　VC4 中 TUG3、TUG2、TU12 的排放结构

1.2.3 映射、定位和复用的概念

在将低速支路信号复用成 STM-N 信号时，要经过 3 个步骤：映射、定位、复用。

1. 映射的概念

映射是一种在 SDH 网络边界处，如 SDH/PDH 边界处，将支路信号适配进虚容器的过程。例如经常使用的将各种速率 140 Mb/s、34 Mb/s、2 Mb/s 信号先经过码速调整分别装入各自相应的标准容器中，再加上相应的低阶或高阶的通道开销，形成各自相对应的虚容器的过程。

为了适应各种不同的网络应用情况，有异步、比特同步、字节同步三种映射方法，以及浮动 VC 和锁定 TU 两种模式。

（1）异步映射。

异步映射对映射信号的结构无任何限制，信号有无帧结构均可，也无须与网络同步。例如，PDH 信号与 SDH 网不完全同步，利用码速调整将信号适配进 VC 的映射方法，在映射时，通过比特塞入将其打包成与 SDH 网络同步的 VC 信息包，在解映射时，去除这些塞入比特恢复出原信号的速率，并恢复出原信号的定时，因此说低速信号在 SDH 网中传输有定时透明性，即在 SDH 网边界处收发两端的此信号速率相一致、定时信号相一致。

此种映射方法可从高速信号 STM-N 中直接分/插出一定速率级别的低速信号，如 2 Mb/s、34 Mb/s、140 Mb/s。因为映射最基本的不可分割单位是这些低速信号，所以，分/插出来的低速信号的最低级别也就是相应的这些速率级别的低速信号。

（2）比特同步映射。

比特同步映射对支路信号的结构无任何限制，但要求低速支路信号与网同步。例如，E1信号保证 8 000 帧/s，无须通过码速调整即可将低速支路信号打包成相应的 VC 的映射方法。注意，VC 时刻都是与网同步的，原则上讲，此种映射方法可从高速信号中直接分/插出任意速率的低速信号，因为在 STM-N 信号中可精确定位到 VC。由于此种映射是以比特为单位的同步映射，那么在 VC 中可以精确地定位到所要分/插的低速信号具体的那一个比特的位置上，这样理论上就可以分/插出所需的那些比特，由此根据所需分/插的比特不同，可上/下不同速率的低速支路信号。异步映射将低速支路信号定位到 VC 一级就不能再深入细化地定位了，所以拆包后只能分出 VC 相应速率级别的低速支路信号。比特同步映射类似于将以比特为单位的低速信号与网同步进行比特间插复用进 VC 中，在 VC 中，每个比特的位置是可预见的。

（3）字节同步映射。

字节同步映射是一种要求映射信号具有以字节为单位的块状帧结构并与网同步，无须任何速率调整即可将信息字节装入 VC 内规定位置的映射方式。在这种情况下，信号的每一个字节在 VC 中的位置是可预见的、有规律性的，从 STM-N 中可直接下 VC，而在 VC 中，由于各字节位置的可预见性，可直接提取出指定的字节。所以，此种映射方式就可以直接从 STM-N 信号中上/下 64 Kb/s 或 64N Kb/s 的低速支路信号。这是因为 VC 的帧频是 8 000 帧/s，

而一个字节为 8 bit，若从每个 VC 中固定地提取 N 个字节的低速支路信号，那么该信号速率就是 N×64 Kb/s。

（4）浮动 VC 模式。

浮动 VC 模式指 VC 净负荷在 TU 内的位置不固定，由 TU-PTR 指示 VC 起点的一种工作方式。它采用了 TU-PTR 和 AU-PTR 两层指针来容纳 VC 净负荷与 STM-N 帧的频差和相差，引入的信号时延最小约 10 μs。采用浮动模式时，VC 帧内可安排 VC-POH，可进行通道级别的端对端性能监控，三种映射方法都能以浮动模式工作。前面讲的映射方法 2 Mb/s、34 Mb/s、140 Mb/s 映射进相应的 VC 就是异步映射浮动模式。

（5）锁定 TU 模式。

锁定 TU 模式是一种信息净负荷与网同步并处于 TU 帧内的固定位置，无须 TU-PTR 来定位的工作模式。PDH 基群只有比特同步和字节同步两种映射方法能采用锁定模式。锁定模式省去了 TU-PTR，且在 TU 和 TUG 内无 VC-POH，采用 125 μs 的滑动缓存器使 VC 净负荷与 STM-N 信号同步，这样引入信号时延长且不能进行端对端的通道级别的性能监测。

2. 定位的概念

定位是指通过指针调整，使指针的值时刻指向低阶 VC 帧的起点（在 TU 净负荷中）或高阶 VC 帧的起点（在 AU 净负荷中）的具体位置，使收端能据此正确地分离相应的 VC。这部分内容在下一节中将详细论述。

3. 复用的概念

复用的概念比较简单，复用是一种使多个低阶通道层的信号适配进高阶通道层，如 TU12(×3)→TUG2(×7)→TUG3(×3)→VC4，或把多个高阶通道层信号适配进复用层的过程，如 AU-4(×1)→AUG(×N)→STM-N。复用也就是通过字节交错间插方式把 TU 组织进高阶 VC 或把 AU 组织进 STM-N 的过程。由于经过 TU 和 AU 指针处理后的各 VC 支路信号已相位同步，因此该复用过程是同步复用，复用原理与数据的串并变换相类似。

1.2.4　小结

本节主要讲述了 SDH 帧的结构及其各主要部分的作用；讲述了 PDH 2 Mb/s、34 Mb/s、140 Mb/s 信号复用进 STM-N 帧的大致步骤。

1.3　开销和指针

1.3.1　开销

前面讲过开销的功能是完成对 SDH 信号提供层层细化的监控管理功能，监控的类型可分为段层监控、通道层监控。段层的监控又分为再生段层的监控和复用段层的监控，通道层的监控又分为高阶通道层的监控和低阶通道层的监控。

1. 段开销

STM-N 帧的段开销位于帧结构的 1～9 行 1～9 列（除第 4 行为 AU-PTR 外）。以 STM-1 信号为例来讲述段开销各字节的用途。对于 STM-1 信号，段开销包括位于帧中的 1～3 行、1～9 列的 RSOH 和位于 5～9 行、1～9 列的 MSOH，如图 1–3–1 所示。

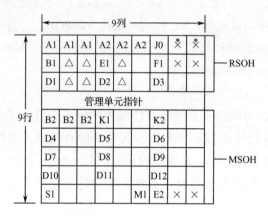

△为与传输媒质有关的特征字节（暂用）；

×为国内使的保留字节；

⚹为不扰码字节；

所有未标记字节待将来国际标准确定（与媒质有关的应用，附加国内使用和其他用途）。

图 1–3–1　STM-N 帧的段开销字节示意图

（1）定帧字节 A1 和 A2。

由于接收机必须在收到的信号流中正确地选择分离出各个 STM-N 帧，即先要定位每个 STM-N 帧的起始位置，再在各帧中定位相应的低速信号的位置。A1、A2 字节起到定位的作用，接收机通过它可从信息流中定位分离出 STM-N 帧。A1、A2 有固定的值，也就是有固定的比特图案 A1= 11110110（f6H）、A2=00101000（28H），接收机检测信号流中的各个字节，当发现连续出现 3N 个 A1 字节，又紧跟着出现 3N 个 A2 字节时，就断定现在开始收到一个 STM-N 帧。

当连续 5 帧以上（625 μs）无法判别帧头，区分不出不同的帧时，那么收端进入帧失步状态，产生帧失步告警 OOF，若 OOF 持续了 3 ms，则进入帧丢失状态，设备产生帧丢失告警 LOF，下插 AIS 信号，整个业务中断。在 LOF 状态下，若收端连续 1 ms 以上又处于定帧状态，那么设备回到正常状态。

🔄 技术细节

STM-N 信号在线路上传输要经过扰码，主要是为了便于收端能提取线路定时信号，又为了在收端能正确地定位帧头 A1、A2，不能将 A1、A2 扰码。因此，STM-N 信号对段开销第一行不扰码，而进行透明传输，STM-N 帧中的其余字节进行扰码后再上线路传输。

（2）再生段踪迹字节 J0。

该字节被用来重复地发送段接入点标识符，以便使接收端能据此确认与指定的发送端处于持续连接状态，在同一个运营者的网络内，该字节可为任意字符，而在两个不同运营者的网络边界处，要使设备收发两端的 J0 字节相匹配。通过 J0 字节可使运营者提前发现和解决故障，缩短网络恢复时间。

J0 字节还有一个用法：在 STM-N 帧中每一个 STM-1 帧的 J0 字节定义为 STM 的标识符 C1，用来指示每个 STM-1 在 STM-N 中的位置，可帮助 A1、A2 字节进行帧识别。

（3）数据通信通路 DCC 字节 D1～D12。

SDH 的一大特点就是 OAM 功能的自动化程度很高，可通过网管终端对网元进行命令下发、数据查询，完成 PDH 系统所无法完成的业务实时调配、告警故障定位、性能在线测试等功能。用于 OAM 功能的数据信息下发的命令、查询上来的告警性能数据等，是通过 STM-N 帧中的 D1～D12 字节传送的，D1～D12 字节提供了所有 SDH 网元都可接入的通用数据通信通路。

其中 D1～D3 是再生段数据通路字节 DCCR，速率为 3×64 Kb/s=192 Kb/s，用于在再生段终端间传送 OAM 信息；D4～D12 是复用段数据通路字节 DCCM，共 9× 64 Kb/s=576 Kb/s，用于在复用段终端间传送 OAM 信息。

（4）公务联络字节 E1 和 E2。

分别提供一个 64 Kb/s 的公务联络语声通道，语音信息放于这两个字节中传输。E1 属于 RSOH，用于再生段的公务联络；E2 属于 MSOH，用于终端间直达公务联络。

例如，网络如图 1-3-2 所示。

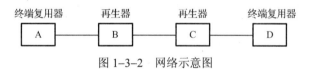

图 1-3-2　网络示意图

若仅使用 E1 字节作为公务联络字节，A、B、C、D 四网元均可互通公务。终端复用器要处理 RSOH 和 MSOH，因此用 E1、E2 字节均可通公务。再生器的作用是信号的再生，只需处理 RSOH，可用 E1 字节通公务。若仅使用 E2 字节作为公务联络字节，那么就仅有 A、D 间可以通公务，因为 B、C 网元不处理 MSOH，也就不会处理 E2 字节。

（5）使用者通路字节 F1。

提供速率为 64 Kb/s 数据/语音通路保留给使用者。通常指网络提供者用于特定维护目的的临时公务联络。

（6）比特间插奇偶校验 8 位码 BIP-8 B1。

这个字节用于再生段误码监测的 B1，位于再生段开销中。

BIP-8 奇偶校验的方式：

若某信号帧有 4 个字节 A1=00110011、A2=11001100、A3=10101010、A4=00001111，那么将这个帧进行 BIP-8 奇偶校验的方法是，以 8 bit 为一个校验单位，将此帧分成 4 块，每字节为一块，按图 1-3-3 所示方式摆放整齐。

BIP-8	A1	00110011
	A2	11001100
	A3	10101010
	A4	00001111
	B	01011010

图 1-3-3　BIP-8 奇偶校验示意图

依次计算每一列中 1 的个数，若为奇数，则在得数 B 的相应位填 1，否则填 0，即 B 的相应位的值使 A1、A2、A3、A4 摆放块的相应列 1 的个数为偶数，这种校验方法就是 BIP-8 偶校验，B 的值就是将 A1A2A3A4 进行 BIP-8 偶校验所得的结果。

B1 字节的工作机理是，发送端对前一帧加扰后的所有字节进行 BIP-8 偶校验，将结果放在下一个待扰码帧中的 B1 字节，接收端将当前待解扰帧的所有比特进行 BIP-8 校验所得的结果，与下一帧解扰后的 B1 字节的值相异或比较，若这两个值不一致，则异或有 1 出现。根据出现多少个 1，可监测出在传输中出现了多少个误码块。

🔄 技术细节

高速信号的误码性能是用误码块来反映的，因此，STM-N 信号的误码情况实际上是误码块的情况。从 BIP-8 校验方式可看出，校验结果的每一位都对应一个比特块，例如图 1–3–3 中的一列比特，因此，B1 字节最多可从一个 STM-N 帧检测出传输中所发生的 8 个误码块，BIP-8 的结果共 8 位，每位对应一个块。

（7）比特间插奇偶校验 N×24 位的 BIP-N×24，字节 B2。

B2 的工作机理与 B1 的类似，只不过它检测的是复用段层的误码情况。三个 B2 字节对应一个 STM-1 帧检测机理是，发端 B2 字节对前一个待扰的 STM-1 帧中，除 RSOH 部分外，全部比特进行 BIP-24 计算的结果放于本帧待扰 STM-1 帧的 B2 字节位置。收端对当前解扰后 STM-1 的除了 RSOH 的全部比特进行 BIP-24 校验，其结果与下一 STM-1 帧解扰后的 B2 字节相异或，根据异或后出现 1 的个数来判断该 STM-1 在 STM-N 帧中的传输过程中出现了多少个误码块，可检测出的最大误码块个数是 24。

（8）自动保护倒换 APS 通路字节 K1、K2（b1～b5）。

这两个字节用于传送自动保护倒换 APS 信令，用于保证设备能在故障时自动切换，使网络业务恢复自愈，用于复用段保护倒换自愈情况。

（9）复用段远端失效指示 MS-RDI 字节 K2（b6～b8）。

这是一个对告的信息，由收端信宿回送给发端信源，表示收信端检测到故障，或正收到复用段告警指示信号等，这时回送给发端 MS-RDI 告警信号，以使发端知道收端的状态。若收到的 K2 的 b6～b8 为 110 码，则此信号为对端对告的 MS-RDI 告警信号；若收到的 K2 的 b6～b8 为 111 码，则此信号为本端收到 MS-AIS 信号，此时要向对端发 MS-RDI 信号。

（10）同步状态字节 S1（b5～b8）。

不同的比特图案表示 ITU-T 的不同时钟质量级别，使设备能据此判定接收的时钟信号的质量，以决定是否切换时钟源，即切换到较高质量的时钟源上。S1（b5～b8）的值越小，表示相应的时钟质量级别越高。

（11）复用段远端误码块指示 MS-REI 字节 M1。

这是个对告信息，由接收端回发给发送端，M1 字节用来传送接收端由 BIP-N×24（B2）所检出的误块数，以便发送端据此了解接收端的收信误码情况。

（12）与传输媒质有关的字节△。

△字节专用于具体传输媒质的特殊功能，如用单根光纤做双向传输时，可用此字节来实现辨明信号方向的功能。

（13）国内保留使用的字节×。

（14）所有未做标记的字节的用途待由将来的国际标准确定。

此外，各 SDH 生产厂家往往会利用 STM 帧中段开销的未使用字节，来实现一些自己设备的专用功能。

2. 段开销的复用

N 个 STM-1 帧通过字节间插复用成 STM-N 帧段开销。字节间插复用时，各 STM-1 帧的 AU-PTR 和 payload 的所有字节原封不动，按字节间插复用方式复用。而段开销的复用方式就有所区别。段开销的复用规则是，N 个 STM-1 帧以字节间插复用成 STM-N 帧时，开销的复用并非简单的交错间插，除段开销中的 A1、A2、B2 字节按字节交错间插复用进行外，各 STM-1 中的其他开销字节经过终结处理再重新插入 STM-N 相应的开销字节中。图 1-3-4 所示是 STM-4 帧的段开销结构图。

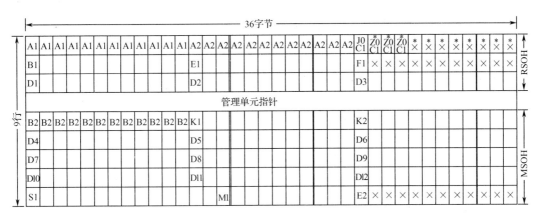

注：×为国内使用保留字节；

　　×为不扰码字节；

　　所有未标记字节待将来国际标准确定（与媒质有关的应用，附加国内使用和其他用途）；

　　Z0待将来国际标准确定。

图 1-3-4　STM-4 SOH 字节安排

图 1-3-5 所示是 STM-16 帧的段开销结构图。

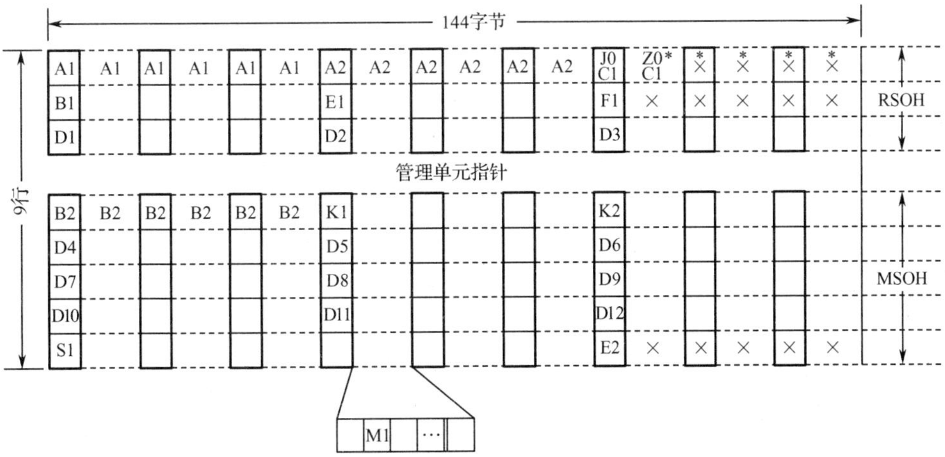

注：×为国内使用保留字节；

　　×为不扰码字节；

　　所有未标记字节待将来国际标准确定（与媒质有关的应用，附加国内使用和其他用途）；

　　Z0*待将来国际标准确定。

图 1-3-5　STM-16 SOH 字节安排

3. 通道开销

段开销负责段层的 OAM 功能，而通道开销负责的是通道层的 OAM 功能。POH 又分为高阶通道开销和低阶通道开销。高阶通道开销 VC4 可对 H4（140 Mb/s）在 STM-N 帧中的传输情况进行监测；低阶通道开销 VC12 监测 H-12（2 Mb/s）在 STM-N 帧中的传输性能；VC3 中的 POH 依 34 Mb/s 复用路线选取的不同划分在高阶或低阶通道开销，其字节结构和作用与 VC4 的通道开销相同，因为 34 Mb/s 信号复用进 STM-N 的方式用得较少，故在这里就不对 VC3 的 POH 进行专门讲述了。

（1）高阶通道开销 HP-POH。

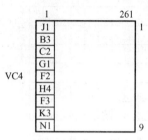

图 1-3-6　高阶通道开销的结构图

高阶通道开销位于 VC4 帧中的第 1 列，共 9 个字节，如图 1-3-6 所示。

① J1 通道踪迹字节。

AU-PTR 指针指的是 VC4 的起点在 AU-4 中的具体位置，即 VC4 的第一个字节的位置，以使收信端能据此 AU-PTR 的值正确地在 AU-4 中分离出 VC4。J1 正是 VC4 的起点，AU-PTR 所指向的正是 J1 字节的位置，该字节的作用与 J0 字节的类似，被用来重复发送高阶通道接入点标识符，使该通道接收端能据此确认与指定的发送端处于持续连接状态，要求收发两端的 J1 字节相匹配。

② 通道 BIP-8 码 B3 字节。

通道 BIP-8 码 B3 字节负责监测 VC4 在 STM-N 帧中传输的误码性能，监测机理与 B1、B2 相类似，只不过 B3 是对 VC4 帧进行 BIP-8 校验。若在收端监测出误码块，那么设备本端的性能监测事件 HP-BBE 高阶通道背景误码块显示相应的误块数，同时，在发端相应的 VC4 通道的性能监测事件 HP-REI 高阶通道远端误块显示出收端收到的误块数。

③ C2 信号标记字节。

C2 用来指示 VC 帧的复接结构和信息净负荷的性质，如通道是否已装载、所载业务种类和它们的映射方式。例如，C2=00H 表示这个 VC4 通道未装载信号，这时要往这个 VC4 通道的净负荷中插全"1"码 TU-AIS，设备出现高阶通道未装载告警 HP-UNEQ；C2=02H 表示 VC4 所装载的净负荷是按 TUG 结构的复用路线复用来的；C2=15H 表示 VC4 的负荷是 FDDI 光纤分布式数据接口格式的信号。

🔄 技术细节

J1 和 C2 字节的设置一定要使收/发两端相一致，否则，在收端设备会出现 HP-TIM 高阶通道追踪字节失配、HP-SLM 高阶通道信号标记字节失配，此两种告警都会使设备向该VC4 的下级结构 TUG3 中插全"1"码 TU-AIS 告警指示信号。

④ G1 通道状态字节。

G1 用来将通道终端状态和性能情况回送给 VC4 通道源设备，从而允许在通道的任一端或通道中任一点，对整个双向通道的状态和性能进行监视。G1 字节的 b1~b4 回传给发端由 B3 检测出的 VC4 通道的误块数，也就是 HP-REI；当收端收到 AIS，误码超限，J1、C2 失配时，由 G1 字节的第 5 比特回送发端一个 HP-RDI 高阶通道远端劣化指示，使发端了解收端接收相应 VC4 的状态，以便及时发现、定位故障。G1 字节的 b6~b8 暂时未使用。

⑤ F2、F3 使用者通路字节。

这两个字节提供通道单元间的公务通信。

⑥ H4TU 位置指示字节。

H4 指示有效负荷的复帧类别和净负荷的位置。例如，作为 TU-12 复帧指示字节或 ATM 净负荷进入一个 VC-4 时的信元边界指示器。只有当 PDH 信号 2 Mb/s 复用进 VC-4 时，H4 字节才有意义。前面讲过 2 Mb/s 的信号装进 C12 时是以 4 个基帧组成一个复帧的形式装入的，那么，在收端为正确定位分离出 E1 信号，就必须知道当前的基帧是复帧中的第几个基帧，H4 字节用于指示当前的 TU-12（VC12 或 C12）是当前复帧的第几个基帧，起着位置指示的作用。H4 字节的范围是 01H～04H，若在收端收到的 H4 不在此范围内，则收端会产生一个 TU-LOM 支路单元复帧丢失告警。

⑦ K3 空闲字节。

留待将来应用于要求接收端忽略该字节的值。

⑧ N1 网络运营者字节。

用于特定的管理目的。

（2）低阶通道开销 LP-POH。

低阶通道开销这里指的是 VC12 中的通道开销，当然，它监控的是 VC12 通道级别的传输性能。图 1-3-7 显示了一个 VC12 的复帧结构，低阶 POH 就位于每个 VC12 基帧的第一个字节。一组低阶通道开销共有 4 个字节：V5、J2、N2、K4。

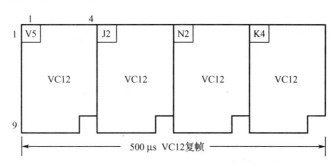

图 1-3-7　低阶通道开销结构图

① V5 通道状态和信号标记字节。

V5 是复帧的第一个字节，V5 具有误码校测信号标记和 VC12 通道状态表示等功能，从这可以看出，V5 字节具有高阶通道开销 G1 和 C2 两个字节的功能。V5 字节的结构如图 1-3-8 所示。

若收端通过 BIP-2 检测到误码块，在本端性能事件 LP-BBE（低阶通道背景误码块）中显示由 BIP-2 检测出的误块数，同时，由 V5 的 b3 回送给发端 LP-REI（低阶通道远端误块指示），这时可在发端的性能事件 LP-REI 中显示相应的误块数；V5 的 b8 是 VC12 通道远端失效指示，当收端收到 TU-12 的 AIS 信号或信号失效条件时，回送给发端一个 LP-RDI（低阶通道远端劣化指示）。当劣化失效条件持续期超过了传输系统保护机制设定的门限时，劣化转变为故障，这时发端通过 V5 的 b4 回送给发端 LP-RFI（低阶通道远端故障指示），告之发端接收端相应 VC12 通道的接收出现故障。b5～b7 提供信号标记功能，只要收到的值不是 0，就表示 VC12 通道已装载，即 VC12 货包不是空的；若 b5～b7 为 000，表示 VC12 为空包，这时收端设备出现 LP-UNEQ（低阶通道未装载告警），若收发两端 V5 的 b5～b7 不匹配，则接收端出现 LP-SLM（低阶通道信号标记失配告警）。

误码监测（BIP-2）		远端误块指示（REI）	远端故障指示（RFI）	信号标记（Signal Lable）			远端接收失效指示（RDI）
1	2	3	4	5	6	7	8
误码监测：传送比特间插奇偶校验码BIP-2：第一个比特的设置应使上一个VC-12复帧内所有字节的全部奇数比特的奇偶校验为偶数。第二比特的设置应使全部偶数比特的奇偶校验为偶数。		远端误块指示（从前叫作FEBE）：如果BIP-2检测到误码块，就向VC12通道源发1，无误码则发0。	远端故障指示：有故障发1，无故障发0。	信号标记：表示净负荷装载情况和映射方式。3比特共8个二进值：000 未装备VC通道 001 已装备VC通道，但未规定有效负载 010 异步浮动映射 011 比特同步浮动 100 字节同步浮动 101 保留 110 O.181测试信号 111 VC-AIS			远端接收失效指示（从前叫FERF）：接收失效则发1，成功则发0。

图 1-3-8　VC-12 POH V5 的结构

② J2 VC12 通道踪迹字节。

J2 的作用类似于 J0、J1，它被用来重复发送内容由收发两端商定的低阶通道接入点标识符，使接收端能据此确认与发送端在此通道上处于持续连接状态。

③ N2 网络运营者字节。

用于特定的管理目的。

④ K4 备用字节。

留待将来应用。

1.3.2　指针

指针的作用就是定位，通过定位使收端能正确地从 STM-N 中拆离出相应的 VC，进而通过拆 VC、C 的包封，分离出 PDH 低速信号。

何为定位？定位是一种将帧偏移信息收进支路单元或管理单元的过程，即以附加于 VC 上的指针或管理单元指针，指示和确定低阶 VC 帧的起点在 TU 净负荷中的位置或高阶 VC 帧的起点在 AU 净负荷中的位置。在发生相对帧相位偏差使 VC 帧起点浮动时，指针值也随之调整，从而始终保证指针值准确指示 VC 帧起点位置。对于 VC4，AU-PTR 指的是 J1 字节的位置；对于 VC12，TU-PTR 指的是 V5 字节的位置。

TU 或 AU 指针可以为 VC 在 TU 或 AU 帧内的定位提供一种灵活动态的方法。因为 TU 或 AU 指针不仅能够容纳 VC 和 STM-N 在相位上的差别，而且能够容纳帧速率上的差别。

指针有两种：AU-PTR 和 TU-PTR，分别进行高阶 VC 和低阶 VC 在管理单元和支路单元中的定位。下面分别讲述其工作机理。

1.3.3　管理单元指针 AU-PTR

AU-PTR 的位置在 STM-1 帧的第 4 行 1～9 列，共 9 个字节，用以指示 VC4 的首字节，以便收端能据此正确分离 VC4，如图 1-3-9 所示。

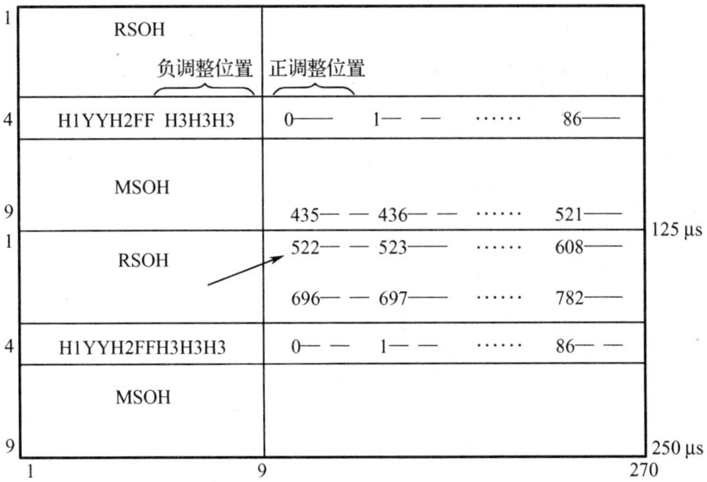

图 1-3-9　AU-4 指针在 STM 帧中的位置

从图中可看到 AU-PTR 由 H1YYH2FFH3H3H3 九个字节组成，Y=1001SS11，S 比特未规定具体的值，F= 11111111，指针的值放在 H1、H2 两字节的后 10 bit 中。3 个字节为一个调整单位。

① 当 VC4 的速率高于 AU-4 的速率时，相当于装载一个 VC4 的货物所用的时间少于 125 μs（货车停站时间）。由于货车还未开走，VC4 的装载还要不停地进行，这时 AU-4 这辆货车的车箱信息净负荷区已经装满了，无法再装下不断装入的货物，此时将 3 个 H3 字节中的一个调整单位的位置用来存放货物，这 3 个 H3 字节就像货车临时加挂的一个备份存放空间，那么这时货物以 3 个字节为一个单位将位置都向前串一位，以便在 AU-4 中加入更多的货物。这时每个货物单位的位置（3 个字节为一个单位）都发生了变化，这种调整方式叫作负调整。紧跟着 FF 两字节的 3 个 H3 字节所占的位置叫作负调整位置，此时 3 个 H3 字节的位置上放的是 VC4 的有效信息，这种调整方式将应装于下一辆货车的 VC4 的头三个字节装于本车上了。

② 当 VC4 的速率低于 AU-4 速率时，相当于在 AU-4 货车停站时间内一个 VC4 无法装完，这时就要把这个 VC4 中最后的那个 3 字节货物单位留待下辆车运输。由于 AU-4 未装满 VC4（少一个 3 字节单位），于是车箱中空出一个 3 字节单位，这时要在 AU-PTR 3 个 H3 字节后面再插入 3 个伪随机信息，相当于在车箱空间塞入的填充物，VC4 中的 3 字节货物单位都要向后串一个单位（3 字节），于是这些货物单位的位置也会发生相应的变化，这种调整方式叫作正调整。相应地，插入 3 个字节的位置叫作正调整位置。当 VC4 的速率比 AU-4 慢很多时，要在 AU-4 净负荷区加入不止一个正调整单位。注意，负调整位置只有一个（3 个 H3 字节），负调整位置在 AU-PTR 上，正调整位置在 AU-4 净负荷区。

③ 不管是正调整还是负调整，都会使 VC4 在 AU-4 的净负荷中的位置发生改变，即 VC4 第一个字节在 AU-4 净负荷中的位置发生了改变，这时 AU-PTR 也会做出相应的正负调整。为了便于定位，VC4 中的各字节都赋予一个位置值。

图 1-3-9 所示位置值是将紧跟 H3 字节的那个 3 字节单位设为 0 位置,然后依此后推,这样一个 AU-4 净负荷区就有 261×9/3=783 个位置,而 AU-PTR 指的就是 J1 字节所在 AU-4 净负荷的某一个位置的值。显然,AU-PTR 的范围是 0~782,否则为无效指针值。当收端连续 8 帧收到无效指针值时,设备产生 AU-LOP 告警(AU 指针丢失)并往下插 AIS 告警信号。正/负调整是按一次一个单位进行调整的,指针值也就随着正调整或负调整进行+1(指针正调整)或-1(指针负调整)操作。

④ 在 VC4 与 AU-4 无频差和相差时,AU-PTR 的值是 522,如图 1-3-9 中的箭头所指处。

注意

AU-PTR 所指的是下一帧 VC4 的 J1 字节的位置,在网同步情况下,指针调整并不经常出现,因而 H3 字节大部分时间填充的是伪信息。

我们讲过指针的值是放在 H1、H2 字节的后 10 bit,那么 10 bit 的取值范围是 0~1 023,当 AU-PTR 的值不在 0~782 内时,为无效指针值。H1、H2 的 16 bit 是如何实现指针调整控制的呢?如图 1-3-10 所示。

N	N	N	N	S	S	I	D	I	D	I	D	I	D	I	D
新数据标识(NDF):表示所载净负荷容量有变化。净负荷无变化时,NNNN 为正常值"0110"的那一帧。在净负荷反变为"1001",此即 NDF。NDF 出现的那一帧指针值随之改变为指示 VC 新位置的新值,称为新数据。若净负荷不再变化,下一帧 NDF 又返回到正常值"0110",并至少在 3 帧内不做指针值增减操作。				AU/TU 类别:对于 AU-4 和 TU-3,SS=10。		10 bit 指针值:AU-4 指针值为 0~782;三字节为一偏移单位。指针值指示了 VC4 帧的首字节 J1 与 AU-4 指针中最后一个 H3 字节间的偏移量。指针调整规则:(1)在正常工作时,指针值确定了 VC-4 在 AU-4 帧内的起始位置,NDF 设置为"0110"。(2)若 VC4 速率比 AU-4 帧速率低,5 个 I 比特反转表示要做正帧频调整,该 VC 帧的起始点后移一个单位,下帧中的指针值是先前指针加 1。(3)若 VC-4 帧速率比 AU-4 帧速率高,5 个 D 比特反转表示要做负帧频调整,负调整位置 H3 用 VC-4 的实际信息数据重写,该 VC 帧的起始点前移一个单位,下帧中的指针值是先前指针值减 1。(4)当 NDF 出现更新值 1001 时,表示净负荷容量有变,指针值也要做相应的增减,然后 NDF 回归正常值 0110。(5)指针值完成一次调整后,至少停 3 帧,方可有新的调整。(6)收端对指针解码时,除仅对连续 3 次以上收到的前后一致的指针进行解读外,将忽略任何指针的变化。										

图 1-3-10　AU-4 中 H1 和 H2 构成的 16 bit 指针码字

指针值由 H1、H2 的第 7~16 bit 表示,这 10 bit 中奇数比特记为 I 比特,偶数比特记为 D 比特。以 5 个 I 比特和 5 个 D 比特中的全部或大多数发生反转来分别表示指针值将进行加 1 或减 1 操作,因此 I 比特又叫作增加比特,D 比特叫作减少比特。

指针的调整要停三帧才能再进行,也就是说,若从指针反转的那一帧算起,至少在第五帧才能再进行指针反转。

NDF 反转表示 AU-4 净负荷有变化,此时指针值会出现跃变,即指针增减的步长不为 1,若收端连续 8 帧收到 NDF 反转,则此时设备出现 AU-LOP 告警,接收端只对连续 3 个以上收到的前后一致的指针进行解读,也就是说,系统自认为指针调整后的 3 帧指针值一致,若此时指针值连续调整,在收端将出现 VC4 的定位错误,导致传输性能劣化。

概括地说，发端 5 个 I 或 5 个 D 比特数反转，在下一帧 AU-PTR 的值+1 或-1。收端根据所收帧的大多数 I 或 D 比特的反转情况决定是否对下一帧调整，也就是定位 VC4 首字节并恢复信号指针适配前的定时。

支路单元指针 TU-PTR：

TU 指针用以指示 VC12 的首字节 V5 在 TU-12 净负荷中的具体位置，以便收端能正确分离出 VC12 TU-12 指针，为 VC12 在 TU-12 复帧内的定位提供了灵活动态的方法。TU-PTR 的位置位于 TU-12 复帧的 V1、V2、V3、V4 处，如图 1-3-11 所示。

70	71	72	73	105	106	107	108	0	1	2	3	35	36	37	38
74	75	76	77	109	110	111	112	4	5	6	7	39	40	41	42
78	第一个C12基帧结构 9×4-2 32W 2Y		81	113	第二个C12基帧结构 9×4-2 32W 1Y 1G		116	8	第三个C12基帧结构 9×4-2 32W 1Y 1G		11	43	第四个C12基帧结构 9×4-1 31W 1Y 1M+1N		46
82			85	117			120	12			15	47			50
86			89	121			124	16			19	51			54
90			93	125			128	20			23	55			58
94			97	129			132	24			27	59			62
98			101	133			136	28			31	63			66
102	103	104	V1	137	138	139	V2	32	33	34	V3	67	38	69	V4

图 1-3-11　TU-12 指针位置和偏移编号

TU-12 PTR 由 V1、V2、V3 和 V4 四个字节组成。

在 TU-12 净负荷中，从紧邻 V2 的字节起以 1 个字节为一个正调整单位，依次按其相对于 V2 的偏移量给予偏移编号，例如 0、1 等，总共有 0～139 个偏移编号。VC-12 帧的首字节 V5 字节位于某一偏移编号位置，该编号对应的二进制值即为 TU-12 指针值。

TU-12 PTR 中的 V3 字节为负调整单位位置，其后的那个字节为正调整字节。

V4 为保留字节，指针值在 V1、V2 字节的后 10 个比特，V1、V2 字节的 16 个 bit 的功能与 AU-PTR 的 H1、H2 字节的 16 个比特功能相同，位置的正/负调整是由 V3 来进行的。

TU-PTR 的调整单位为 1，可知指针值的范围为 0～139，若连续 8 帧收到无效指针或 NDF，则收端出现 TU-LOP（支路单元指针丢失告警）并下插 AIS 告警信号。

在 VC12 和 TU-12 无频差相差时，V5 字节的位置值是 70，也就是说，此时的 TU-PTR 的值为 70。

TU-PTR 的指针调整和指针解读方式类似于 AU-PTR。

1.4　SDH 设备的逻辑组成

1.4.1　SDH 网络的常见网元

SDH 传输网是由不同类型的网元通过光缆线路的连接组成的，通过不同的网元完成 SDH 网的传送功能：上/下业务、交叉连接业务、网络故障自愈等，下面讲述 SDH 网中常见网元的特点和基本功能。

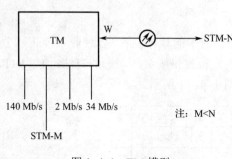

图 1-4-1   TM 模型

1. TM 终端复用器

终端复用器用在网络的终端站点上,如一条链的两个端点,它是一个双端口器件,如图 1-4-1 所示。

它的作用是将支路端口的低速信号复用到线路端口的高速信号 STM-N 中,或从 STM-N 的信号中分出低速支路信号。在将低速支路信号复用进 STM-N 帧时,有一个交叉的功能,如可将支路的一个 STM-1 信号复用进线路上的 STM-16 信号中的任意位置上,或支路的 2 Mb/s 信号可复用到一个 STM-1 中 63 个 VC12 的任一个位置上。

2. ADM 分/插复用器

分/插复用器用于 SDH 传输网络的转接站点处,如链的中间结点或环上结点,它是一个三端口的器件,如图 1-4-2 所示。

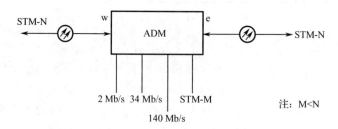

图 1-4-2   ADM 模型

ADM 有两个线路端口和一个支路端口。两个线路端口各接一侧的光缆,每侧收/发共两根光纤,为了描述方便,将其分为西向 w 和东向 e 两个线路端口。ADM 的作用是将低速支路信号交叉复用进东或西向线路上去,或从东或西侧线路端口收的线路信号中拆分出低速支路信号。另外,还可将东/西向线路侧的 STM-N 信号进行交叉连接,一个 ADM 可等效成两个 TM。

3. REG 再生中继器

光传输网的再生中继器有两种:一种是纯光的再生中继器,主要进行光功率放大,以延长光传输距离,另一种是用于脉冲再生整形的电再生中继器,主要通过光/电变换、电信号抽样、判决、再生整形、电/光变换,以达到不积累线路噪声,保证线路上传送信号波形的完好性。此处讲的是后一种。再生中继器 REG 是双端口器件,只有两个线路端口 w、e,如图 1-4-3 所示。

图 1-4-3   电再生中继器

它的作用是将 w/e 侧的光信号，经 O/E 抽样、判决、再生整形、E/O 在 e 或 w 侧发出。REG 与 ADM 相比，仅少了支路端口，所以，ADM 若本地不上/下支路信号时，完全可以等效一个 REG。

真正的 REG 只需处理 STM-N 帧中的 RSOH，且不需要交叉连接功能，w-e 直通即可。而 ADM 和 TM 因为要完成将低速支路信号分/插到 STM-N 中，所以不仅要处理 RSOH，还要处理 MSOH。另外，ADM 和 TM 都具有交叉连接功能，因此，用 ADM 来等效 REG 有点大材小用了。

4. DXC 数字交叉连接设备

数字交叉连接设备完成的主要是 STM-N 信号的交叉连接功能，它是一个多端口器件，相当于一个交叉矩阵完成各个信号间的交叉连接，如图 1-4-4 所示。

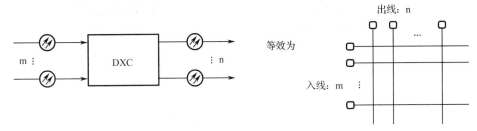

图 1-4-4　DXC 功能图

DXC 可将输入的 m 路信号交叉连接到输出的 n 路信号上。图 1-4-4 表示有 m 条入信号和 n 条出信号，DXC 的核心是交叉连接，功能强的 DXC 能完成高速信号在交叉矩阵内的低级别交叉，如 VC12 级别的交叉。通常用 DXC m/n 来表示一个 DXC 的类型和性能。

注：m≥n，m 表示可接入 DXC 的最高速率等级，n 表示在交叉矩阵中能够进行交叉连接的最低速率级别。m 越大，表示 DXC 的承载容量越大；n 越小，表示 DXC 的交叉灵活性越大。

m 和 n 的相应数值的含义见表 1-4-1。

表 1-4-1　m、n 数值与速率对应表

m 或 n	0	1	2	3	4		5	6
速率	64 Kb/s	2 Mb/s	8 Mb/s	34 Mb/s	140 Mb/s	155 Mb/s	622 Mb/s	2.5 Gb/s

小容量的 DXC 可由 ADM 来等效。

1.4.2　SDH 设备的逻辑功能块

我们知道，SDH 体制要求不同厂家的产品实现横向兼容，这就必然会要求设备的实现要按照标准的规范。而不同厂家的设备千差万别，那么怎样才能实现设备的标准化，以达到互连的要求呢？

ITU-T 采用功能参考模型的方法，对 SDH 设备进行规范。它将设备所应完成的功能分解为各种基本的标准功能块。功能块的实现与设备的物理实现无关，不同的设备由这些基本的功能块灵活组合而成，以完成设备不同的功能。通过基本功能块的标准化来规范设备的标准化，同时也使规范具有普遍性，叙述清晰简单。

下面以一个 TM 设备的典型功能块组成，来讲述各个基本功能块的作用，应该特别注意的是，应掌握每个功能块所监测的告警性能事件及其检测机理，如图 1-4-5 所示。

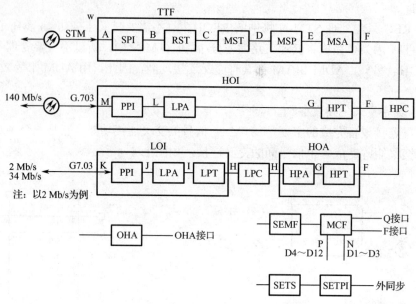

图 1-4-5　SDH 设备的逻辑功能构成

为了更好地理解，对图 1-4-5 中出现的功能块名称说明如下：

SPI——SDH 物理接口；

TTF——且传送终端功能；

RST——再生段终端；

HOI——高阶接口；

MST——复用段终端；

LOI——低阶接口；

MSP——复用段保护；

HOA——高阶组装器；

MSA——复用段适配；

HPC——高阶通道连接；

PPI——PDH 物理接口；

OHA——开销接入功能；

LPA——低阶通道适配；

SEMF——同步设备管理功能；

LPT——低阶通道终端；

MCF——消息通信功能；

LPC——低阶通道连接；

SETS——同步设备时钟源；

HPA——高阶通道适配；

SETPI——同步设备定时物理接口；

HPT——高阶通道终端。

图 1-4-5 为一个 TM 的功能块组成图，其信号流程是线路上的 STM-N 信号从设备的 A 参考点进入设备，依次经过 A→B→C→D→E→F→G→L→M，拆分成 140 Mb/s 的 PDH 信号；经过 A→B→C→D→E→F→G→H→I→J→K，拆分成 2 Mb/s 或 34 Mb/s 的 PDH 信号。这里将其定义为设备的收方向。相应的发方向就是沿这两条路径的反方向，将 140 Mb/s、2 Mb/s 和 34 Mb/s 的 PDH 信号复用到线路上的 STM-N 信号帧中。设备的这些功能是由各个基本功能块共同完成的。

1. SPI：SDH 物理接口功能块

SPI 是设备和光路的接口，主要完成光/电变换、电/光变换、提取线路定时及相应告警的检测。

（1）信号流从 A 到 B　收方向。

光/电转换同时提取线路定时信号，并将其传给 SETS 同步设备定时源功能块锁相，锁定频率后，由 SETS 再将定时信号传给其他功能块，以此作为它们工作的定时时钟。

当 A 点的 STM-N 信号失效，例如，无光或光功率过低，传输性能劣化使 BER 劣于 10^{-3}，则 SPI 产生 LOS 告警（接收信号丢失），并将 LOS 状态告知 SEMF 同步设备管理功能块。

（2）信号流从 B 到 A　发方向。

电/光变换，同时定时信息附着在线路信号中。

2. RST：再生段终端功能块

RST 是 RSOH 开销的源和宿，它在构成 SDH 帧信号的过程中产生 RSOH，并在相反方向处理终结 RSOH。

（1）收方向信号流从 B 到 C。

STM-N 的电信号及定时信号或 R-LOS 告警信号，由 B 点送至 RST。若 RST 收到的是 LOS 告警信号，即在 C 点处插入全"1"（AIS）信号；若在 B 点收的是正常信号流，那么 RST 开始搜寻 A1 和 A2 字节进行定帧。帧定位就是不断检测帧信号是否与帧头位置相吻合，若连续 5 帧以上无法正确定位帧头，设备进入帧失步状态，RST 功能块上报接收信号帧失步告警 OOF。在帧失步时，若连续两帧正确定帧，则退出 OOF 状态；OOF 持续了 3 ms 以上，设备进入帧丢失状态，RST 上报 LOF 帧丢失告警，并使 C 点处出现全"1"信号。

RST 对 B 点输入的信号进行了正确帧定位后，RST 对 STM-N 帧中除 RSOH 第一行字节外的所有字节进行解扰，解扰后提取 RSOH 并进行处理。RST 校验 B1 字节，检测是否有误码块。RST 同时将 E1、F1 字节提取出并传给 OHA 开销接入功能块，处理公务联络电话。将 D1~D3 提取并传给 SEMF，处理 D1~D3 上的再生段 OAM 命令信息。

（2）发方向信号流从 C 到 B。

RST 写入 RSOH。计算 B1 字节并对除 RSOH 第一行字节外的所有字节进行扰码。设备在 A、B、C 点处的信号帧结构如图 1-4-6 所示。

3. MST：复用段终端功能块

MST 是复用段开销的源和宿，在接收方向处理终结 MSOH，在发方向产生 MSOH。

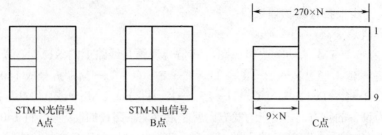

图 1-4-6　A、B、C 点处的信号帧结构图

（1）收方向信号流从 C 到 D。

MST 提取 K1、K2 字节中的 APS 自动保护倒换协议送至同步设备管理功能（SEMF），以便 SEMF 在适当的时候，如故障时，进行复用段倒换。若 C 点收到的 K2 字节的 b6～b8 连续 3 帧为"111"，则表示从 C 点输入的信号为全"1"信号。MST 功能块产生 MS-AIS 复用段告警，指示告警信号。MS-AIS 的告警是指在 C 点的信号为全"1"，它是由 LOS、LOF 引发的。当 RST 收到 LOS、LOF 时，会使 C 点的信号为全"1"，那么此时 K2 的 b6～b8 必然是"111"。另外，本端的 MS-AIS 告警还可能是因为对端发过来的信号本身就是 MS-AIS，即发过来的 STM-N 帧是由有效 RSOH 和其余部分为全"1"信号组成的。若在 C 点的信号中 K2 为"110"，则判断为是对端设备回送回来的对告信号 MS-RDI（复用段远端失效指示），表示对端设备在接收信号时出现 MS-AIS、B2 误码过大等劣化告警。

MST 功能块校验 B2 字节，检测复用段信号的传输误码块，若有误块检测出，则本端设备在性能事件中显示误块数，并由 M1 字节回告对方接收端收到的误块数；若检测到 MS-AIS 或 B2 检测的误码块数超越门限，此时 MST 上报一个 B2 误码越限告警，并在点 D 处使信号出现全"1"。

另外，MST 将同步状态信息 S1（b5～b8）恢复，将所得的同步质量等级信息传给 SEMF，同时，MST 将 D4～D12 字节提取，传给 SEMF 供其处理复用段 OAM 信息，将 E2 提取出来传给开销接入（OHA）供其处理复用段公务联络信息。

（2）发方向信号流从 D 到 C。

MST 写入 MSOH。从 OHA 来的 E2、从 SEMF 来的 D4～D12、从 MSP 来的 K1 和 K2 等写入相应的 B2 字节、S1 字节、M1 等字节。若 MST 在收方向检测到 MS-AIS 或 MS-EXC，那么在发方向上将 K2 字节的 b6～b8 设为"110"。 D 点处的信号帧结构如图 1-4-7 所示。

图 1-4-7　D 点处的信号帧结构图

 说明：

再生段和复用段究竟指什么呢？再生段是指在两个设备的 RST 之间的维护区段，包括两个 RST 和它们之间的光缆。复用段是指在两个设备的 MST 之间的维护区段，包括两个 MST 和它们之间的光缆，如图 1-4-8 所示。

再生段只处理 STM-N 帧的 RSOH，复用段处理 STM-N 帧的 RSOH 和 MSOH。

图 1-4-8　再生段与复用段

4. MSP：复用段保护功能块

MSP 用于在复用段内保护 STM-N 信号，防止随路故障。它通过对 STM-N 信号的监测、系统状态评价，将故障信道的信号切换到保护信道上去。复用段倒换 ITU-T 规定，保护倒换的时间控制在 50 ms 以内。复用段倒换的故障条件是 LOS、LOF、MS-AIS 和 MS-EXC（B2）。要进行复用段保护倒换，设备必须有冗余备用的信道。以两个端对端的 TM 为例进行说明，如图 1-4-9 所示。

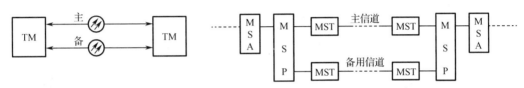

图 1-4-9　TM 的复用段保护

（1）收方向信号流从 D 到 E。

若 MSP 收到 MST 传来的 MS-AIS 或 SEMF 发来的倒换命令，将进行信息的主备倒换。正常情况下，信号流从 D 透明传到 E。

（2）发方向信号流从 E 到 D。

E 点的信号流透明地传至 D，E 点处信号波形同 D 点。

技术细节

常见的倒换方式有 1+1、1:1 和 1:n。以图 1-4-9 所示的设备模型为例：

1+1 指发端在主备两个信道上发同样的信息（并发），收端在正常情况下选收主用信道上的业务。因为主备信道上的业务一模一样，均为主用业务，所以，在主用信道损坏时，通过切换选收备用信道而使主用业务得以恢复。此种倒换方式又叫作单端倒换，仅收端切换，倒换速度快但信道利用率低。

1:1 方式指在正常时发端在主用信道上发主用业务，在备用信道上发额外业务（低级别业务），收端从主用信道收主用业务，从备用信道收额外业务。当主用信道损坏时，为保证主用业务的传输，发端将主用业务发到备用信道上，收端将从备用信道选收主用业务。此时，额外业务被终结，主用业务传输得到恢复。这种倒换方式称为双端倒换（收/发两端均进行切换），倒换速率较慢，但信道利用率高。

1:n 是指一条备用信道保护 n 条主用信道，这时信道利用率更高，但一条备用信道只能同时保护一条主用信道，所以系统可靠性降低了。

5. MSA：复用段适配功能块

MSA 的功能是处理和产生 AU-PTR，以及组合/分解整个 STM-N 帧，即将 AUG 组合/分解为 VC4。

（1）收方向信号流从 E 到 F。

首先 MSA 对 AUG 进行消间插，将 AUG 分成 N 个 AU-4 结构，然后处理这 N 个 AU-4 的 AU 指针。若 AU-PTR 的值连续 8 帧为无效指针值或 AU-PTR 连续 8 帧为 NDF 反转，此时 MSA 上相应的 AU-4 产生 AU-LOP 告警，并使信号在 F 点的相应的通道上 VC4 输出为全"1"。若 MSA 连续 3 帧检测出 H1、H2、H3 字节全为"1"，则认为 E 点输入的为全"1"信号，此时 MSA 使信号在 F 点的相应的 VC4 上输出为全"1"，并产生相应 AU-4 的 AU-AIS 告警。

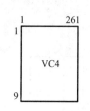

图 1-4-10　F 点的信号帧结构图

（2）发方向信号流从 F 到 E。

F 点的信号经 MSA 定位和加入标准的 AU-PTR 成为 AU-4，N 个 AU-4 经过字节间插复用成 AUG。F 点的信号帧结构如图 1-4-10 所示。

6. TTF：传送终端功能块

前面讲过多个基本功能经过灵活组合可形成复合功能块以完成一些较复杂的工作。

SPI、RST、MST、MSP、MSA 一起构成了复合功能块 TTF。它的作用是在收方向对 STM-N 光线路进行光/电变换（SPI）、处理 RSOH（RST）、处理 MSOH（MST）、对复用段信号进行保护（MSP）、对 AUG 消间插并处理指针 AU-PTR，最后输出 N 个 VC4 信号（MSA）。发方向与此过程相反，进入 TTF 的是 VC4 信号，从 TTF 输出的是 STM-N 的光信号。

7. HPC：高阶通道连接功能块

HPC 实际上相当于一个交叉矩阵，它完成对高阶通道 VC4 进行交叉连接的功能。除了信号的交叉连接外，信号流在 HPC 中是透明传输的，所以 HPC 的两端都用 F 点表示。HPC 是实现高阶通道 DXC 和 ADM 的关键，其交叉连接功能仅指选择或改变 VC4 的路由，不对信号进行处理。一种 SDH 设备功能的强大与否主要是由其交叉能力决定的，而交叉能力又是由交叉连接功能块即高阶 HPC、低阶 LPC 来决定的。为了保证业务的全交叉，图 4-6 中的 HPC 的交叉容量最小应为 2N VC4× 2N VC4，相当于 2N 条 VC4 入线、2N 条 VC4 出线。

8. HPT：高阶通道终端功能块

从 HPC 中出来的信号分成两种路由：一种进高阶接口（HOI）复合功能块，输出 140 Mb/s 的 PDH 信号；另一种进 HOA 复合功能块，再经 LOI 复合功能块，最终输出 2 Mb/s 的 PDH 信号。不过，不管走哪一种路由，都要先经过 HPT 功能块。两种路由 HPT 的功能是一样的。

HPT 是高阶通道开销的源和宿，形成和终结高阶虚容器。

（1）收方向信号流从 F 到 G。

终结 POH，检验 B3，若有误码块，则在本端性能事件中显示检出的误块数，同时在回送给对端的信号中将 G1 字节的 b1~b4 设置为检测出的误块数，以便发端在性能事件中显示相应的误块数。

🔵 说明

G1 的 b1～b4 值的范围为 0～15，而 B3 只能在一帧中检测出最多 8 个误码块，G1（b1～b4）的值 0～8 表示检测 0～8 个误码块，其余 7 个值 9～15 均被当成无误码块。

HPT 检测 J1 和 C2 字节，若失配，则产生 HP-TIM、HP-SLM 告警，使信号在 G 点相应的通道上输出为全"1"，同时，通过 G1 的 b5 往发端回传一个相应通道的 HP-RDI 告警；若检查到 C2 字节的内容连续 5 帧为 00000000，则判断该 VC4 通道未装载，于是使信号在 G 点相应的通道上输出为全"1"，HPT 在相应的 VC4 通道上产生 HP-UNEQ 告警。

H4 字节的内容包含有复帧位置指示信息，HPT 将其传给 HOA 复合功能块的 HPA 功能块。因为 H4 的复帧位置指示信息仅对 2 Mb/s 有用，对 140 Mb/s 的信号无用。

（2）发方向信号流从 G 到 F。

HPT 写入 POH。计算 B3，由 SEMF 传相应的 J1 和 C2 给 HPT 写入 POH 中。G 点的信号形状实际上是 C4 信号的帧，这个 C4 信号，一种情况是由 140 Mb/s 适配成的，另一种情况是由 2 Mb/s 信号经 C12→VC12→TU-12→TUG-2→TUG3→C4 这种结构复用而来的。下面分别予以讲述。

先讲述由 140 Mb/s 的 PDH 信号适配成的 C4，G 点处的信号帧结构如图 1–4–11 所示。

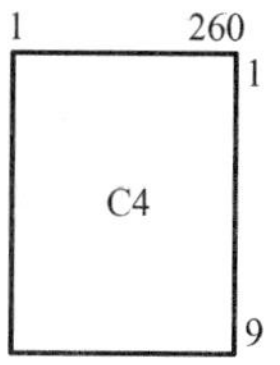

9. LPA：低阶通道适配功能块

LPA 的作用是通过映射和去映射将 PDH 信号适配进 C，或把 C 信号去映射成 PDH 信号。

10. PPI：PDH 物理接口功能块

PPI 的功能是作为 PDH 设备和携带支路信号的物理传输媒质的接口，主要功能是进行码型变换和支路定时信号的提取。

（1）收方向信号流从 L 到 M。

将设备内部码转换成便于支路传输的 PDH 线路码型，如 HDB3（2 Mb/s、34 Mb/s），CMI（140 Mb/s）。

（2）发方向信号流从 M 到 L。

将 PDH 线路码转换成便于设备处理的 NRZ 码，当 PPI 检测到无输入信号时，会产生支路信号丢失告警 LOS。

11. HOI：高阶接口

此复合功能块由 HPT、LPA、PPI 三个基本功能块组成，完成的功能是将 140 Mb/s 的 PDH 信号 ⇔ C4 ⇔ VC4。

下面讲述由 2 Mb/s 复用进 C4 的情况。

1. HPA：高阶通道适配功能块

此时 G 点处的信号实际上是由 TUG3 通过字节间插而成的 C4 信号，TUG3 由 TUG2 通过字节间插复合而成，TUG2 由 TU12 复合而成，TU12 由 VC12+TU-PTR 组成。

HPA 的作用有点类似于 MSA，只不过进行的是通道级的处理/产生 TU-PTR，将 C4 这种信息结构拆/分成 TU12 低速信号。

（1）收方向信号流从 G 到 H。

首先将 C4 消间插成 63 个 TU-12，处理 TU-PTR，进行 VC12 在 TU-12 中的定位分离，

图 1–4–11　G 点的信号帧结构图

从 H 点流出的信号是 63 个 VC12 信号。

若 HPA 连续 3 帧检测到 V1、V2、V3 全为"1",则判定为相应通道的 TU-AIS 告警,在 H 点使相应 VC12 通道信号输出全为"1"。若 HPA 连续 8 帧检测到 TU-PTR 为无效指针或 NDF 反转,则 HPA 产生相应通道的 TU-LOP 告警,并在 H 点使相应 VC12 通道信号输出全为"1"。

HPA 根据从 HPT 收到的 H4 字节做复帧指示,将 H4 的值与复帧序列中单帧的预期值相比较,若连续几帧不吻合,则上报 TU-LOM 支路单元复帧丢失告警。若 H4 字节的值为无效值(在 01H~04H 之外),则也会出现 TU-LOM 告警。

(2)发方向信号流从 H 到 G。

HPA 先对输入的 VC12 进行标准定位加上 TU-PTR,然后将 63 个 TU-12 通过字节间插复用 TUG2→TUG3→C4。

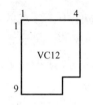

图 1-4-12 H 点处的
信号帧结构

2. HOA:高阶组装器

高阶组装器的作用是将 2 Mb/s 和 34 Mb/s 的 POH 信号通过映射、定位、复用,装入 C4 帧中,或从 C4 中拆分出 2 Mb/s 和 34 Mb/s 的信号。H 点处的信号帧结构如图 1-4-12 所示。

3. LPC:低阶通道连接功能块

与 HPC 类似,LPC 也是一个交叉连接矩阵,不过它完成对低阶 VC(VC12/VC3)进行交叉连接的功能,可实现低阶 VC 之间灵活的分配和连接。一个设备若要具有全级别交叉能力,就一定要包括 HPC 和 LPC。例如,DXC4/1 就应能完成 VC4 级别的交叉连接和 VC3、VC12 级别的交叉连接,即 DXC4/1 必须要包括 HPC 功能块和 LPC 功能块。信号流在 LPC 功能块处是透明传输的,所以 LPC 两端参考点都为 H。

4. LPT:低阶通道终端功能块

LPT 是低阶 POH 的源和宿,对 VC12 而言,就是处理和产生 V5、J2、N2、K4 四个 POH 字节。

LPT 处理 LP-POH。通过 V5 字节的 b1~b2 进行 BIP-2 的检验,若检测出 VC12 的误码块,则在本端性能事件中显示误块数,同时通过 V5 的 b3 回告对端设备,并在对端设备的性能事件指示中显示相应的误块数。检测 J2 和 V5 的 b5~b7,若失配,则在本端产生 LP-TIM 低阶通道踪迹字节失配,LP-SLM 低阶通道信号标识失配,此时 LPT 使 I 点处相应通道的信号输出为全"1"。同时,通过 V5 的 b8 回送给对端一个低阶通道远端失效指示告警,使对端了解本接收端相应的 VC12 通道信号出现劣化。若连续 5 帧检测到 V5 的 b5~b7 为"000",则判定为相应通道未装载,本端相应通道出现 LP-UNEQ 低阶通道未装载告警。

I 点处的信号实际上已成为 C12 信号帧结构,如图 1-4-13 所示。

5. LPA:低阶通道适配功能块

低阶通道适配功能块的作用与前面所讲的一样,就是将 PDH 信号 2 Mb/s 装入/拆出 C12 容器。此时 J 点的信号实际上已是 PDH 的 2 Mb/s 信号。

6. PPI:PDH 物理接口功能块

与前面讲的一样,PPI 主要完成码型变换的接口功能。

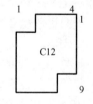

图 1-4-13 I 点处的信号
帧结构图

7. LOI：低阶接口功能块

低阶接口功能块主要完成将 VC12 信号拆包成 PDH 的 2 Mb/s 信号（收方向），或将 PDH 的 2 Mb/s 信号打包成 VC12 信号，同时完成设备和线路的接口功能、码型变换、映射和解映射功能。设备组成的基本功能块就是这些，不过，通过它们灵活的组合，可构成不同的设备。例如，组成 REG、TM、ADM 和 DXC，并完成相应的功能。

设备还有一些辅助功能块，它们携同基本功能块一起完成设备所要求的功能。这些辅助功能块是 SEMF、MCF、OHA、SETS、SETPI。

8. SEMF：同步设备管理功能块

它的作用是收集其他功能块的状态信息进行相应的管理操作，包括本站向各个功能块下发命令、收集各功能块的告警性能事件、通过 DCC 通道向其他网元传送 OAM 信息、向网络管理终端上报设备告警性能数据，以及响应网管终端下发的命令。

DCC（D1～D12）通道的 OAM 内容是由 SEMF 决定的，并通过 MCF 在 RST 和 MST 中写入相应的字节，或通过 MCF 功能块在 RST 和 MST 中提取 D1～D12 字节传给 SEMF 处理。

9. MCF：消息通信功能块

MCF 功能块实际上是 SEMF 和其他功能块及网管终端的一个通信接口。通过 MCF、SEMF 可以和网管进行消息通信（F 接口、Q 接口），以及通过 N 接口和 P 接口分别与 RST 和 MST 上的 DCC 通道交换 OAM 信息，实现网元和网元间的 OAM 信息的互通。

MCF 上的 N 接口传送 D1～D3 字节 DCCR，P 接口传送 D4～D12 字节 DCCM。F 接口和 Q 接口都是与网管终端的接口，通过它们可使网管能对本设备及至整个网络的网元进行统一管理。

F 接口提供与本地网管终端的接口，Q 接口提供与远程网管终端的接口。

10. SETS：同步设备定时源功能块

数字网都需要一个定时时钟，以保证网络的同步，使设备能正常运行。而 SETS 功能块的作用就是提供 SDH 网元乃至 SDH 系统的定时时钟信号。SETS 时钟信号的来源有 4 个：由 SPI 功能块从线路上的 STM-N 信号中提取的时钟信号；从 SDH 支路信号中提取的时钟信号；由 SETPI 同步设备定时物理接口提取的外部时钟源，如 2 MHz 信号或 2 Mb/s；当这些时钟信号源都劣化后，为保证设备的定时，由 SETS 的内置振荡器产生时钟。

SETS 对这些时钟进行锁相后，选择其中一路高质量时钟信号传给设备，同时，SETS 通过 SETPI 功能块向外提供 2 Mb/s 和 2MHz 的时钟信号，可供其他设备交换机 SDH 网元等作为外部时钟源使用。

11. SETPI：同步设备定时物理接口

作为 SETS 与外部时钟源的物理接口，SETS 通过它接收外部时钟信号或提供外部时钟信号。

12. OHA：开销接入功能块

OHA 的作用是从 RST 和 MST 中提取或写入相应 E1、E2、F1 公务联络字节，进行相应的处理。

综上所述，以下列出 SDH 设备各功能块产生的主要告警维护信号及有关的开销字节。

—SPI：LOS

—RST：LOF（A1、A2），OOF（A1、A2），RS-BBE（B1）

—MST：MS-AIS（K2[b6 b8]），MS-RDI（K2[b6 b8]），MS-REI（M1），MS-BBE（B2），

MS-EXC（B2）

　　—MSA：AU-AIS（H1、H2、H3），AU-LOP（H1、H2）

　　—HPT：HP-RDI（G1[b5]），HP-REI（G1[b1 b4]），HP-TIM（J1），HP-SLM（C2），HP-UNEQ（C2），HP-BBE（B3）

　　—HPA：TU-AIS（V1、V2、V3），TU-LOP（V1、V2），TU-LOM（H4）

　　—LPT：LP-RDI（V5[b8]），LP-REI（V5[b3]），LP-TIM(J2)，LP-SLM(V5[b5 b7])，LP-UNEQ（V5[b5 b7]），LP-BBE（V5[b1、b2]）

　　ITU-T 建议规定了各告警信号的含义：

LOS　信号丢失、输入无光功率、光功率过低、光功率过高，使 BER 低于 10^{-3}；

OOF　帧失步，搜索不到 A1、A2 字节，且搜索时间超过 625 μs；

LOF　帧丢失，OOF 持续 3 ms 以上；

RS-BBE　再生段背景误码块，B1 校验到再生段 STM-N 的误码块；

MS-AIS　复用段告警指示信号，K2[6–8]=111 超过 3 帧；

MS-RDI　复用段远端劣化指示，对端检测到 MS-AIS、MS-EXC，由 K2[6–8]回发过来；

MS-REI　复用段远端误码指示，由对端通过 M1 字节回发由 B2 检测出的复用段误块数；

MS-BBE　复用段背景误码块，由 B2 检测；

MS-EXC　复用段误码过量，由 B2 检测；

AU-AIS　管理单元告警指示信号，整个 AU 为全"1"（包括 AU-PTR）；

AU-LOP　管理单元指针丢失，连续 8 帧收到无效指针或 NDF；

HP-RDI　高阶通道远端劣化指示，收到 HP-TIM、HP-SLM；

HP-REI　高阶通道远端误码指示，回送给发端由收端 B3 字节检测出的误块数；

HP-BBE　高阶通道背景误码块，显示本端由 B3 字节检测出的误块数；

HP-TIM　高阶通道踪迹字节失配，J1 应收和实际所收的不一致；

HP-SLM　高阶通道信号标记失配，C2 应收和实际所收的不一致；

HP-UNEQ　高阶通道未装载，C2=00H 超过了 5 帧；

TU-AIS　支路单元告警指示信号，整个 TU 为全"1"（包括 TU 指针）；

TU-LOP　支路单元指针丢失，连续 8 帧收到无效指针或 NDF；

TU-LOM　支路单元复帧丢失，H4 连续 2～10 帧不等于复帧次序或无效的 H4 值；

LP-RDI　低阶通道远端劣化指示，接收到 TU-AIS 或 LP-SLM、LP-TIM；

LP-REI　低阶通道远端误码指示、由 V5[1–2]检测；

LP-TIM　低阶通道踪迹字节失配，由 J2 检测；

LP-SLM　低阶通道信号标记字节适配，由 V5[5–7]检测；

LP-UNEQ　低阶通道未装载，V5[5–7]=000 超过了 5 帧。

　　为了理顺这些告警维护信号的内在关系，在下面列出了两个告警流程图。图 1–4–14 是简明的 TU-AIS 告警产生流程图，TU-AIS 在维护设备时会经常碰到。通过对图 1–4–14 的分析，可以方便地定位 TU-AIS 及其他相关告警的故障点和原因。

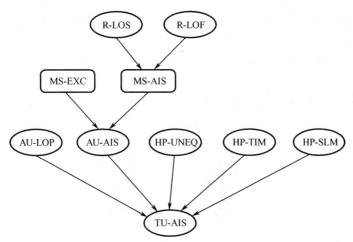

图 1-4-14　简明的 TU-AIS 告警产生流程图

图 1-4-15 是一个较详细的 SDH 设备各功能块的告警流程图，通过它可看出 SDH 设备各功能块产生告警维护信号的相互关系。

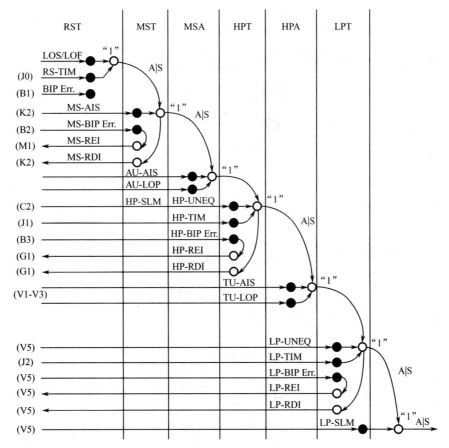

○ 表面产生相应的告警或信号

● 表面检测出相应的告警

图 1-4-15　SDH 设备各功能块告警流程图

前面介绍过 SDH 的几种常见网元，现在介绍这几种网元是由哪些功能块组成的，通过功能块的组成掌握每个网元所能完成的功能。

1. TM 终端复用器（图 1-4-16）

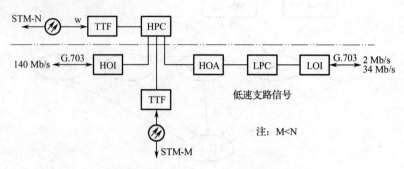

图 1-4-16　TM 功能示意图

2. ADM 分/插复用器（图 1-4-17）

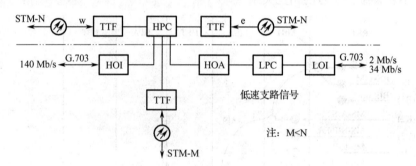

图 1-4-17　ADM 功能示意图

3. REG 再生中继器（图 1-4-18）

图 1-4-18　REG 功能示意图

4. DXC 数字交叉连接设备（图 1-4-19）

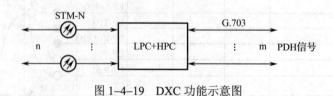

图 1-4-19　DXC 功能示意图

1.5　SDH 网络结构和网络保护机理

1.5.1　基本的网络拓扑结构

SDH 网是由 SDH 网元设备通过光缆互连而成的，网元和传输线路的几何排列就构成了网络的拓扑结构。网络的有效性、可靠性和经济性在很大程度上与其拓扑结构有关。

网络拓扑的基本结构有链形、星形、树形、环形和网孔形，如图 1-5-1 所示。

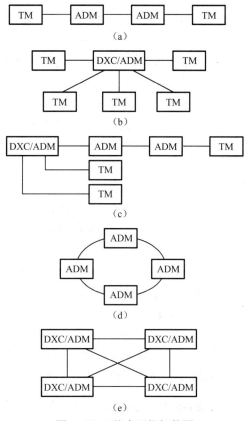

图 1-5-1　基本网络拓扑图

(a) 链形；(b) 星形；(c) 树形；(d) 环形；(e) 网孔形

1. 链形网

此种网络拓扑是将网中的所有节点一一串联，而首尾两端开放。这种拓扑的特点是较经济，在 SDH 网的早期用得较多。

2. 星形网

此种网络拓扑是将网中一网元作为特殊节点，与其他各网元节点相连，其他各网元节点互不相连，网元节点的业务都要经过这个特殊节点转接。这种网络拓扑的特点是可通过特殊节点来统一管理其他网络节点，利于分配带宽、节约成本，但存在特殊节点的安全保障和处理能力的潜在"瓶颈"问题。特殊节点的作用类似于交换网的汇接局，此种拓扑多用于本地网（接入网和用户网）。

3. 树形网

此种网络拓扑可看成是链形拓扑和星形拓扑的结合，也存在特殊节点的安全保障和处理能力的潜在"瓶颈"问题。

4. 环形网

环形拓扑实际上是指将链形拓扑首尾相连，从而使网上任何一个网元节点都不对外开放的网络拓扑形式。这是当前使用最多的网络拓扑形式，主要是因为它具有很强的生存性，即自愈功能较强。环形网常用于本地网（接入网和用户网）、局间中继网。

5. 网孔形网

将所有网元节点两两相连就形成了网孔形网络拓扑。这种网络拓扑为两网元节点间提供多个传输路由，使网络的可靠性更强，不存在"瓶颈"问题和失效问题。但是由于系统的冗余度高，必会使系统有效性降低，成本高且结构复杂。网孔形网主要用于长途网中，以提供网络的高可靠性。

当前用得最多的网络拓扑是链形和环形，通过它们的灵活组合可构成更加复杂的网络。本节主要讲述链形网的组成和特点，以及环形网的几种主要的自愈形式、自愈环的工作机理及特点。

1.5.2　链形网和自愈环

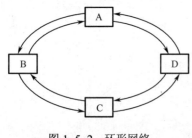

图 1-5-2　环形网络

传输网上的业务按流向可分为单向业务和双向业务，以环网为例说明单向业务和双向业务的区别，如图 1-5-2 所示。

若 A 和 C 之间互通业务，A 到 C 的业务路由假定是 A→B→C，若此时 C 到 A 的业务路由是 C→B→A，则业务从 A 到 C 和从 C 到 A 的路由相同，称为一致路由。

若此时 C 到 A 的路由是 C→D→A，那么业务从 A 到 C 和业务从 C 到 A 的路由不同，称为分离路由。

称一致路由的业务为双向业务，分离路由的业务为单向业务。常见组网的业务方向和路由见表 1-5-1。

表 1-5-1　常见组网的业务方向和路由

组网类型		路由	业务方向
链形网		一致路由	双向
环形网	双向通道环	一致路由	双向
	双向复用段环	一致路由	双向
	单向通道环	分离路由	单向
	单向复用段环	分离路由	单向

1.5.3　链形网

典型的链形网如图 1-5-3 所示。

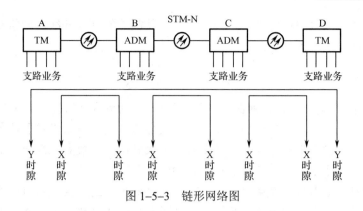

图 1–5–3　链形网络图

链形网的特点是具有时隙复用功能，即线路 STM-N 信号中某一序号的 VC 可在不同的传输光缆段上重复利用。如图 1–5–3 中 A—B、B—C、C—D 及 A—D 之间通有业务，这时可将 A—B 之间的业务占用 A—B 光缆段 X 时隙（例如 3VC4 的第 48 个 VC12），将 B—C 的业务占用 B—C 光缆段的 X 时隙，将 C—D 的业务占用 C—D 光缆段的 X 时隙，这种情况就是时隙重复利用，这时 A—D 的业务因为光缆的 X 时隙已被占用，所以只能占用光路上的其他时隙 Y 时隙。

链形网的这种时隙重复利用功能使网络的业务容量较大。网络的业务容量指能在网上传输的业务总量。网络的业务容量与网络拓扑、网络的自愈方式及网元节点间业务分布关系有关。

链形网的最小业务量发生在链形网的端站为业务主站的情况下。所谓业务主站，是指各网元都与主站互通业务，其余网元间无业务互通。以图 1–5–3 为例，若 A 为业务主站，那么 B、C、D 之间无业务互通，此时 B、C、D 分别与网元 A 通信，这时由于 A—B 光缆段上的最大容量为 STM-N（因系统的速率级别为 STM-N），则网络的业务容量为 STM-N。

链形网达到业务容量最大的条件是链形网中只存在相邻网元间的业务。如图 1–5–3 所示，此时网络中只有 A—B、B—C、C—D 的业务，不存在 A—D 的业务，这时可时隙重复利用，那么，在每一个光缆段上，业务都可占用整个 STM-N 的所有时隙。若链形网有 M 个网元，此时网上的业务最大容量为（M-1）×STM-N，M-1 为光缆段数。

常见的链形网有二纤链，不提供业务的保护功能（不提供自愈功能）；四纤链，一般提供业务的 1+1 或 1：1 保护。四纤链中两根光纤收/发作主用信道，另外两根收/发作备用信道。链形网的自愈功能 1+1、1：1、1：n 在上一节讲 MSP 功能块时已讲过，这里要说的是，1：n 保护方式中 n 最大只能到 14。这是由 K1 字节的 b5～b8 限定的，K1 的 b5～b8 的 0001～1110[1～14]指示要求倒换的主用信道编号。

1.5.4　环形网自愈环

1. 自愈的概念

所谓自愈，是指在网络发生故障，如光纤断时，无须人为干预网络，自动地在极短的时间内（ITU-T 规定为 50 ms 以内）使业务从故障中恢复传输，使用户几乎感觉不到网络出了故障。其基本原理是网络要具备发现替代传输路由，并重新建立通信的能力。替代路由可采用备用设备或利用现有设备中的冗余能力，以满足全部或指定优先级业务的恢复。由上可知，网络具有自愈能力的先决条件是有冗余的路由、网元强大的交叉能力及网元一定的智能自愈。

仅是通过备用信道将失效的业务恢复，而不涉及具体故障的部件和线路的修复或更换，所以故障点的修复仍需人工干预才行。

技术细节

当网络发生自愈时，业务切换到备用信道，传输切换的方式有恢复方式和不恢复方式两种。

恢复方式指在主用信道发生故障时业务切换到备用信道，当主用信道修复后，再将业务切回主用信道。一般在主用信道修复后还要再等一段时间，一般是几到十几分钟，以使主用信道传输性能稳定，这时才将业务从备用信道切换过来。

不恢复方式指在主用信道发生故障时业务切换到备用信道，主用信道恢复后，业务不切回主用信道，此时将原主用信道作为备用信道，原备用信道当作主用信道，在原备用信道发生故障时，业务才会切回原主用信道。

2. 自愈环的分类

目前环形网络的拓扑结构用得最多，因为环形网具有较强的自愈功能。自愈环的类别可按保护的业务级别、环上业务的方向、网元节点间光纤数来划分。

按环上业务的方向，可将自愈环分为单向环和双向环两大类。按网元节点间的光纤数可将自愈环划分为双纤环和四纤环。按保护的业务级别可将自愈环分为通道保护环和复用段保护环两大类。

通道保护环和复用段保护环的区别如下。

对于通道保护环业务的保护，是以通道为基础的，也就是保护的是 STM-N 信号中的某个 VC。倒换与否由环上的某一个别通道信号的传输质量来决定，通常利用收端是否收到简单的 TU-AIS 信号来决定该通道是否应进行倒换，如在 STM-16 环上，若收端收到第 4 个 VC4 的第 48 个 TU-12 有 TU-AIS，那么就仅将该通道切换到备用信道上去。

复用段倒换环是以复用段为基础的。倒换与否是根据环上传输的复用段信号的质量决定的。倒换是由 K1、K2（b1~b5）字节所携带的 APS 协议来启动的。当复用段出现问题时，环上整个 STM-N 或 1/2STM-N 的业务信号都切换到备用信道上。复用段保护倒换的条件是 LOF、LOS、MS-AIS、MS-EXC 告警信号。

3. 二纤单向通道保护环

二纤通道保护环由两根光纤组成两个环。其中一个为主环 S1，一个为备环 P1。两环的业务流向一定要相反，通道保护环的保护功能是通过网元支路板的并发选收功能来实现的，也就是支路板将支路上环业务并发到主环 S1、备环 P1 上，两环上业务完全一样且流向相反。平时网元支路板选收主环下支路的业务。如图 1–5–4（a）所示，若环网中网元 A 与 C 互通业务，网元 A 和 C 都将上环的支路业务并发到环 S1 和 P1 上，S1 和 P1 上的所传业务相同且流向相反——S1 为逆时针、P1 为顺时针。在网络正常时，网元 A 和 C 都选收主环 S1 上的业务，那么 A 与 C 业务互通的方式是 A 到 C 的业务经过网元 D 穿通，由 S1 光纤传到 C（主环业务）；由 P1 光纤经过网元 B 穿通传到 C（备环业务），网元 C 支路板选收主环 S1 上的 A→C 业务，完成网元 A 到网元 C 的业务传输。网元 C 到网元 A 的业务传输与此类似。

当 B—C 光缆段的光纤同时被切断，注意此时网元支路板的并发功能没有改变，也就是此时 S1 环和 P1 环上的业务还是一样的，如图 1–5–4（b）所示。

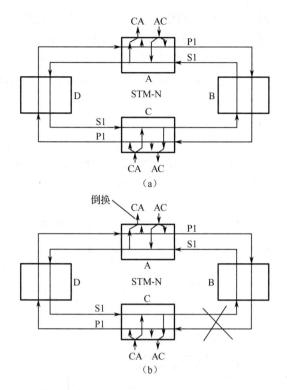

图 1-5-4　二纤单向通道倒换环

这时网元 A 与网元 C 之间的业务由网元 A 的支路板并发到 S1 和 P1 光纤上，其中 S1 业务经光纤由网元 D 穿通传至网元 C，P1 光纤的业务经网元 B 穿通。由于 B—C 间光纤断，所以光纤 P1 上的业务无法传到网元 C。不过由于网元 C 默认选收主环 S1 上的业务，这时网元 A 到网元 C 的业务并未中断，网元 C 的支路板不进行保护倒换。

网元 C 的支路板将到网元 A 的业务并发到 S1 环和 P1 环上，其中 P1 环上的 C 到 A 业务经网元 D 穿通传到网元 A，S1 环上的 C 到 A 业务由于 B—C 间光纤断，所以无法传到网元 A，网元 A 默认是选收主环 S1 上的业务，此时由于 S1 环上的 C→A 的业务传不过来，这时网元 A 的支路板就会收到 S1 环上的 TU-AIS 告警信号，然后立即切换到选收备环 P1 光纤上的 C 到 A 的业务，于是 C→A 的业务得以恢复，完成环上业务的通道保护，此时网元 A 的支路板处于通道保护倒换状态，切换到选收备环方式。

网元发生了通道保护倒换后，支路板同时监测主环 S1 上业务的状态，当连续一段时间未发现 TU-AIS 时，发生切换网元的支路板将选收切回到收主环业务，恢复成正常时的默认状态。

二纤单向通道保护倒换环由于上环业务是并发选收，所以通道业务的保护实际上是 1+1 保护，倒换速度快，业务流向简捷明了，便于配置维护。缺点是网络的业务容量不大，二纤单向保护环的业务容量恒定是 STM-N，与环上的节点数和网元间业务分布无关。为什么？举个例子，当网元 A 和网元 D 之间有一业务占用 X 时隙，由于业务是单向业务，那么 A→D 的业务占用主环的 A—D 光缆段的 X 时隙（占用备环的 A—B、B—C、C—D 光缆段的 X 时隙）；D→A 的业务占用主环的 D—C、C—B、B—A 的 X 时隙（备环的 D—A 光缆段的 X

时隙）。也就是说，A—D 间占 X 时隙的业务会将环上全部光缆的主环、备环 X 时隙占用，其他业务将不能再使用该时隙，没有时隙重复利用功能了。这样，当 A—D 之间的业务为 STM-N 时，其他网元将不能再互通业务了，即环上无法再增加业务了，因为环上整个 STM-N 的时隙资源都已被占用，所以单向通道保护环的最大业务容量是 STM-N。二纤单向通道环多用于环上有一站点是业务主站的情况。

4. 二纤双向通道保护环

二纤双向通道保护环网上业务为双向一致路由，保护机理也是支路的并发选收，业务保护是 1+1 的，网上业务容量与单向通道保护二纤环相同，但结构更复杂，与二纤单向通道环相比无明显优势，故一般不用这种自愈方式。在此略过。

5. 二纤单向复用段环

前面讲过复用段环保护的业务单位是复用段级别的，业务需通过 STM-N 信号中 K1、K2 字节承载的 APS 协议来控制倒换的完成。由于倒换要通过运行 APS 协议，所以倒换速度不如通道保护环的快。

下面讲一讲单向复用段保护倒换环的自愈机理，如图 1-5-5 所示。

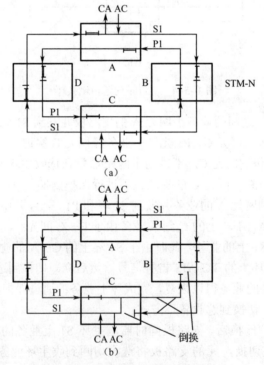

图 1-5-5 二纤单向复用段倒换环

构成环的两根光纤 S1、P1 分别称为主纤和备纤。若环上网元 A 与网元 C 互通业务，上面传送的业务不是 1+1 的业务，而是 1:1 的业务——主环 S1 上传主用业务，备环 P1 上传备用业务。因此，复用段保护环上业务的保护方式为 1:1 保护，有别于通道保护环。

在环路正常时，网元 A 往主纤 S1 上发送网元 C 的主用业务，往备纤 P1 上发送网元 C 的备用业务。网元 C 从主纤上选收主纤 S1 上网元 A 发来的主用业务，从备纤 P1 上收网元 A

发来的备用业务额外业务（图 1-5-5 中只画出了收主用业务的情况）。网元 C 到网元 A 业务的互通与此类似。

在 C—B 光缆段间的光纤都被切断时，在故障端点的两网元 C、B 产生一个环回功能。网元 A 到网元 C 的主用业务先由网元 A 发到 S1 光纤上，到故障端点站 B 处环回到 P1 光纤上，这时 P1 光纤上的额外业务被清掉，改传网元 A 到网元 C 的主用业务，经 A、D 网元穿通由 P1 光纤传到网元 C。由于网元 C 只从主纤 S1 上提取主用业务，所以这时 P1 光纤上的网元 A 到网元 C 的主用业务在 C 点处（故障端点站）环回到 S1 光纤上，网元 C 从 S1 光纤上下载网元 A 到网元 C 的主用业务，因为 C→D→A 的主用业务路由未中断，所以网元 C 到网元 A 的主用业务的传输与正常时无异，只不过此时备用业务被清除。

通过这种方式故障段的业务被恢复，完成业务自愈功能。二纤单向复用段环的最大业务容量的推算方法与二纤单向通道环类似，只不过环上的业务是 1∶1 保护的，在正常时备环 P1 上可传额外业务，因此，二纤单向复用段保护环的最大业务容量，在正常时为 2× STM-N（包括了额外业务），发生保护倒换时为 1×STM-N。

二纤单向复用段保护环由于业务容量与二纤单向通道保护环相差不大，倒换速率比二纤单向通道环慢，所以优势不明显，在组网时应用不多。

🔄 技术细节

组网时，要注意 S1 环和 P1 环业务流向相反，否则此环无自愈功能。复用段保护时，网元的支路板恒定为从 S1 光纤上收主用业务，不会切换到从 P1 光纤上收主用业务。复用段倒换时，不是仅倒换某一个通道，而是将环上整个 STM-N 业务都切换到备用信道上去。

环的复用段倒换时，是故障端点处的网元完成环回功能，环上其他网元完成穿通功能。通过复用段倒换的这个性质，可方便地定位故障区段。

6. 四纤双向复用段保护环

前面讲的三种自愈方式，网上业务的容量与网元节点数无关，随着环上网元的增多，平均每个网元可上/下的最大业务随之减少，网络信道利用率不高。例如，二纤单向通道环为 STM-16 系统时，若环上有 16 个网元节点，平均每个 2 500 节点最大上/下业务只有一个 STM-1，这对资源是很大的浪费。为了克服这种情况，出现了四纤双向复用段保护环，对于这种自愈方式，环上业务量随着网元节点数的增加而增加，如图 1-5-6 所示。

四纤环是由 4 根光纤组成的，这 4 根光纤分别为 S1、P1、S2、P2，其中 S1、S2 为主纤，传送主用业务；P1、P2 为备纤，传送备用业务。也就是说，P1、P2 光纤分别用来在主纤故障时保护 S1、S2 上的主用业务。注意 S1、P1、S2、P2 光纤的业务流向。S1 与 S2 光纤业务流向相反（一致路由，双向环），S1、P1 和 S2、P2 两对光纤上业务流向也相反。从图 1-5-6（a）可看出，S1 和 P2、S2 和 P1 光纤上业务流向相同，这是以后讲双纤双向复用段环的基础，双纤双向复用段保护环就是因为 S1 和 P2、S2 和 P1 光纤上业务流向相同才得以将四纤环转化为二纤环。

在环网正常时，网元 A 到网元 C 的主用业务从 S1 光纤经网元 B 到网元 C，网元 C 到网元 A 的业务从 S2 光纤经网元 B 到网元 A。网元 A 与网元 C 的额外业务分别通过 P1 和 P2 光纤传送。网元 A 和网元 C 通过收主纤上的业务互通两网元之间的主用业务，通过收备纤上的业务互通两网元之间的备用业务，如图 1-5-6（a）所示。

当 B—C 间光缆段光纤均被切断后，在故障两端的网元 B、C 的光纤 S1 和 P1、S2 和 P2 有一个环回功能，如图 1-5-6（b）所示。故障端点的网元环回，这时网元 A 到网元 C 的主用业务沿 S1 光纤传到网元 B 处，网元 B 在此执行环回功能，将 S1 光纤上的网元 A 到网元 C 的主用业务环到 P1 光纤上传输，P1 光纤上的额外业务被中断，经网元 A、网元 D 穿通传到网元 C。在网元 C 处，P1 光纤上的业务环回到 S1 光纤上，网元 C 通过收主纤 S1 上的业务接收到网元 A 到网元 C 的主用业务。网元 C 到网元 A 的业务先由网元 C 将其主用业务环到 P2 光纤上（P2 光纤上的额外业务被中断），然后沿 P2 光纤经过网元 D、网元 A 穿通传到网元 B，在网元 B 处执行环回功能，将 P2 光纤上的网元 C 到网元 A 的主用业务环回到 S2 光纤上，再由 S2 光纤传回到网元 A，由网元 A 下主纤 S2 上的业务。通过这种环回、穿通方式完成了业务的复用段保护，使网络自愈。

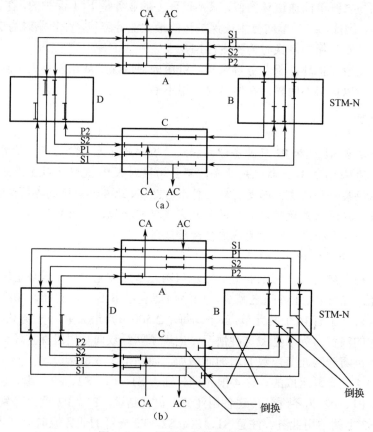

图 1-5-6 四纤双向复用段倒换环

四纤双向复用段保护环的业务容量有两种极端方式。一种是环上有一业务集中站，各网元与此站通业务，并无网元间的业务，这时环上的业务量最小，为 2×STM-N（主用业务）或 4×STM-N（包括额外业务）。该业务集中站东西两侧均最多只可通 STM-N（主）或 2×STM-N（包括额外业务），这是由于光缆段的数速级别只有 STM-N。另一种情况是，其环网上只存在相邻网元的业务，不存在跨网元业务，这时每个光缆段均为相邻互通业务的网元专用，例如，A—D 光缆段只传输 A 与 D 之间的双向业务，D—C 光缆段只传输 D 与 C 之间的双向业务等相邻网元间的业务,不占用其他光缆段的时隙资源,这样各个光缆段都最大传送 STM-N (主用)或 2× STM-N(包括备用的业务)。时隙可重复利用,而环上的光缆段的个数等于环上网元的节点数,所以,这时网络的业务容量达到最大 N×STM-N 或 2N×STM-N。

尽管复用段环的保护倒换速度要慢于通道环,且倒换时要通过 K1、K2 字节的 APS 协议控制,使设备倒换时涉及的单板较多,容易出现故障,但由于双向复用段环最大的优点是网上业务容量大,业务分布越分散、网元节点数越多,它的容量也越大,信道利用率要大大高于通道环,所以双向复用段环得以普遍地应用。

双向复用段环主要用于业务分布较分散的网络,四纤环由于要求系统有较高的冗余度,成本较高,故用得并不多。

🔃 技术细节

复用段保护环上网元节点的个数不包括 REG,因为 REG 不参与复用段保护。倒换功能不是无限制的,而是由 K1、K2 字节确定的,环上节点数最大为 16 个。

7. 双纤双向复用段保护环——双纤共享复用段保护环

鉴于四纤双向复用段环的成本较高,出现了一个新的变种——双纤双向复用段保护环。它们的保护机理相类似,只不过采用双纤方式,得到了广泛的应用。

从图 1-5-6(a)中可看到光纤 S1 和 P2、S2 和 P1 上的业务流向相同,那么可以使用时分技术将这两对光纤合成为两根光纤 S1/P2、S2/P1。这时将每根光纤的前半个时隙(例如 STM-16 系统为 $1^{\#}$~$8^{\#}$ STM-1)传送主用业务,后半个时隙(例如,STM-16 系统的 $9^{\#}$~$16^{\#}$ STM-1)传送额外业务。也就是说,一根光纤的保护时隙用来保护另一根光纤上的主用业务。例如,S1/P2 光纤上的 P2 时隙用来保护 S2/P1 光纤上的 S2 业务,这是因为在四纤环上 S2 和 P2 本身就是一对主备用光纤,因此,在二纤双向复用段保护环上无专门的主备用光纤,每一条光纤的前一半时隙是主用信道,后一半时隙是备用信道,两根光纤上业务流向相反。双纤双向复用段保护环的保护机理如图 1-5-7(a)所示。

在网络正常情况下,网元 A 到网元 C 的主用业务放在 S1/P2 光纤的 S1 时隙(对于 STM-16 系统,主用业务只能放在前 8 个时隙 $1^{\#}$~$8^{\#}$ STM-1[VC4]中),备用业务放于 P2 时隙(对于 STM-16 系统,只能放于 $9^{\#}$~$16^{\#}$ STM-1[VC4] 中),沿光纤 S1/P2 由网元 B 穿通传到网元 C,网元 C 从 S1/P2 光纤上的 S1、P2 时隙分别提取出主用、额外业务。网元 C 到网元 A 的主用业务放于 S2/P1 光纤的 S2 时隙,额外业务放于 S2/P1 光纤的 P1 时隙,经网元 B 穿通传到网元 A,网元 A 从 S2/P1 光纤上提取相应的业务。

在环网 B—C 间光缆段被切断时,网元 A 到网元 C 的主用业务沿 S1/P2 光纤传到网元 B,在网元 B 处进行环回(故障端点处环回),是将 S1/P2 光纤上 S1 时隙的业务全部环到 S2/P1 光纤上的 P1 时隙上去(例如,STM-16 系统是将 S1/P2 光纤上的 $1^{\#}$~$8^{\#}$ STM-1[VC4] 全部环到 S2/P1 光纤上的 $9^{\#}$~$16^{\#}$ STM-1[VC4]),此时 S2/P1 光纤 P1 时隙上的额外业务被中断,然后沿 S2/P1 光纤经网元 A、网元 D 穿通传到网元 C,在网元 C 执行环回功能(故障端点站),即将 S2/P1 光纤上的 P1 时隙所载的网元 A 到网元 C 的主用业务环回到 S1/P2 的 S1 时隙,网元 C 提取该时隙的业务完成接收网元 A 到网元 C 的主用业务,如图 1-5-7(b)所示。

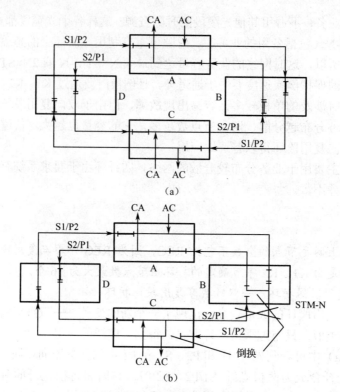

（a）

（b）

图 1-5-7　双纤双向复用段保护环

网元 C 到网元 A 的业务先由网元 C 将主用业务 S2 环回到 S1/P2 光纤的 P2 时隙上，这时 P2 时隙上的额外业务中断，然后沿 S1/P2 光纤经网元 D、网元 A 穿通到达网元 B，在网元 B 处执行环回功能，将 S1/P2 光纤的 P2 时隙业务环到 S2/P1 光纤的 S2 时隙上去，经 S2/P1 光纤传到网元 A 落地。

通过以上方式完成了环网在故障时业务的自愈。

双纤双向复用段保护环的业务容量为四纤双向复用段保护环的 1/2，即 M/2（STM-N）或 M× STM-N（包括额外业务），其中 M 是节点数。

8. 两种自愈环的比较

当前组网中常见的自愈环为二纤单向通道保护环和二纤双向复用段保护环，下面将二者进行比较。

（1）业务容量仅考虑主用业务。

单向通道保护环的最大业务容量是 STM-N，双纤双向复用段保护环的业务容量为 M/2（STM-N），M 是环上节点数。

（2）复杂性。

二纤单向通道保护环无论从控制协议的复杂性还是操作的复杂性来说，都是各种倒换环中最简单的，由于不涉及 APS 的协议处理过程，因而业务倒换时间也最短；二纤双向复用段保护环的控制逻辑则是各种倒换环中最复杂的。

（3）兼容性。

二纤单向通道保护环仅使用已经完全规定好了的通道 AIS 信号来决定是否需要倒换，与现行 SDH 标准完全相容，因而也容易满足多厂家产品兼容性要求；二纤双向复用段保护环使用 APS 协议决定倒换，而 APS 协议尚未标准化，所以复用段倒换环目前都不能满足多厂家产品兼容性的要求。

1.5.5　复杂网络的拓扑结构及特点

通过链和环的组合可构成一些较复杂的网络拓扑结构，下面讲述几个在组网中经常用到的拓扑结构。

1. T 形网

T 形网实际上是一种树形网，如图 1–5–8 所示。

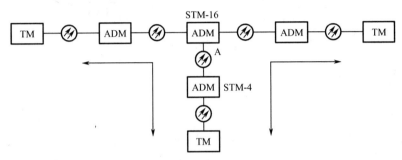

图 1–5–8　T 形网拓扑图

将干线上设为 STM-16 系统，支线上设为 STM-4 系统，T 形网的作用是将支路的业务 STM-4，通过网元 A 上/下到干线 STM-16 系统上去，此时支线接在网元 A 的支路上，支线业务作为网元 A 的低速支路信号通过网元 A 进行分插。

2. 环带链

环带链网络结构如图 1–5–9 所示。

环带链是由环形网和链形网两种基本拓扑形式组成，链接在网元 A 处，链的 STM-4 业务作为网元 A 的低速支路业务，并通过网元 A 的分/插功能上/下环。STM-4 业务在链上无保护，上环会享受环的保护功能。例如，网元 C 和网元 D 互通业务，A—B 光缆段断，链上业务传输中断；A—C 光缆段断，通过环的保护功能网元 C 和网元 D 的业务不会中断。

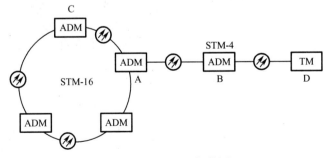

图 1–5–9　环带链拓扑图

3. 环形子网的支路跨接

环形子网的支路跨接网络结构如图 1–5–10 所示。

两个 STM-16 环通过 A、B 两网元的支路部分连接在一起，两环中任何两网元都可通过 A、B 之间的支路互通业务，且可选路由多，系统冗余度高。两环间互通的业务都要经过 A、B 两网元的低速支路，传输存在一个低速支路的安全保障问题。

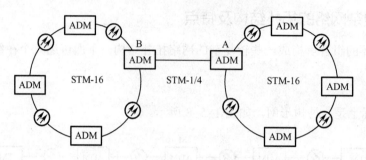

图 1-5-10　环形子网的支路跨接网络拓扑图

4. 相切环

相切环网络结构如图 1-5-11 所示。

图中三个环相切于公共节点网元 A，网元 A 可以是 DXC，也可用 ADM 等效，环 Ⅱ、环 Ⅲ 均为网元 A 的低速支路，这种组网方式可使环间业务任意互通，具有比通过支路跨接环网更大的业务疏导能力，业务可选路由更多，系统冗余度更高。不过这种组网存在重要节点网元 A 的安全保护问题。

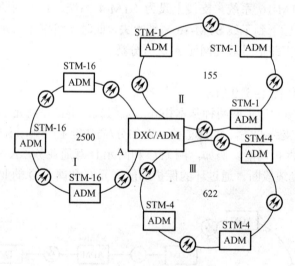

图 1-5-11　相切环拓扑图

5. 相交环

为备份重要节点及提供更多的可选路由，加大系统的冗余度，可将相切环扩展为相交环，如图 1-5-12 所示。

6. 枢纽网

枢纽网网络结构如图 1-5-13 所示。

网元 A 作为枢纽点，可在支路侧接入各个 STM-1 或 STM-4 的链路或环，通过网元 A 的交叉连接功能，提供支路业务上/下主干线，以及支路间业务互通。支路间业务的互通经过网元 A 的分/插，可避免支路间铺设直通路由和设备，也不需要占用主干网上的资源。

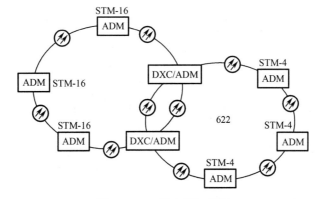

图 1-5-12　相交环拓扑图

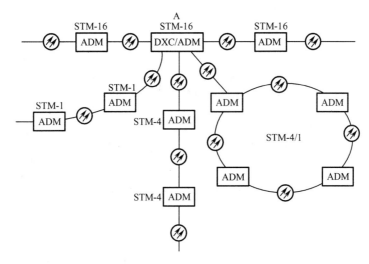

图 1-5-13　枢纽网拓扑图

1.6　光接口类型和参数

1.6.1　光纤的种类

　　SDH 光传输网的传输媒质是光纤，由于单模光纤具有带宽大、易于升级扩容和成本低的优点，国际上已一致认为同步光缆数字线路系统只使用单模光纤作为传输媒质。光纤传输中有 3 个传输窗口适合用于传输的波长范围：850 nm、1 310 nm、1 550 nm，其中 850 nm 窗口只用于多模传输。用于单模传输的窗口只有 1 310 nm 和 1 550 nm 两个波长窗口。光信号在光纤中传输的距离受到色散和损耗的双重影响，色散会使在光纤中传输的数字脉冲展宽，引起码间干扰，降低信号质量。当码间干扰使传输性能劣化到一定程度，如 10^{-3} 时，则传输系统就不能工作了。损耗使在光纤中传输的光信号随着传输距离的增加而功率下降，当光功率下降到一定程度时，传输系统就无法工作了。

为了延长系统的传输距离，人们主要在减小色散和损耗方面入手。1 310 nm 光传输窗口称为 0 色散窗口，光信号在此窗口传输色散最小；1 550 nm 窗口称为最小损耗窗口，光信号在此窗口传输的衰减最小。

ITU-T 规范了三种常用光纤：符合 G.652 规范的光纤、符合 G.653 规范的光纤、符合 G.654 规范的光纤。其中 G.652 光纤在 1 310 nm 波长窗口色散性能最佳，又称为色散未移位的光纤，也就是 0 色散窗口在 1 310 nm 波长处，它可应用于 1 310 nm 和 1 550 nm 两个波长区；G.653 光纤指在 1 550 nm 波长窗口色散性能最佳的单模光纤，又称为色散移位的单模光纤，它通过改变光纤内部的折射率分布，将零色散点从 1 310 nm 迁移到 1 550 nm 波长处，使 1 550 nm 波长窗口色散和损耗都较低，主要应用于 1 550 nm 工作波长区；G.654 光纤称为 1 550 nm 波长窗口损耗最小光纤，它的 0 色散点仍在 1 310 nm 波长处，主要工作于 1 550 nm 窗口，主要应用于需要很长再生段传输距离的海底光纤通信。

1.6.2　光接口类型

光接口是同步光缆数字线路系统最具特色的部分，由于它实现了标准化，使得不同网元可以经光路直接相连，节约了不必要的光/电转换，避免了信号因此而带来的损伤，如脉冲变形等，节约了网络运行成本。

按照应用场合的不同，可将光接口分为三类：局内通信光接口、短距离局间通信光接口和长距离局间通信光接口。不同的应用场合用不同的代码表示，见表 1-6-1。

表 1-6-1　光接口代码一览表

应用场合	局　　内	短距离局间		长距离局间		
工作波长/nm	1 310	1 310	1 550	1 310	1 550	
光纤类型	G.652	G.652	G.652	G.652	G.652	G.653
传输距离/km	≤2	～15		～40	～60	
STM-1	I—1	S—1.1	S—1.2	L—1.1	L—1.2	L—1.3
STM-4	I—4	S—4.1	S—4.2	L—4.1	L—4.2	L—4.3
STM-16	I—16	S—16.1	S—16.2	L—16.1	L—16.2	L—16.3

代码的第一位字母表示应用场合。I 表示局内通信，S 表示短距离局间通信，L 表示长距离局间通信。字母横杠后的第一位表示 STM 的速率等级，例如，1 表示 STM-1，16 表示 STM-16。小数点后的第一个数字表示工作的波长窗口和所有光纤类型。1 和空白表示工作窗口为 1 310 nm，所用光纤为 G.652 光纤；2 表示工作窗口为 1 550 nm，所用光纤为 G.652 或 G.654 光纤；3 表示工作窗口为 1 550 nm，所用光纤为 G.653 光纤。

1.6.3　光接口参数

SDH 网络系统的光接口位置如图 1-6-1 所示。

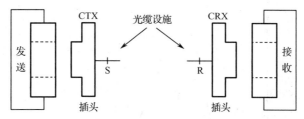

图 1-6-1　光接口位置示意图

图中 S 点是紧挨着发送机（TX）的活动连接器（CTX）后的参考点，R 是紧挨着接收机（RX）的活动连接器（CRX）前的参考点。光接口的参数可以分为三大类：参考点 S 处的发送机光参数、参考点 R 处的接收机光参数和 S—R 点之间的光参数。在规范参数的指标时，均规范为最坏值，即在极端的最坏的光通道衰减和色散条件下，仍然要满足每个再生段（光缆段）的误码率不大于 1×10^{-10} 的要求。

1. 光线路码型

前面讲过 SDH 系统中由于帧结构中安排了丰富的开销字节用于系统的 OAM 功能，所以线路码型不必像 PDH 那样通过线路编码加上冗余字节，以完成端到端的性能监控。SDH 系统的线路码型采用加扰的 NRZ 码，线路信号速率等于标准的 STM-N 信号速率。

ITU-T 规范了对 NRZ 码的加扰方式，采用标准的 7 级扰码器扰码生成多项式为 $1+X^6+X^7$，扰码序列长为 $2^7-1=127$（位），这种方式的优点是码型最简单，不增加线路信号速率，没有光功率代价，无须编码，发端需一个扰码器即可。收端采用同样标准的解扰器即可接收发端业务，实现多厂家设备环境的光路互连。

采用扰码器是为了防止信号在传输中出现长连 0 或长连 1，易于收端从信号中提取定时信息，另外，当扰码器产生的伪随机序列足够长时，也就是经扰码后的信号的相关性很小时，可以在相当程度上减弱各个再生器产生的抖动相关性，也就是使扰动分散、抵消，使整个系统的抖动积累量减弱，如一个屋子里有三对人在讲话，若大家都讲中文，信息的相关性强，那么很容易产生这三对人互相干扰，谁也听不清谁说的话。若这三对人分别用中文、英文、日文讲话，信息相关性差，那么这三对人的对话的干扰就小得多了。

2. S 点参数 —— 光发送机参数

（1）最大-20 dB 带宽。

单纵模激光器主要能量集中在主模，所以它的光谱宽度是按主模的最大峰值功率跌落到-20 dB 时的最大带宽来定义的。单纵模激光器光谱特性如图 1-6-2 所示。

（2）最小边模抑制比 SMSR。

主纵模的平均光功率 P_1 与最显著的边模的平均光功率 P_2 之比的最小值。

$$SMSR=10lg(P_1/P_2)$$

SMSR 的值应不小于 30 dB。

（3）平均发送功率。

在 S 参考点处所测得的发送机发送的伪随机信号序列的平均光功率。

（4）消光比 EX_1。

定义为信号"1"的平均发光功率与信号"0"的平均发光功率比值的最小值。

$$EX=10lg(EX_1)$$

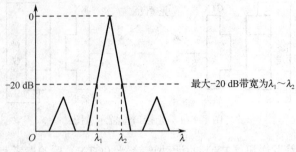

图 1-6-2　单纵模激光器光谱图

ITU-T 规定长距离传输时消光比为 10 dB（除了 L—16.2），其他情况下为 8.2 dB。

3. R 点参数 —— 光接收机参数

（1）接收灵敏度。

定义为在 R 点处为达到 $1×10^{-10}$ 的背景误码率（BER）值所需要的平均接收光功率的最小值。一般为开始使用时正常温度条件下的接收机与寿命终了时处于最恶劣温度条件下的接收机相比，灵敏度余度为 2～4 dB。一般情况下，对设备灵敏度的实测值要比指标最小要求值（最坏值）大 3 dB 左右（灵敏度余度）。

（2）接收过载功率。

定义为在 R 点处为达到 $1×10^{-10}$ 的 BER 值所需要的平均接收光功率的最大值。因为当接收光功率高于接收灵敏度时，由于信噪比的改善，使 BER 变小，但随着光接收功率的继续增加，接收机进入非线性工作区，反而会使 BER 下降，如图 1-6-3 所示。

图 1-6-3 中 A 点处的光功率是接收灵敏度，B 点处的光功率是接收过载功率。A、B 之间的范围是接收机可正常工作的动态范围。

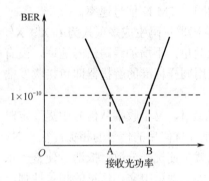

图 1-6-3　BER 曲线图

1.7　定时与同步

1.7.1　引言

同步是指两个或两个以上信号之间在频率或相位上保持某种特点的关系，也就是说，两个或两个以上信号在相对应的有效瞬间，其相位差或频率差在约定的容许范围内。通信网的同步是通信网中各数字通信设备内的时钟之间的同步。

同步网的基本功能是准确地将同步信息从基准时钟向同步网的各下级或同级节点传递，从而建立并保持同步。数字同步网是现代通信网的一个必不可少的重要组成部分，能准确地将同步信息从基准时钟向同步网各同步节点传递，从而调整网中的时钟，以建立并保持同步，满足电信网传递业务信息所需的传输和交换性能要求，它是保证网络定时性能的关键。

为什么要引入同步？数字网的同步问题涉及广泛的内容：

对于数字传输，要求接收端与发送端同步，这是所谓点同步。

对于数字复用，要求将几个准同步信号复用成单一的线路信号，采用比特塞入技术适配速率，这是所谓线同步。

对数字交换，要求到达交换节点全部数字流有统一的时钟，涉及全网，这就是网同步。

因此，所谓网同步，是指使网络中所有交换节点的时钟频率和相位都控制在预先确定的容差范围内，以便使网内各交换节点的全部数字流实现正确有效的交换。

在通信信号的传输过程中，同步是十分重要的，如果不能同步，就会在数字交换机的缓存器中产生信息比特的溢出和取空，导致数字流的滑动损伤，造成数据出错。滑动损伤对各种不同的信号会产生不同的影响。例如，对于 64 Kb/s 的 PCM 语音信号，当滑动速率达到每天 255帧时，可听见一些咯喳声；对于压缩的图像信号，如 DS1 信号，每滑动一帧，将丢失一行或多行信息。可见由于时钟频率或相位不一致产生的滑动在通信中影响很大，必须进行有效控制。

1.7.2 同步方式

解决数字网同步有两种方法：伪同步和主从同步。

伪同步是指数字交换网中各数字交换局在时钟上相互独立、毫无关联，而各数字交换局的时钟都具有极高的精度和稳定度，一般用铯原子钟。由于时钟精度高，网内各局的时钟虽不完全相同（频率和相位），但误差很小，接近同步，于是称为伪同步。

主从同步指网内设一时钟主局，配有高精度时钟，网内各局均受控于该主局，即跟踪主局时钟，以主局时钟为定时基准，并且逐级下控，直到网络中的末端网元（终端局）。

一般伪同步方式用于国际数字网中，也就是一个国家与另一个国家的数字网之间采取这样的同步方式，如中国和美国的国际局均各有一个铯时钟，二者采用伪同步方式。主从同步方式一般用于一个国家地区内部的数字网，它的特点是国家或地区只有一个主局时钟，网上其他网元均以此主局时钟为基准来进行本网元的定时。主从同步和伪同步的原理如图 1-7-1 所示。

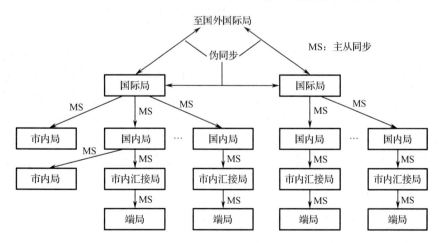

图 1-7-1 主从同步和伪同步原理图

为了增加主从定时系统的可靠性，可在网内设一个副时钟，采用等级主从控制方式。两个时钟均采用铯时钟，在正常时，主时钟起网络定时基准作用，副时钟也以主时钟的时钟为基准。当主时钟发生故障时，改由副时钟给网络提供定时基准，当主时钟恢复后再切换回来，由主时钟提供网络定时基准。

我国采用的同步方式是等级主从同步方式。采用主从同步时，上一级网元的定时信号通过一定的路由——同步链路或附在线路信号上从线路传输到下一级网元。该级网元提取此时钟信号，通过本身的锁相振荡器跟踪锁定此时钟，并产生以此时钟为基准的本网元所用的本地时钟信号，同时通过同步链路或通过传输线路向下级网元传输，供其跟踪锁定。若本站收不到从上一级网元传来的基准时钟，那么本网元通过本身的内置锁相振荡器提供本网元使用的本地时钟，并向下一级网元传送时钟信号。

数字网的同步方式除伪同步和主从同步外，还有相互同步、外基准注入、异步同步（即低精度的准同步）等，下面讲一下外基准注入同步方式。

外基准注入方式起备份网络上重要节点的时钟的作用，以避免当网络重要结点主时钟基准丢失而本身内置时钟的质量又不够高，以至大范围影响网元正常工作的情况。外基准注入方式是利用 GPS（卫星全球定位系统），在网元重要节点局安装 GPS 接收机，提供高精度定时，形成地区级基准时钟 LPR。该地区其他的下级网元在主时钟基准丢失后，仍采用主从同步方式跟踪这个 GPS 提供的基准时钟。

1.7.3　SDH 同步定时参考信号来源

常见的时钟有原子钟（主要是铯钟、铷钟）、晶体钟等。

铯钟长期频率稳定度性能比较好，没有老化现象，但耗能高，结构复杂，制造工艺和技术都十分先进，而铯束管的寿命为 3～5 年，届时需要更换。

铷钟和铯钟相比，虽然性能不及铯钟，但它具有体积小、质量较小、预热时间短、短期频率稳定度高、价格低廉等优点。在同步网中普遍作为地区级参考频率标准。

晶体钟体积小、质量小、耗电少、价格比较低廉，短期稳定性较好，但长期稳定度和老化率比原子钟的差。一般在同步网中作为从钟被大量使用。

在 PDH 中，为了使网络中的各系统能够同步，采用来自交换设备的 2 Mb/s 支路传输同步信号，该同步信号的精度可达到 10E-11，且在网络中透明传输。

而在 SDH 中，由于引入了指针对净负荷进行频率和相位的校准，使净负荷中的 2 Mb/s 信号在传输过程中，尤其在 SDH/PDH 网络边界处，有了频率或相位的变化，因而不能直接提取其中的定时信号作为系统的时钟。所以，在 SDH 中，定时参考信号可以有以下三种来源：

① 从 STM-N 等级的信号中提取时钟；
② 直接利用外部输入站时钟（2 048 kHz）；
③ 从来自纯 PDH 网或交换系统的 2 Mb/s 支路信号中提取时钟。

1.7.4　主从同步网中从时钟的工作模式

主从同步的数字网中，从站的时钟通常有三种工作模式：

1. 正常工作模式——跟踪锁定上级时钟模式

此时从站跟踪锁定的时钟基准是从上一级站传来的，可能是网中的主时钟，也可能是上一级网元内置时钟源下发的时钟，还可能是本地区的 GPS 时钟。

与从时钟工作的其他两种模式相比较，此种从时钟的工作模式精度最高。

2. 保持模式

当所有定时基准丢失后，从时钟进入保持模式。此时从站时钟源利用定时基准信号丢失前所存储的最后频率信息，作为其定时基准而工作，也就是说，从时钟有记忆功能，通过记忆功能提供与原定时基准较相符的定时信号，以保证从时钟频率在长时间内与基准时钟频率只有很小的频率偏差。但是，由于振荡器的固有振荡频率会慢慢地漂移，故此种工作方式提供的较高精度时钟不能持续很久，此种工作模式的时钟精度仅次于正常工作模式的时钟精度。

3. 自由运行模式 —— 自由振荡模式

当从时钟丢失所有外部基准定时，也失去了定时基准记忆或处于保持模式时间太长，从时钟内部振荡器就会工作于自由振荡方式。此种模式的时钟精度最低。

1.7.5　SDH 的引入对网同步的要求

数字网的同步性能对网络能否正常工作至关重要，SDH 网的引入对网的同步提出了更高的要求。当网络工作在正常模式时，各网元同步于一个基准时钟，网元节点时钟间只存在相位差，而不会出现频率差，因此，只会出现偶然的指针调整事件。当某网元节点丢失同步基准时钟而进入保持模式或自由振荡模式时，该网元节点本地时钟与网络时钟将会出现频率差而导致指针连续调整，影响网络业务的正常传输。

SDH 网与 PDH 网会长期共存，SDH/PDH 边界出现的抖动和漂移主要来自指针调整和净负荷映射过程。在 SDH/PDH 边界节点上，指针调整的频度与这种网关节点的同步性能密切相关。如果执行异步映射功能的 SDH 输入网关丢失同步，则该节点时钟的频偏和频移将会导致整个 SDH 网络的指针持续调整，恶化同步性能；如果丢失同步的网络节点是 SDH 网络连接的最后一个网络单元，则 SDH 网络输出仍有指针调整，会影响同步性能；如果丢失同步的是中间的网络节点，只要输入网关仍然处于与基准时钟 PRC 同步的状态，则紧随故障节点的仍处于同步状态的网络单元或输出网关可以校正中间网络节点的指针移动，因而不会在最后的输出网关产生净指针移动，从而不会影响同步性能。

1.7.6　我国同步网现状

我国的数字同步网采用三级节点时钟结构和主从同步的方式。全网分为 31 个同步区，各同步区域的基准源（Local Primary Reference，LPR）接收国家时钟基准源（Primary Reference Clocks，PRC）的时钟信息，而同步区内的各级时钟则同步于 LPR，最终也同步于主用 PRC，如图 1-7-2 所示。

这是一个"多基准钟，分区等级主从同步"的网络，其特点是：

① 在北京、武汉各建立了一个以铯钟组为主的，包括 GPS（全球定位系统）接收机的高精度基准钟 PRC。

② 在除北京、武汉以外的其他 29 个省中心各建立一个以 GPS 接收机加铷钟构成的高精

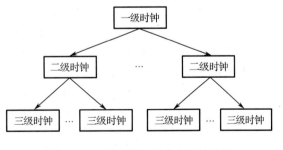

图 1-7-2　同步网三级节点时钟结构

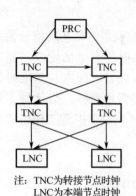

注：TNC为转接节点时钟
LNC为本端节点时钟

图 1-7-3　同步网的结构

度区域基准钟 LPR；LPR 以 GPS 信号为主用，当 GPS 信号出现故障和降质时，该 LPR 将转为经地面链路直接或间接跟踪北京或武汉的 PRC。

③ 各省以本省中心的 LPR 为基准钟组建省内的三级时钟，如图 1-7-3 所示。

1.7.7　同步定时信号的传输

同步定时基准信号有两种基本信号模式，即 2 Mb/s 和 2 MHz，由于存在定时基准源提供的高等级定时参考信号的传输问题，一般的同步网设备均采用 2 Mb/s 的信号作为同步网设备的定时输入信号。传送定时输入参考信号链路可以有三种选择：

1. PDH 的 2 Mb/s 业务码流传送定时信号

如图 1-7-4 所示，本端局的大楼综合定时系统（BITS）的 2 Mb/s 时钟信号首先同步同在枢纽大楼内的 TS 交换机，TS 交换机同步后，其发送的 2 Mb/s 业务信号就携带了时钟信息，经 PDH 传输到对端局后，通过高阻将该 2 Mb/s 业务信号引入对端局的 BITS 输入口，从而达到同步的目的。

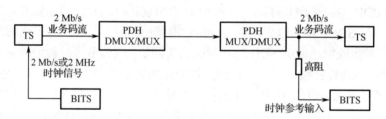

图 1-7-4　2 Mb/s 业务码流传送定时信号

这种定时传送方式的优点是：高效利用传输电路资源，传送业务信号和同步定时信号两不误。在缺少传输电路的情况下，这种方式是可取的。

这种定时传送方式的缺点是：

① 因为时钟信号要经过交换机，交换机中一些影响同步质量的不定因素不可避免地会带入数字同步网，造成同步网同步质量的下降，或者说不能保证同步信号的质量。

② 因为时钟信号要经过交换机，而目前所有的交换机都没有处理 S1 字节的功能，这样就无法实现数字同步网的 SSM 功能。

2. PDH 2 Mb/s 专线传送定时信号

高等级的 BITS 定时信号送到 PDH 传输系统，通过不带业务的 PDH 2 Mb/s 专线传递给下游时钟，下游时钟采用终结方式提起时钟信号，如图 1-7-5 所示。

图 1-7-5　PDH 2 Mb/s 专线传送定时信号

这种方式不仅可以避免交换机带来的使同步信号质量降低的不定因素,还可以有效传送同步状态字节(SSM)信息,具有稳定度和精度高、结构简单等优点。但随着 SDH 网络的迅速发展,PDH 已退至网络边缘,传输网络几乎成为全 SDH 网络,在这种情况下,大量通过 SDH 传输系统连接的末端设备的同步问题逐渐成为网络同步规划的一个难点。

3. STM-N 线路传送定时

来自 BITS 的定时承载到 SDH 的线路信号 STM-N 上,通过 SDH 系统传递下去,如图 1-7-6 所示。

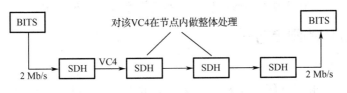

图 1-7-6　STM-N 线路传送定时

采用这种方式时,需要考虑以下三个方面的问题:

① 避免 SDH 系统传递时钟的形成环路。

② SDH 传送定时信号,传递距离受到限制,抖动和漂移是同步网定时性能的一项重要指标。根据 ITU-T G.803 规定,基准定时链路上 SDH 网元时钟个数不能超过 60 个。

③ SDH 终端设备的外同步输入/输出信号应尽可能采用支持 SSM 功能的 2 Mb/s 信号,且 2 Mb/s 和 2 MHz 可用软件设置。这样可实现 SDH 的 STM-N 线路传送定时,并实现同步质量的自动管理控制。

1.7.8　BITS 的模块划分

BITS 设备一般采用模块化结构配置,冗余配置,主要由基准信号输入模块、时钟模块、定时信号输出模块、监测模块、维护和控制接口模块等组成。

1. 基准信号输入模块

基准信号输入模块一般为主用和备用两个,主用发生故障时能自动切换。在维护工作需要时,通过操作软件可人工控制切换。人工带电插拔时,不影响输出信号。

二级时钟基准信号输入口一般为 4 个,三级时钟基准信号输入口至少为 2 个,可按 ITU-T G.703 建议的要求接 2 Mb/s 或 2 MHz 的信号。

输入模块还应具有监测输入信号的功能,监测的项目包括信号中断、帧失步、循环冗余校验、双极性破坏、告警指示及频率偏差等。

2. 时钟模块

时钟模块可根据需要配置成不同级别的时钟,时钟模块一般有主用时钟和备用时钟,出现故障时能自动倒换,需要时可人工倒换。

时钟模块具有快捕、跟踪、保持和自由运行四种工作方式,当全部基准信号发生故障时,时钟自动进入保持方式。

3. 定时信号输出模块

定时信号输出模块能提供多种定时信号,包括 2 Mb/s 或 2 MHz 及某些特定的时钟信号。输出信号可实现卡板的 1:1 或 1+1 保护。

4. 监测模块

监测模块利用本设备的频率对输入的时钟信号进行测试，监测的项目包括传输性能参数和定时性能参数：信号中断、帧失步、循环冗余校验、双极性破坏、告警指示及频率偏差、原始相位、最大时间间隔误差（MTIE）、时间偏差（TDEV）数据。通过操作软件，可完成测试项目门限的设置，并可绘出 MTIE、TDEV 曲线。

5. 维护和控制接口模块

维护和控制接口模块提供设备和维护终端的通信接口，一般提供两个接口：一个作为本地维护终端接口，另一个作为远程通信接口，实现近端和远端的控制。

1.7.9 SDH 网的同步方式

1. SDH 网同步原则

我国数字同步网采用分级的主从同步方式，即用单一基准时钟经同步分配网的同步链路控制全网。同步网中使用一系列分级时钟，每一级时钟都与上一级时钟或同一级时钟同步。

SDH 网的主从同步时钟可按精度分为四个类型（级别），分别对应不同的使用范围：作为全网定时基准的主时钟；作为转接局的从时钟；作为端局的从时钟；作为 SDH 设备的时钟。

ITU-T 对各级时钟精度进行了规范，时钟质量级别由高到低分列于下：

① 基准主时钟满足 G.811 规范；

② 转接局时钟满足 G.812 规范中间局转接时钟；

③ 端局时钟满足 G.812 规范本地局时钟；

④ SDH 网络单元时钟满足 G.813 规范 SDH 网元内置时钟。

在正常工作模式下，传到相应局的各类时钟的性能主要取决于同步传输链路的性能和定时提取电路的性能；在网元工作于保护模式或自由运行模式时，网元所使用的各类时钟的性能主要取决于产生各类时钟的时钟源的性能，时钟源相应地位于不同的网元节点处，因此高级别的时钟须采用高性能的时钟源。

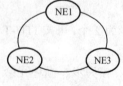

图 1-7-7　网络图

在数字网中传送时钟基准应注意几个问题：

① 在同步时钟传送时，不应存在环路，如图 1-7-7 所示。

若 NE2 跟踪 NE1 的时钟，NE3 跟踪 NE2 的时钟，NE1 跟踪 NE3 的时钟，这时同步时钟的传送链路组成一个环路。若某一网元时钟劣化，就会使整个环路上网元的同步性能连锁性地劣化。

② 尽量减少定时传递链路的长度，避免由于链路太长而影响传输的时钟信号的质量。

③ 从站时钟要从高一级设备或同一级设备获得基准。

④ 应从分散路由获得主备用时钟基准，以防止当主用时钟传递链路中断后导致时钟基准丢失的情况。

⑤ 选择可用性高的传输系统来传递时钟基准。

2. 网同步的实现（S1 字节的应用）

在 SDH 网中，网络定时的路由随时都有可能变化，因而其定时性能也随时可能变化，这就要求网络单元必须有较高的智能，从而能决定定时源是否还适用，是否需要搜寻其他更合适的定时源等，以保证低级的时钟只能接收更高等级或同一等级时钟的定时，并且要避免形成定时信号的环路，造成同步不稳定。为了实现上述的智能应用，在 SDH 的开销字节中引入了 S1 字节，即同步状态标志（SSM）字节。用该字节的 5～8 比特通过消息编码以表明该 STM-N 的同步状态，并帮助进行同步网的保护倒换。

S1 字节的后 4 比特是同步信号质量等级（QL）的标志，按 ITU-T 的标准，对 S1 字节进行了定义，见表 1-7-1。

表 1-7-1　S1 字节的定义

S1 字节的 5 至 8 比特	十进制值	同步质量等级（QL）描述
0000	0	等级未知
0010	2	PRC 等级，符合 G.811 主时钟 精度 1E-11，铯钟或 GPS 铷钟、GPS 石英钟
0100	4	SSU-T 等级，符合 G.812 转接局从时钟 精度 1.5E-9，GPS 铷钟、石英钟
1000	8	SSU-L 等级，符合 G.812 终端局从时钟 精度 3E-8，GPS 铷钟、石英钟
1011	11	SEC 等级，网元时钟 精度 4.6E-6，保持模式精度 5E-8
1111	15	DUS，不能用于同步

3. 网元同步参考选择的基本规则

如果一个网元或一个单独的同步设备能够接收到多个可以作为定时参考的信号，它应能够选择其中质量等级最高的信号。当有同样高质量等级的参考信号存在时，可以通过人为设定的优先级（Priority）来进行判断选择。

由于在引入 SSM 阶段有很多设备不传送质量等级信息，对网元应具有设定定时质量等级的功能。

注意到网元系统保持模式同样具有一定的定时质量，应作为 SEC 等级处理，也可作为一种定时参考信号使用。

每当输入信号的定时质量等级或定时端口的优先级发生变化时，必须重新对系统定时的选择进行比较衡量。当一个定时参考信号失效时，相当于接收到 S1 字节值为 15，即不能用于网同步。

在整个网络的同步设计过程中，应注意：不能让定时信号发生环回，因此，对于系统用作定时参考的线路或支路端口，其发送方向的信号中 S1 字节自动被置为反向测试（DUS）。

4. 同步分配网的可靠性

为了提高同步网的可靠性，通常要求所有节点时钟和 NE 时钟都至少可以从两条同步路径获得定时。图 1-7-8 所示为同步设备定时源功能。

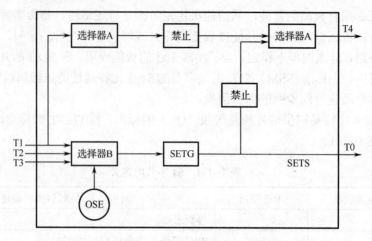

图 1–7–8　同步设备定时源功能

对于具有一个以上定时基准输入的网络节点或 SDH 网络单元，当所选定的定时基准丢失后，SDH 设备应能自动地倒换至另一定时输入。判别是否应进行倒换的准则有两种，即定时基准设备失效准则（定时基准信号丢失或定时接口出现 AIS）和定时偏离准则（定时基准信号偏离劣化至某一不正常水平）。采用定时基准设备失效准则时，定时倒换的触发点可以检出定量基准信号丢失或定时接口出现 AIS 后的 3 s 内，SDH 钟的精度仍能保持。如果选择的定时基准是 STM-N，则只有当 STM-N 的可用保护倒换和其终端电路已不能恢复 STM-N 信号时，才能倒换至另一定时基准。

当所有输入定时基准都丢失时，需要及时维护行动。此时利用时钟的保持模式可以在一段有限的时间内维持足够的定时精度，不致使业务受损。

1.7.10　SDH 设备的同步方式

SDH 传输网中设备的种类包括 DXC、ADM、终端复用器和再生器。一般来说，SDH 同步网提供了三种不同的网络单元定时方法。

1. 外同步定时源

目前每个 SDH 网络单元中的 SETPI 模块提供了输出定时和输入定时接口，接口具有 G.703 2 Mb/s 的物理特性。外部提供的定时源一般有三种：

① PDH 网同步中的 2 048 kHz 同步定时源；

② 同局中其他 SDH 网络单元输出的定时；

③ 同局中 BITS 输出的时钟。

一般在较大的局站中，设备又称为综合定时供给系统（BITS）的时钟源。BITS 接收国内基准或其他如 GPS 的定时基准同步，具有保持功能。局内需要同步的 SDH 设备均受其同步。

2. 从接收信号提取的定时

从接收信号中提取定时是广泛应用的局间同步定时方式，BITS 需要从上级节点传输过来的信号中提取定时基准。本局内没有 BITS 的 SDH 设备也要从接收信号中提取定时以同步于基准时钟。目前主要推荐从不受指针调整影响的 STM-N 信号中直接提取定时。

随 SDH 设备应用的场合不同，从接收信号中提取时钟又可分为：

① 通过定时：网络单元由同方向终结的输入 STM-N 信号中提取定时信号，并由此再对网络单元的发送时钟的定时进行同步。

② 环路定时：网络单元的每个发送 STM-N 信号都由相应的输入 STM-N 信号中所提取的定时来同步。

③ 线路定时：像 ADM 这样的网络单元中，所有发送 STM-N/M 信号的定时信号都是从某一特定的输入 STM-N 信号中提取的。

1.7.11　网同步工作的举例

通过一个简单的例子来说明网同步设计的具体实现，以及 S1 字节在网络同步自愈倒换中的作用。

如图 1-7-9 所示，网络中有 A～F 6 个网元，组成环状网络。A 站有两个外部站时钟参考，等级分别为 2、4。其他网元采用来自 A 站的信号提取时钟，即线路定时。各站都设有工作、保护两个方向的定时参考，分别为线路 A 与线路 B。各网元的定时端口及优先级设定如图 1-7-9 所示。注意到 A 站的线路 A 方向不接受来自 F 站的线路定时，否则将造成定时环回。

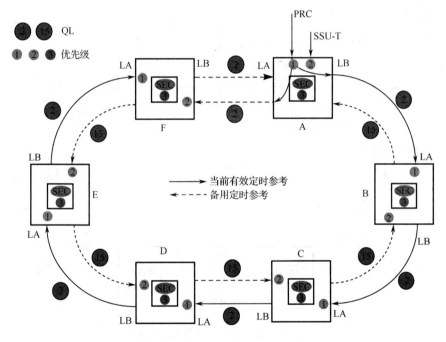

图 1-7-9　正常情况下网络定时方案图

各站的系统定时参考与定时端口状态见表 1-7-2。

表 1-7-2　正常状态定时端口属性

站　　名	系统定时参考	优先级为 1 的定时源及 QL 值	优先级为 2 的定时源及 QL 值
A	锁定站时钟 1	站时钟 1，2	站时钟 2，4
B	锁定线路 A	线路 A，2	线路 B，15

续表

站　　名	系统定时参考	优先级为 1 的定时源及 QL 值	优先级为 2 的定时源及 QL 值
C	锁定线路 A	线路 A，2	线路 B，15
D	锁定线路 A	线路 A，2	线路 B，15
E	锁定线路 A	线路 A，2	线路 B，15
F	锁定线路 A	线路 A，2	线路 B，2

　　一旦 B 与 C 之间的光纤断裂（图 1-7-10），C 站将无法提取来自 B 站的线路时钟信号，定时信号失效，C 站进入保持模式，由内部晶振提供 SEC 等级的时钟定时，通过 C 站向下游发送的线路信号中，S1 字节后四位值为 11。从 D 至 F 将收到该 S1 字节。在 F 站，我们发现线路 A 方向收到的 S1 字节值比线路 B 方向收到的 S1 字节值大，即线路 A 方向定时信号的质量等级小于线路 B 方向，因而在 F 站首先发生了定时源的倒换，提取来自线路 B 方向的信号中的定时信号作为系统定时源，同时把线路 A 方向发送的 S1 字节置为 15。

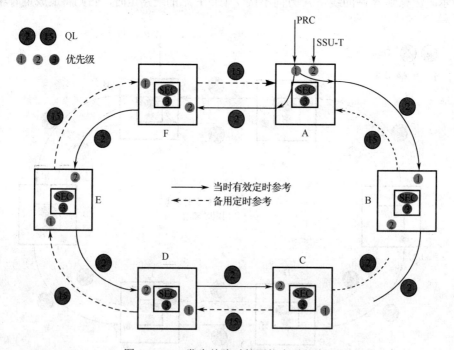

图 1-7-10　发生故障时的网络定时状态

各站的系统定时参考与定时端口状态见表 1-7-3。

表 1-7-3　发生故障时定时端口属性

站　　名	系统定时参考	优先级为 1 的定时源及 QL 值	优先级为 2 的定时源及 QL 值
A	锁定站时钟 1	站时钟 1，2	站时钟 2，4
B	锁定线路 A	线路 A，2	线路 B，15
C	保持模式	线路 A，无	线路 B，15

站　名	系统定时参考	优先级为 1 的定时源及 QL 值	优先级为 2 的定时源及 QL 值
D	锁定线路 A	线路 A，11	线路 B，15
E	锁定线路 A	线路 A，11	线路 B，15
F 倒换前	锁定线路 A	线路 A，11	线路 B，2

当 F 站完成倒换后，F 站线路 B 方向发送 S1 字节的 QL 为 2，当 E 站接收到该字节后，也将发生倒换，同样的倒换将发生在 E、D、C 站，最终形成的网络定时状态如图 1-7-11 所示，整个网络的定时得到了恢复。

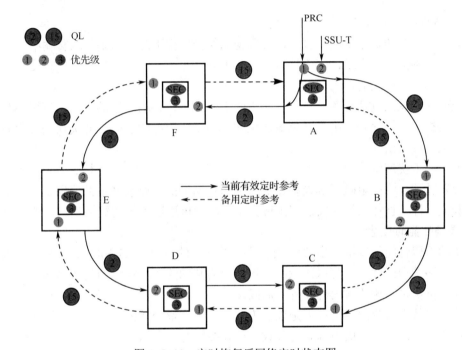

图 1-7-11　定时恢复后网络定时状态图

各站的系统定时参考与定时端口状态见表 1-7-4。

表 1-7-4　定时恢复后各定时端口属性

站　名	系统定时参考	优先级为 1 的定时源及 QL 值	优先级为 2 的定时源及 QL 值
A	站时钟 1	站时钟 1，2	站时钟 2，4
B	线路 A	线路 A，2	线路 B，15
C	线路 B	线路 A，无	线路 B，2
D	线路 B	线路 A，15	线路 B，2
E	线路 B	线路 A，15	线路 B，2
F	线路 B	线路 A，15	线路 B，2

可见各 SH 网元可以利用定时模块的端口属性与 S1 字节功能实现网络定时的自动恢复。利用以上特点，完全可以设计出有效可靠的同步网。

1.8　传输性能

1.8.1　误码性能

误码是指经接收判决再生后，数字码流中的某些比特发生了差错，使传输的信息质量产生损伤。

1. 误码的产生和分布

误码可以说是传输系统的一大害，轻则使系统稳定性下降，重则导致传输中断（10^{-3} 以上）。从网络性能角度出发，可将误码分成两大类。

（1）内部机理产生的误码。

系统的此种误码包括由各种噪声源产生的误码；定位抖动产生的误码；复用器交叉连接设备和交换机产生的误码；由光纤色散产生的码间干扰引起的误码。此类误码会由系统长时间的误码性能反映出来。

（2）脉冲干扰产生的误码。

由突发脉冲，诸如电磁干扰设备、故障电源瞬态干扰等原因产生的误码。此类误码具有突发性和大量性，往往系统在突然间出现大量误码，可通过系统的短期误码性能反映出来。

2. 误码性能的度量

传统的误码性能的度量（G.821）是度量 64 Kb/s 的通道在 27 500 km 全程端到端连接的数字参考电路的误码性能，是以比特的错误情况为基础的。当传输网的传输速率越来越高，以比特为单位衡量系统的误码性能有其局限性。

目前高比特率通道的误码性能是以块为单位进行度量的（B1、B2、B3 监测的均是误码块），由此产生出一组以块为基础的参数。这些参数的含义如下。

（1）误块。

当块中的比特发生传输差错时称此块为误块。

🔄 **说明**

对 B1、B2、B3 块进行监测时，只能监测出该块中奇数个比特发生差错，对块中偶数个比特发生差错则监测不出来。

（2）误块秒 ES 和误块秒比 ESR。

当某一秒中发现 1 个或多个误码块时，称该秒为误块秒。在规定测量时间段内出现的误块秒总数与总的可用时间的比值称为误块秒比。

（3）严重误块秒 SES 和严重误块秒比 SESR。

某一秒内包含有不少于 30% 的误块或者至少出现一个严重扰动期 SDP 时，认为该秒为严重误块秒。其中，严重扰动期指在测量时在最小等效于 4 个连续块时间或者 1 ms（取二者中较长时间段时）时间段内所有连续块的误码率 $\geq 10^{-2}$ 或者出现信号丢失。

在测量时间段内出现的 SES 总数与总的可用时间之比称为严重误块秒比 SESR。

严重误块秒一般是由于脉冲干扰产生的突发误块，所以 SESR 往往反映出设备抗干扰的能力。

（4）背景误块 BBE 和背景误块比 BBER。

扣除不可用时间和 SES 期间出现的误块称为背景误块 BBE。BBE 数与在一段测量时间内扣除不可用时间和 SES 期间内所有块数后的总块数之比称为背景误块比 BBER。

若这段测量时间较长，那么 BBER 往往反映的是设备内部产生的误码情况，与设备采用器件的性能稳定性有关。

3. 数字段相关的误码指标

ITU-T 将数字链路等效为全长 27 500 km 的假设数字参考链路，并为链路的每一段分配最高误码性能指标，以便使主链路各段的误码情况在不高于该标准的条件下，连成串之后能满足数字信号端到端 27 500 km 正常传输的要求。

表 1-8-1～表 1-8-3 分别列出了 420 km、280 km、50 km 数字段应满足的误码性能指标。

表 1-8-1　420 km HRDS 误码性能指标

项　　目	速率/（kb·s^{-1}）		
	155 520	622 080	2 488 320
ESR	$3.696×10^{-3}$	待定	待定
SESR	$4.62×10^{-5}$	$4.62×10^{-5}$	$4.62×10^{-5}$
BBER	$2.31×10^{-5}$	$2.31×10^{-5}$	$2.31×10^{-5}$

表 1-8-2　280 km HRDS 误码性能指标

项　　目	速率/（kb·s^{-1}）		
	155 520	622 080	2 488 320
ESR	$2.464×10^{-3}$	待定	待定
SESR	$3.08×10^{-5}$	$3.08×10^{-5}$	$3.08×10^{-5}$
BBER	$3.08×10^{-5}$	$1.54×10^{-5}$	$1.54×10^{-5}$

表 1-8-3　50 km HRDS 误码性能指标

项　　目	速率/（kb·s^{-1}）		
	155 520	622 080	2 488 320
ESR	$4.4×10^{-4}$	待定	待定
SESR	$5.5×10^{-5}$	$5.5×10^{-6}$	$5.5×10^{-5}$
BBER	$5.5×10^{-7}$	$2.7×10^{-7}$	$2.7×10^{-7}$

4. 误码减少策略

（1）内部误码的减少。

改善收信机的信噪比是降低系统内部误码的主要途径，另外，适当选择发送机的消光比、改善接收机的均衡特性、减少定位抖动都有助于改善内部误码性能。在再生段，平均误码率

低于 10^{-14} 数量级以下，可认为处于"无误码"运行状态。

（2）外部干扰误码的减少。

基本对策是加强所有设备的抗电磁干扰和静电放电能力，如加强接地，此外，在系统设计规划时留有充足的冗度也是一种简单可行的对策。

1.8.2 可用性参数

1. 不可用时间

传输系统的任一个传输方向的数字信号连续 10 s 期间内每秒的误码率均劣于 10^{-3}，从这 10 s 的第 1 s 起，就认为进入了不可用时间。

2. 可用时间

当数字信号连续 10 s 期间内每秒的误码率均优于 10^{-3}，那么从这 10 s 的第 1 s 起就认为进入了可用时间。

3. 可用性

可用时间占全部总时间的百分比称为可用性。

为保证系统的正常使用，系统要满足一定的可用性指标，见表 1-8-4。

表 1-8-4　假设参考数字段可用性目标

长度/km	可用性/%	不可用性	不可用时间/（min·年⁻¹）
420	99.977	2.3×10^{-4}	120
280	99.985	1.5×10^{-4}	78
50	99.99	1×10^{-4}	52

1.8.3 抖动漂移性能

抖动和漂移与系统的定时特性有关。

定时抖动（抖动）是指数字信号的特定时刻，如最佳抽样时刻相对其理想时间位置的短时间偏离。所谓短时间偏离，是指变化频率高于 10 Hz 的相位变化。

漂移指数字信号的特定时刻相对其理想时间位置的长时间偏离。所谓长时间，是指变化频率低于 10 Hz 的相位变化。

抖动和漂移会使收端出现信号溢出或取空，从而导致信号滑动损伤。

1. 抖动和漂移的产生机理

在 SDH 网中，除了具有其他传输网的共同抖动源——各种噪声源、定时滤波器失谐再生器固有缺陷（码间干扰、限幅器门限漂移）等，还有两个 SDH 网特有的抖动源：

① 在将支路信号装入 VC 时，加入了固定塞入比特和控制塞入比特，分接时需要移去这些比特，这将导致时钟缺口，经滤波后产生残余抖动——脉冲塞入抖动。

② 指针调整抖动。此种抖动是由指针进行正/负调整和去调整时产生的。对于脉冲塞入抖动，与 PDH 系统的正码脉冲调整产生的情况类似，可采用措施使它降低到可接受的程度，而指针调整产生的抖动由于频率低、幅度大，很难用一般方法加以滤除。

引起 SDH 网漂移的普遍原因是环境温度的变化，它将使光缆传输特性变化，导致信号漂移。另外，时钟系统受温度变化的影响也会出现漂移。最后，SDH 网络单元中指针调整和网同步的结合也会产生很低频率的抖动和漂移。不过，总体来说，SDH 网的漂移主要来自各级时钟和传输系统，特别是传输系统。

2. 抖动性能规范

SDH 网中常见的度量抖动性能的参数如下。

（1）输入抖动容限。

输入抖动容限分为 PDH 输入口的支路口和 STM-N 输入口的线路口的两种输入抖动容限。对于 PDH 输入口，则是在使设备不产生误码的情况下该输入口所能承受的最大输入抖动值。由于 PDH 网和 SDH 网的长期共存，使传输网中有 SDH 网元上 PDH 业务的需要，要满足这个需求，则必须使该 SDH 网元的支路输入口能包容 PDH 支路信号的最大抖动，即该支路口的抖动容限能承受得了所上 PDH 信号的抖动。

线路口 STM-N 输入抖动容限的定义为，能使光设备产生 1 dB 光功率代价的正弦峰峰抖动值。这个参数是用来规范当 SDH 网元互连在一起接传输 STM-N 信号时，本级网元的输入抖动容限应能包容上级网元产生的输出抖动。

技术细节

什么是光功率代价？

由抖动漂移和光纤色散等原因引起的系统信噪比降低导致误码增大的情况，可以通过加大发送机的发光功率得以弥补，也就是说，由于抖动漂移和色散等原因使系统的性能指标劣化到某一特定的指标以下，为使系统指标达到这一特定指标，可以通过增加发光功率的方法来解决，而此增加的光功率就是系统为满足特定指标而需要的光功率代价。1 dB 光功率代价是系统可以容忍的最大数值。

（2）输出抖动。

与输入抖动容限类似，也分为 PDH 支路口和 STM-N 线路口。定义为在设备输入无抖动的情况下由端口输出的最大抖动。

SDH 设备的 PDH 支路端口的输出抖动应保证在 SDH 网元下 PDH 业务时，所输出的抖动能使接收此 PDH 信号的设备所承受。STM-N 线路端口的输出抖动应保证接收此 STM-N 信号的 SDH 网元能承受。

（3）映射和结合抖动。

因为在 PDH/SDH 网络边界处由于指针调整和映射会产生 SDH 的特有抖动，为了规范这种抖动，采用映射抖动和结合抖动来描述这种抖动情况。

映射抖动指在 SDH 设备的 PDH 支路端口处输入不同频偏的 PDH 信号，在 STM-N 信号未发生指针调整时，设备的 PDH 支路端口处输出 PDH 支路信号的最大抖动。

结合抖动是指在 SDH 设备线路端口处输入符合 G.783 规范的指针测试序列信号，此时 SDH 设备发生指针调整，适当改变输入信号频偏，这时设备的 PDH 支路端口处输出信号测得的最大抖动就为设备的结合抖动。

（4）抖动转移函数。

在此处是规范设备输出 STM-N 信号的抖动对输入的 STM-N 信号抖动的抑制能力（即抖动增益），以控制线路系统的抖动积累，防止系统抖动迅速积累。

抖动转移函数定义为设备输出的 STM-N 信号的抖动与设备输入的 STM-N 信号的抖动的比值随频率的变化关系，此频率指抖动的频率。

3. 抖动减少的策略

（1）线路系统的抖动减少。

线路系统抖动是 SDH 网的主要抖动源，设法减少线路系统产生的抖动是保证整个网络性能的关键之一。减少线路系统抖动的基本对策是减少单个再生器的抖动（输出抖动）、控制抖动转移特性（加大输出信号对输入信号的抖动抑制能力）、改善抖动积累的方式（采用扰码器，使传输信息随机化，各个再生器产生的系统抖动分量相关性减弱，改善抖动积累特性）。

（2）PDH 支路口输出抖动的减少。

由于 SDH 采用的指针调整可能会引起很大的相位跃变（因为指针调整是以字节为单位的）和伴随产生抖动和漂移，因而在 SDH/PDH 网边界处，支路口采用解同步器来减少其抖动和漂移幅度。解同步器有缓存和相位平滑作用。

思考与练习

一、填空题

1. SDH 的传输体制是指_____，PDH 的传输体制是指_____。

2. STM-N 帧中再生段 DCC 的传输速率为_____；复用段 DCC 的传输速率为_____。

3. N 个 STM-1 帧复用成 STM-N 时，第一个 STM-1 帧的段开销字节被完整保留，其余 N−1 个 STM-1 帧的段开销仅保留字节_____。

4. 在 STM-16 的帧结构中，有_____个 A1 字节，有_____个 S1 字节，从 VC12 复用到 STM-1 的路径。至少需要_____帧 STM-1 才能传送完整的 VC12 通道开销。

5. 开销字节中，用作 APS 通路字节的是_____，告警 MS-REI 由_____字节传递，MS-RDI 由_____字节传递，MS-AIS 由_____字节传递，外接时钟级别由_____字节传递，MS-BBE 由_____字节传递。

6. 码速正调整是_____信号速率，码速负调整是_____信号速率（选提高或降低）。

7. 对于 AU 的指针调整，_____个字节为一个调整单位。AU 指针范围为_____，超出范围是无效指针值。当收端连续____帧收到无效指针值或新数据标识（NDF）时，设备产生_____告警。

8. AU-PTR 在发生指针调整后，允许隔_____帧后再进行调整。

9. 设备能根据 S1 字节来判断_____。S1 的值越小，表示_____。

二、选择题

1. 关于指针调整，以下说法正确的是（　　）。

A. AU、TU 指针调整都是以 1 个字节为单位进行调整

B. 当收端连续 8 帧收到无效指针值时，设备产生 AU-LOP 告警（AU 指针丢失）

C. 当 VC4 的速率（帧频）高于 AU-4 的速率（帧频）时产生正调整

D. 本站检测到有低阶通道有 TU 指针调整事件，则表示本站发生了指针调整

2. SDH 网元时钟源的种类为（　　　），由 SETPI 功能块提供输入接口。

A. 外部时钟源　　　　B. 线路时钟源　　　　C. 支路时钟源　　D. 设备内置时钟源

3. 以下由光板检测的告警性能有（　　　）。

A. RLOS，T-ALOS，MS-RDI，AU-AIS　　　　B. RLOF，HP-RDI，HP-TIM

C. OOF，RS-BBE，MS-RDI，MS-REI　　　　D. HP-LOM，TU-LOP

4. 有关数字网传送时钟基准的说明，正确的是（　　　）。

A. 在同步网时钟传送时可以存在环路

B. 定时传递的链路长度不受限制

C. 从时钟只能从高一级设备获得时钟基准

D. 选择可靠性高的传输系统来传输时钟基准

5. 速率为 2 048 Kb/s 的 PDH 网路接口的最大允许输出抖动 B1（UIp-p）、B2（UIp-p）应符合（　　　）。（测量滤波器参数：f1:20 Hz，f3:18 kHz，f4:100 kHz）。

A. B1(UIp-p):1.5、B2(UIp-p):0.2

B. B1(UIp-p):1.5、B2(UIp-p):0.15

C. B1(UIp-p):1.5、B2(UIp-p):0.075

D. B1(UIp-p):1.5、B2(UIp-p):0.0075

6. 单向通道保护环的最大业务容量是 STM-N，双纤双向复用段保护环的业务容量为（　　　）（M 是环上节点数）。

A. M×STM-N　　　　B. M/2 ×STM-N　　　　C. N×STM-N　　　　D. STM-N

7. 在组成通道环时，要特别注意的是主环 S1 和备环 P1 光纤上业务（　　　），否则该环网无保护功能。

A. 流向需相反　　　　B. 路由一致　　　　C. 流向不能相反　　　　D. 流向同向

三、简答题

1. 简述 SDH 的基本概念，以及其与 PDH 的优缺点比较。

2. 简述映射的定义、三种映射方式和两种工作模式的含义。

3. 简述指针的定义、作用及类型。

4. 请画出 2 Mb/s 到 STM-1 的复用路线。

5. 阐述 SDH 网络基本传送模块 STM-1 中，段开销比特间奇偶校验 8 位码开销字节（BIP-8）B1 的监测原理。

6. 简述自愈网的概念、基本原理。

7. 简述抖动和漂移的区别。

8. 请比较通道倒换环和复用段倒换环的主要区别。

第 2 章

MSTP 技术简介

学习目的

1. 掌握 MSTP 产生的背景
2. 掌握 MSTP 的关键技术
3. 了解 MSTP 的应用

2.1 MSTP 概述

近年来，不断增长的 IP 数据、话音、图像等多种业务的传送需求，使得用户接入及驻地网的宽带化技术迅速普及起来，同时，也促进了传输骨干网的大规模建设。由于业务的传送环境发生了巨大变化，原先以承载话音为主要目的的城域网在容量及接口能力上都已经无法满足业务传输与汇聚的要求。于是，多业务传送平台（MSTP）技术应运而生。

MSTP 融合了 IP 技术的灵活性、SDH 技术的自愈性及 ATM 的服务质量（QoS）技术，不但能够接入传统的 TDM 2 Mb/s 语音业务，而且能够接入 ATM/FR 业务、10/100 Mb/s 以太网业务和 V.35（包括 n×64 Kb/s）业务，使数据网和传输网在接入层面融为一体，实现了数据业务的收敛、汇聚和二层处理，灵活可靠，资源共享，可以让运营商以更低的设备成本、更低的运营成本、更简化的网络结构和更高的网络扩展性构筑新一代基础传送网络。

2.1.1 MSTP 技术的发展状况

MSTP 的完整概念首次出现于 1999 年 10 月的北京国际通信展。2002 年年底，华为公司主笔起草了 MSTP 的国家标准，该标准于 2002 年 11 月经审批之后正式发布，成为我国 MSTP

的行业标准。

MSTP 技术的发展主要体现在对以太网业务的支持上，以太网新业务的 QoS 要求推动着 MSTP 的发展。到目前为止，作为现代传输网络的解决方案，MSTP 技术经历了三代发展历程。

第一代 MSTP：以支持以太网透明传输为主要特征，包括以太网 MAC 帧、虚拟局域网（VLAN）标记等的透明传送。这种技术是在原有的 SDH 设备上增加 IP 传送接口，将 IP 以一种最简单的 PPP（点到点协议）方式集成到 SDH 设备中，即将以太网信号直接映射到 SDH 的虚容器（VC）中进行点到点传送，实现以太网的点到点透传。其缺点在于不提供以太网业务层保护和以太网业务的 QoS 区分；也不能实现流量控制；更不能提供多个业务流的统计复用和带宽共享，业务层（MAC 层）上的多用户隔离业务带宽粒度受限于 SDH 的虚容器，其颗粒度不能小于 2 Mb/s 带宽。因此，第二代的 MSTP 技术很快就产生了。

第二代 MSTP：以支持以太网二层交换为主要特点。第二代 MSTP 是在一个或多个用户以太网接口与一个或多个独立的基于 SDH 虚容器（VC）的点对点链路之间实现基于以太网链路层的数据帧交换，完成对以太网业务的带宽共享及统计复用功能。它在内部协议封装上采用 LAPS（链路接入规程）或者通用成帧规则（GFP），可以提供对内多个 WAN 口，支持一个或多个以太网接口与一个或多个基于 SDH 虚容器的独立的点对点链路的端口汇聚。它在前一代的基础上增强了面向 IP 的优化，特别是着重改善了分组数据传输的效率及对 QoS 的保证，同时，对 SDH 的基础功能做了进一步的增强。相对于第一代 MSTP，第二代 MSTP 能够支持完整的二层数据功能和以太环网结构；支持更多的传送协议；保证以太网业务的透明性和以太网数据帧的封装（采用 GFP/LAPS 或 PPP 协议）；可提供基于 802.3x 的流量控制、多用户隔离和 VLAN（虚拟局域网）划分、基于 STP（生成树协议）的以太网业务层保护及基于 802.3p 的优先级转发等多项以太网方面的支持和改进。但是，第二代 MSTP 仍然存在着许多不足：不能提供良好的 QoS 支持；基于 STP/RSTP 的业务层保护倒换时间太慢；业务带宽颗粒度仍然受限于虚容器 VC，最小仍然为 2 Mb/s；VLAN 的 4096 地址空间使其在核心节点的扩展能力很受限制，不适合大型城域公网应用；基于 802.3x 的流量控制只是针对点到点链路，等等。

第三代 MSTP：技术引入了 GFP（通用成帧规程）高速封装协议、VC 虚级联、LCAS（链路容量自动调整机制）、中间的智能适配层等多项全新技术，以利用 MPLS（多协议标记交换）来支持以太网业务 QoS 为特色，主要克服了第二代 MSTP 所存在的缺陷。VC 虚级联更好地解决了与传统 SDH 网互联的问题，同时提高了带宽的利用率；GFP 提高了数据封装的效率，更加可靠，多物理端口复用到同一通道，减少了对带宽的需求，支持点对点和环网结构，并实现不同厂家间的数据业务互连；LCAS 大大提高了以太网一层透传的业务可靠性和带宽的利用率；RPR/MPLS 解决了基于以太网二层环的公平接入和保护的问题，并通过双向利用带宽大大提高了带宽利用率。多协议标记交换（MPLS）是一种可在多种第二层媒质上进行标记交换的网络技术，它吸取了 ATM 高速交换的优点，把面向连接引入控制，是介于 2～3 层的 2.5 层协议，它结合了第二层交换和第三层路由的特点，将第二层的基础设施和第三层的路由有机地结合起来。第三代 MSTP 技术可有效地支持 QoS、多点到多点的连接、用户隔离和带宽共享等功能，能够实现业务等级协定（SLA）增强、阻塞控制及公平接入等。此外，第三代 MSTP 还具有相当强的可扩展性。可以说，第三代 MSTP 为以太网业务发展提供了全面的支持。

对于 MSTP 技术，智能化是它未来的发展方向。随着网络中数据业务比重的逐渐增大，为适应数据业务的不可预见性和不确定性，MSTP 技术需要对数据业务传送机制进一步优化，并逐步引进智能特性，向自动交换光网络（ASON）演进和发展。ASON 解决了网络的智能化问题，可灵活实现复杂网络中端对端业务的配置，在传输网中引入了信令交换的能力，并通过增加控制平面，增强网络连接管理和故障恢复能力。下一代的 MSTP 将 GFP、LCAS 和 ASON 等几种标准功能集成在一起，配合核心智能光网络的自动选路和指配功能，不仅能大大增强自身灵活有效支持数据业务的能力，而且可以将核心智能光网络的智能扩展到网络边缘，从而快速响应业务层的带宽实时需求，为带宽出租、光虚拟专网（OVPN）、SLA 等运营提供支撑。

2.1.2　MSTP 技术的标准状况

随着 MSTP 技术发展如火如荼地进行，国内外的标准组织也相继为 MSTP 制定了行业标准。

在国际上，没有专门的 MSTP 标准，只有 MSTP 所涉及的各单项技术的标准。国际电信联盟（ITU）正式发布的相关标准有：ITU-T G.707 2000（VCAT）、ITU-T G.7041 GFP、G.7042 LCAS 等，而正在制定中的 ITU-T G.etna 系列标准有 G.ethna、G.eota、G.esm、G.smc 等。

中国通信标准协会于 2002 年发布了关于 MSTP 的行业标准《基于 SDH 的多业务传送节点的技术要求》。同时，中国通信标准协会还制定了《基于 SDH 的多业务传送平台的测试方法》，以便对厂家设备进行入网验证，为多厂家互通性测试方面提供一个行业标准。已有征求意见稿并即将发布的有《内嵌弹性分组环（RPR）的基于 SDH 的多业务传送节点（MSTP）技术要求》，另外，《内嵌 MPLS 的基于 SDH 的多业务传送节点（MSTP）技术要求》已开始制定。

2.2　MSTP 的原理及技术特点

2.2.1　MSTP 的原理

多业务传送平台（MSTP）是指基于 SDH 平台，同时实现 TDM、ATM、IP 等业务接入、处理和传送功能，并能提供统一网管的多业务传送平台，其功能结构原理如图 2-2-1 所示。

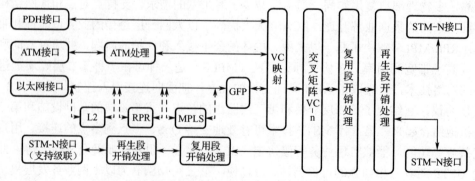

图 2-2-1　MSTP 功能结构原理图

由图 2-2-1 可以看出，MSTP 的关键就是在传统的 SDH 上增加了 ATM 和以太网的承载能力，其余部分的功能模型没有改变。一方面，MSTP 保留了固有的 TDM 的交叉能力和传统的 SDH/PDH 业务接口，继续满足话音业务的需求；另一方面，MSTP 提供 ATM 处理、Ethernet 透传及 Ethernet L2 交换功能来满足数据业务的汇聚、梳理和整合的需要。对于非 SDH 业务，MSTP 技术先将其映射到 SDH 的虚容器 VC，使其变成适合于 SDH 传输的业务颗粒，然后与其他 SDH 业务在 VC 级别上进行交叉连接，整合后一起在 SDH 网络上进行传输。MSTP 支持话音、GE、ATM 等多种业务接口。

对于 ATM 的业务承载，在映射入 VC 之前，普遍的方案是进行 ATM 信元的处理，提供 ATM 统计复用，提供 VP/VC（虚通道虚电路）的业务颗粒交换，并不涉及复杂的 ATM 信令交换，这样有利于降低成本。有些厂家采用贝尔实验室提出的 VP-Ring 进行 VP-Ring 的组网和保护。

对于以太网承载，应满足对上层业务的透明性，映射封装过程应支持带宽可配置。在这个前提之下，可以选择在进入 VC 映射之前是否进行二层交换。对于二层交换功能，良好的实现方式应该支持如 STP、VLAN、流控、地址学习、组播等辅助功能。对于映射方式，我国行标中规定可以选用三种以太网映射方式中的一种：LAPS 方式（ITU-T X.85）、PPP 方式（IETF 系列 RFC）、GFP 方式（ITU-T G.704）。目前有个别厂家采用三层静态路由的方式。

2.2.2　MSTP 的关键技术

从 MSTP 的体系结构来看，最关键的技术有映射方式、级联方式、链路容量调整机制和中间智能适配层。

1. 映射方式（Generic Framing Procedure，GFP）

GFP 是在 ITU-T G.7041 中定义的一种链路层标准。GFP 是一种将高层用户信息流适配到传送网络（如 SDH/SONET）的通用机制，也是 802.17 标准 RPR 规定的唯一封装标准，其封装示意图如图 2-2-2 所示。作为一个链路层标准，它定义了既可以在字节同步的链路中传送长度可变的数据包，又可以传送固定长度的数据块，是一种简单而又灵活的数据适配方法。

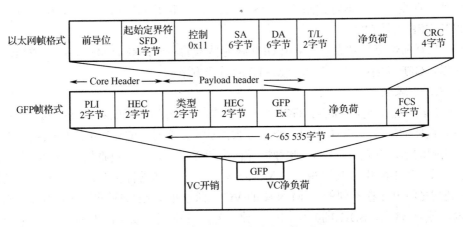

图 2-2-2　GFP 封装格式示意图

GFP 采用了与 ATM 技术相似的帧定界方式，可以透明地封装各种数据信号，利于多厂商设备互联互通；GFP 引进了多服务等级的概念，实现了用户数据的统计复用和 QoS 功能。

GFP 采用不同的业务数据封装方法对不同的业务数据进行封装，包括 GFP-F 和 GFP-T 两种方式。GFP-F 封装方式适用于分组数据，把整个分组数据（PPP、IP、RPR 等）封装到 GFP 负荷信息区中，对封装数据不做任何改动，并根据需要来决定是否添加负荷区检测域。GFP-T 封装方式则适用于采用 8B/10B 编码的块数据，从接收的数据块中提取出单个字符，然后把它映射到固定长度的 GFP 帧中。

GFP 克服了 IP over PPP/HDLC over SDH、IP over Multi-Link/PPP over SDH 所无法避免的只支持点到点的逻辑拓扑结构、需要有特定的帧定界字节、需要对帧里的负荷进行扰码处理等诸多弊病。

相对于原来的同类协议 PPP，GFP 的技术特点优势在于：

① 其帧定界是基于帧头中的帧长度指示符采用 CRC（循环冗余码）捕获的方法来实现的，与 ATM 中使用的方法相似。这种方式减小了定位字节开销，比用专门的帧标示符去帧定界更有效。

② 通过扩展帧头的功能去适应不同的拓扑结构（环形或者点到点），打破了链路层适配协议只能支持点到点拓扑结构的局限性。也可以定义 GFP 中数据流的不同服务等级，而不用上层协议去查看数据流的服务等级，通过对多服务等级概念的引进，GFP 可以实现带宽控制的功能。

③ 通过扩展帧头可以标识负载类型，以决定如何前传负载，而并不需要打开负载，查看它的类型。

④ GFP 有自己的帧检验序列（Frame Check Sequence，FCS）校验域，能有效地防止由于误码所引起的错帧，并能有效地抵御因为物理层上传输质量恶化所引起的误码，具有较强的纠错能力，这样可以保证所传输负荷的完整性，对保护那些自己没有域的负荷是非常有效的。

⑤ 传输性能和传输内容无关。这个优点源自 GFP 采用了特定的帧定界方式。而在 PPP 里，它会对负荷的每一个字节进行检查，如果有字节与帧标示符相同，它会对这一字节做处理，从而使负荷变长，且不可预测。在 MSTP 测试时，正是利用这一点来判断设备所采用的映射协议是 GFP 还是 PPP。

另外，从互通性测试结果看，采用 GFP 映射技术的不同厂商的 MSTP 产品成功地进行了互通。所以，GFP 映射技术一般作为 MSTP 的首选方案。

2. 级联、虚级联

VC 的级联的概念是在 ITU-T G.7070 中定义的，分为相邻级联和虚级联两种，在 MSTP 技术中占有重要的地位。SDH 中用来承载以太网业务的各个 VC 在 SDH 的帧结构中是连续的，共用相同的通道开销（POH），此种情况称为相邻级联，有时也直接简称为级联。相邻级联是在同一个 STM-N 中，利用相邻的 VC-nc 构成一个整体进行传输，有时也直接简称为级联。虚级联则是将分布在不同的 STM-N 中的 VC 按级联的方法形成一个虚拟的大结构 VC-nv 进行传输，各个 VC 在 SDH 的帧结构中是独立的，其位置可以灵活处理。SDH 中用来承载以太网业务的各个 VC 在 SDH 的帧结构中是独立的，其位置可以灵活处理，此种情况称为虚级联。通过这种方式能够实现传输带宽的可配置，映射颗粒可以是 VC12-n、VC3-n、VC4-n。利用 VC 级联技术可实现 Ethernet 带宽与 SDH 虚通道的速率适配，从而实现对带宽的灵活配置。从原理上讲，可以将级联和虚级联看成是把多个小的容器组合为一个比较大的容器来传输数据业务的技术。通过级联和虚级联技术，可以实现对以太网带宽和 SDH 虚通道之间的速率适配。尤其是虚级联技术，可以将从 VC-4 到 VC-12 等不同速率的小容器进行组合利用，能够做到对非常小的颗粒进行带宽调节，相应的级联后的最大带宽也能在很小的范围内调节。虚级联技术的特点是实现了使用 SDH 经济有效地提供合适大小的信道给数据业务，避免了带宽的浪费，这也是虚级联技术最大的优势。

（1）虚级联技术原理。

虚级联技术可以被看成是把多个小的容器级联起来并组装成一个比较大的容器来传输数据业务。这种技术可以级联从 VC-4 到 VC-12 等不同速率的容器，用小的容器级联可以做到对非常小的颗粒进行带宽调节，相应的级联后的最大带宽也只能在很小的范围内。例如，如果做 VC-12 的级联，它所能提供的最大带宽只能到 139 Mb/s。

如果 IP 数据包由三个虚级联的 VC-3 所承载，然后这三个 VC-3 被网络分别独立地透传到目的地，由于是被独立地传输到目的地，所以它们到达目的地的延迟也是不一样的，这就需要在目的地进行重新排序，恢复成原始的数据包。在 SDH 帧的 H4 字节中携带了如何重组这些的信息，使之恢复成原始的信息。这个由 16 个字节组成的 H4 字节主要包括两个重要的信息：多帧指示符（MFI）、序列号。多帧指示符是动态的，每当有一个新的帧，就会自动增加 1，这三个 VC-3 由于携带同一个数据包，所以它们具有唯一 MFI 的号。这样当它们分别以不同的延迟到达终点时，终点可以根据相同的 MFI 号把这些独立的 VC 重新组合起来。原节点会给同一个虚级联通道的不同 VC 相应的序列号，一个 VC-nc 一通道拥有的序列号是 0 到 x-1，按先后次序序列号逐渐增大。这样才能保证原始的数据包会被正确地重新组合起来，同时，它也避免了以前网管必须对分散的 VC 做顺序监测这一复杂过程。

（2）虚级联技术的特点。

虚级联最大的优势在于它可以使 SDH 提供合适大小的通道给数据业务，避免了带宽的浪费。虚级联技术可以使带宽以很小的颗粒度来调整，以适应用户的需求，G.7070 中定义的最小可分配粒度为 2M。由于每个虚级联的 VC 在网络上的传输路径是各自独立的，这样当物理链路中有一个方向出现中断，不会影响从另一个方向传输的 VC，当虚级联和 LCAS 协议相结合时，可以保证数据的传送，从而提高整个网络的可靠性与稳定性。

作为同样可以利用级联多个 SDH 虚拟容器进行数据传输的 Multi-Link PPP 技术，目前在市场上也有一定应用，它是一种点到点的传输层适配技术。Multi-Link PPP 的主要原理是把上层业务流平行拆分，分别进行 PPP 封装。PPP 包必须要有帧头标示符，对 PPP 包里的数据流要进行比特插入，以防止数据包与帧标示符相同，而且每个 PPP 包还要有自己的序列号，以便接收端可以正确重组。就实现思路来讲，它和虚级联技术有着相似性，但是由于 Multi-Link PPP 不是专门为 SDH 设计的，所以虚级联在传输性能和带宽分配粒度方面均优于 Multi-Link PPP，特别是虚级联技术与 GFP 技术相结合以后，这种优势更加突出。

3. 链路容量调整机制 LCAS（Link Capacity Adjustment Scheme，链路容量自动调整）

LCAS 是在 ITU-T G.7042 中定义的一种可以在不中断数据流的情况下动态调整虚级联个数的功能，它所提供的是平滑地改变传送网中虚级联信号带宽，以自动适应业务带宽需求的协议。LCAS 相对于前两种技术，可以被看作是一种在虚级联技术基础上的较为简单的调节机制。虚级联技术只是规定了可以把不同的 VC 级联起来，但是在现实中数据流的带宽是实时变化的，如何在不中断数据流的情况下动态地调整虚级联的个数就是 LCAS 所覆盖的内容，它所提供的是平滑地改变传送网中虚级联信号带宽以自动适应业务带宽需求的方法。

（1）技术原理。

LCAS 是一个双向的协议，它通过实时地在收发节点之间交换表示状态的控制包来动态调整业务带宽。控制包所能表示的状态有固定、增加、正常、EoS（表示这个 VC 是虚级联信道的最后一个 VC）、空闲和不使用六种。

LCAS 可以将有效净负荷自动映射到可用的 VC 上，从而实现带宽的连续调整，不仅提高了带宽指配速度、对业务无损伤，而且当系统出现故障时，可以动态调整系统带宽，无须人工介入，在保证服务质量的前提下显著提高网络利用率。一般情况下，系统可以实现在通过网管增加或者删除虚级联组中成员时，保证"不丢包"。即使是由于"断纤"或者"告警"等原因产生虚级联组成员删除时，也能够保证只有少量丢包。

（2）应用方式。

LCAS 协议在具体应用时，有三种方式。

① 链路指定保证带宽和突发带宽，它们分别对应各自的 VC 通道，当网络带宽没有剩余时，网管系统利用保证带宽所对应的 VC 通道来传送数据；当网络带宽空闲时，网管系统根据业务的优先级来决定是否添加突发带宽对应的 VC 通道，这种实现方式比较灵活，可以合理利用网络资源，提供和 ATM 相类似的服务，可能会成为新的市场热点。

② 链路带宽指定新的 VC 通道的添加和删除，根据不同用户需求，由网管人员利用网管系统来手工调整。

③ 当 LCAS 的控制包由高层协议（如 G-MPLS）来传送时，可以实现更加灵活的网络管理功能。

在具体实现中，第二种方式用得较多，但是第一种方式和第三种方式的结合也有着很好的应用前景。

LCAS 与虚级联技术的结合，提供了动态调整链路容量的功能，将大大提高网管的灵活性和业务服务质量。另外，需要指出的是，由于 GFP-T 不支持带宽统计复用，所以 LCAS 对于采用 GFP-T 映射方式的业务数据，实际应用意义不大。

4. 智能适配层

为了能够在以太网业务中引入 QoS，第三代 MSTP 在以太网和 SDH/SONET 之间引入了一个智能适配层，并通过该智能适配层来处理以太网业务的 QoS 要求。智能适配层的实现技术主要有多协议标签交换（MPLS）和弹性分组环（RPR）两种。

（1）多协议标签交换（MPLS）。

MPLS 是 1997 年由思科公司提出，并由 IETF 制定的一种多协议标签交换标准协议，它利用 2.5 层交换技术将第三层技术（如 IP 路由等）与第二层技术（如 ATM、帧中继等）有机地结合起来，从而使得在同一个网络上既能提供点到点传送，也能提供多点传送；既能提供原来以太网尽力而为的服务，又能提供具有很高 QoS 要求的实时交换服务。MPLS 技术使用标签对上层数据进行统一封装，从而实现了用 SDH 承载不同类型的数据包。这一过程的实质就是通过中间智能适配层的引入，将路由器边缘化，同时又将交换机置于网络中心，通过一次路由、多次交换将以太网的业务要求适配到 SDH 信道上，并通过采用 GFP 高速封装协议、虚级联和 LCAS，将网络的整体性能大幅提高。

基于 MPLS 的第三代 MSTP 设备不但能够实现端到端的流量控制，而且还具有公平的接入机制与合理的带宽动态分配机制，能够提供独特的端到端业务 QoS 功能。另外，通过嵌入二层 MPLS 技术，允许不同的用户使用同样的 VLAN ID，从根本上解决了 VLAN 地址空间的限制。再有，由于 MPLS 中采用标签机制，路由的计算可以基于以太网拓扑，大大减少了路由设备的数量和复杂度，从整体上优化了以太网数据在 MSTP 中的传输效率，达到了网络资源的最优化配置和最优化使用。

虽然在第二代 MSTP 中也支持以太网业务，但却不能提供良好的 QoS 支持，其中一个主要原因就是现有的以太网技术是无连接的。为了能够在以太网业务中引入 QoS，第三代 MSTP 在以太网和 SDH/SONET 之间引入了一个智能适配层，并通过该智能适配层来处理以太网业务的 QoS 要求。智能适配层的实现技术主要有多协议标签交换（MPLS）和弹性分组环（RPR）两种。

（2）弹性分组环（RPR）。

RPR 是定义的一种专门为环形拓扑结构构造的新型 MAC 协议，它的内容是如何在环形拓扑结构上优化数据交换，其目的在于更好地处理环形拓扑上数据流的问题。RPR 环由两根光纤组成，在进行环路上的分组处理时，对于每一个节点，如果数据流的目的地不是本节点，就简单地将该数据流前传，这就大大地提高了系统的处理性能。通过执行公平算法，使得环上的每个节点都可以公平地享用每一段带宽，大大提高了环路带宽利用率，并且一条光纤上的业务保护倒换对另一条光纤上的业务没有任何影响。

RPR 具有灵活、可靠等特点。它能够适应任何标准（如 SDH、以太网、DWDM 等）的物理层帧结构，可有效地传送话音、数据、图像等多种类型的业务，支持 SLA 及二层和三层功能，提供多等级、可靠的 QoS 服务，支持动态的网络拓扑更新。其节点间可采用类似 OSPF 的算法交换拓扑、识别信令并具有防止分组死循环的机制，增加了环路的自愈能力。另外，RPR 还具有较强的兼容性和良好的扩展性，具有 TDM、SDH、以太网、基于 SDH 的分组交换（POS）等多种类多速率端口，能够承载 IP、SDH、TDM、ATM、以太网等多种协议的业务，还可以方便地增加传输线路、传输带宽或插入新的网络节点，对将来可能出现的新业务、协议或物理层规范具有良好的适应性。再有，由于 RPR 环路每个节点都掌握环路拓扑结构和资源情况，并根据实际情况调整环路带宽分配情况，所以网管人员并不需要对节点间资源分配进行太多干预，减少了人工配置所带来的人为错误。RPR 使得运营商能够在城域网内以较低成本提供电信级服务，是一种非常适合在城域网骨干层、汇聚层使用的技术。

（3）MPLS 技术与 RPR 技术比较。

MPLS 技术与 RPR 技术各有优缺点。MPLS 技术通过 LSP 标签栈突破了 VLAN 在核心节点的 4096 地址空间限制，并可以为以太网业务 QoS、SLA 增强和网络资源优化利用提供很好的支持；而 RPR 技术为全分布式接入，提供快速分组环保护，支持动态带宽分配、空间重用和额外业务。从对整个城域网网络资源的优化功能来看，技术可以从整个城域网网络结构上进行资源的优化，完成最佳的统计复用，而 RPR 技术只能从局部（在一个环的内部）而不是从整个网络结构对网络资源进行优化。从整个城域网的设备构成复杂性上来看，使用 MPLS 技术可以在整个城域网上避免第三层路由设备的引入，而 RPR 设备在环与环之间相连接时，却不可避免地要引入第三层路由设备。从保护恢复来看，虽然 MPLS 技术也能提供网络恢复功能，但是 RPR 却能提供更高的网络恢复速度。目前 RPR 技术已经为大多数厂商所

2.2.3 MSTP 的性能分析

与 SDH 系统不同，基于 SDH 的 MSTP 除支持传统的 SDH 功能外，还具有以太网二层交换、以太网业务透传及 ATM 等数据业务的处理功能。其性能分析如下。

1. TDM 专线业务

TDM 话音业务依然是电信运营商现阶段的主要收入来源，因此，提供对话音业务的传送支持是最基本的需求。基于 SDH 的 MSTP 天然就具备提供 TDM 业务的功能，所以，利用 MSTP 能很好地承载话音业务（包括 64 Kb/s 话音 /V.24/V.35 DDN 业务、1.5M/2M/34M/45M/140M 业务、155M/622M 更高的 SDH 业务等），通过 E1 接口将时分复用信号接入 SDH 接口就可以达到目的。

各种 TDM 业务信号进入 SDH 的帧结构都要经过 3 个步骤：映射、定位和复用。

MSTP 对不同速率数字信号的处理功能如图 2-2-3 所示。

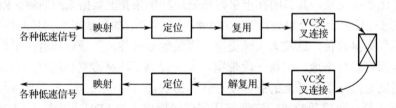

图 2-2-3　MSTP 中不同速率数字信号的处理能力

映射是将各种速率不等的信号先经过码速调整，再装入相应的标准容器 C 中，然后加入通道开销 POH 适配到虚容器（VC）的过程；定位是将帧相位发生偏差（称帧偏移）的信息收进支路单元（TU）或管理单元（AU）中，支路单元（TU）或管理单元（AU）通过支路单元指针（TU PTR）或管理单元指针（AU PTR）的功能来实现相位的调整；复用是将多个低阶通道层信号通过码速调整后适配到高阶通道，或将多个高阶通道层信号通过码速调整后适配到复用段的过程。SDH 技术有标准的复用映射结构。

2. 以太网业务处理功能

（1）以太网业务透传功能。

以太网业务透传功能是指数据包不经过二层交换过程，不做任何处理，直接进行封装映射到 SDH 帧结构中。由于以太网业务透传采用 VC 隔离方式，因此具有较好的用户带宽保证和安全隔离功能，比较适合有 QoS 要求的数据带宽出租业务。但它的带宽利用率较低，不支持端口汇聚等应用，缺乏组网灵活性。

（2）以太网二层交换功能。

对于具有二层交换功能的以太网业务处理过程，主要分为三步：首先，数据包经过 MSTP 的以太网接口后进行以太网二层交换；然后，将以太网数据通过专用的协议封装；最后，将其映射到 SDH 的虚容器（VC）中，以帧的形式在线路上传输。

二层交换功能的作用是在协议封装之前，对以太网数据帧进行基于以太网链路层的包交换，从而实现以太网数据帧的过滤和转发，把多个以太网业务流复用到同一以太网传输链路中，实现带宽共享，并提高带宽的利用率。除此之外，以太网二层交换还支持 VLAN 功能，对处于不同域的用户分配不同 VLAN ID，将物理上的一个网络划分为若干个逻辑域，以实现用户之间的隔离。

以太网二层交换后，完成数据报的封装和映射过程。目前 IP 包映射到 SDH 帧的方式较为常用的是 GFP 封装协议。在这种方式中，数据包通过 GFP 协议适配、封装，再映射到 SDH 帧结构中，具有统计复用功能，带宽利用率较高。

为保证数据帧在传输过程中的完整性，在映射过程中还采用了 SDH 级联技术，以 VC 通道的级联方式将数据包映射到 VC-n 中。

3. ATM 业务处理功能

MSTP 系统支持多种类型的 ATM 业务，主要包括 CBR（恒定比特率）、rt-VBR（实时的可变比特率）、nrt-VBR（非实时的可变比特率）及 UBR（不确定比特率）等多种业务等级，支持 ATM PVC、SVC、SPVC 的连接及交换，支持 TDM 电路仿真、ATM 流量整形、IMA（ATM 反向复用等）功能；还可以通过在 SDH 环路上形成一个 ATM 的虚拟通道环 VP-Ring 来实现共享带宽和环上业务保护功能。

在 MSTP 中实现 ATM 业务的传送，主要经历 ATM 层处理、SDH VC 映射的处理过程。其中 ATM 层处理功能对来自 ATM 接口的信元进行统计复用，利用较少的网络带宽实现多点接入和带宽共享，提高传输带宽的利用率并减少设备的端口数。数据包经过 ATM 层处理，按上述协议封装映射到 SDH VC 中。ATM 业务速率为 155 Mb/s 或 622 Mb/s，因此，应提供 SDH VC4 或 VC4-4c/v 作为 ATM 业务的传输通道。

MSTP 技术中集成的 ATM 功能可分为以下两个功能层次。

（1）ATM 信元透传功能。

对于 ATM 信元透传功能的支持，在技术实现上较为简单，只是由 SDH 系统提供一条 VC 通道实现 ATM 业务数据透明的点到点传送。主要包括 ATM 信元向 SDH 帧的映射和去映射方法、虚容器的复用处理、VC 通道的级联方法、传输带宽的管理方法等，如图 2-2-4 所示。

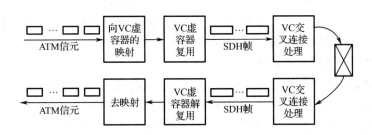

图 2-2-4　MSTP 中 ATM 信元透传功能的实现

（2）ATM 业务流的统计复用功能。

为了支持 ATM 业务流的统计复用功能，需要 MSTP 设备抽取多个 ATM 业务流中的非等闲信元，并将它们复用进一个 ATM 业务流中，实现多个 ATM 接口共用一个或多个 155M 通道，这样在传输中节约了时隙，提高了 SDH 在线路上的利用率，同时节约了 ATM 交换机的 ATM 155M 端口数。MSTP 中 ATM 信元统计复用功能的实现方式如图 2-2-5 所示。

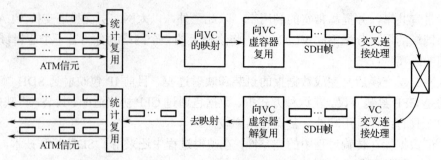

图 2-2-5 MSTP 中 ATM 信元统计复用功能的实现

2.2.4 MSTP 的技术特点

MSTP 技术是在 SDH 技术之上发展起来的,它在 SDH 帧格式中提供不同颗粒的多种业务、多种协议的接入、汇聚和传输能力。MSTP 有效解决了 SDH 技术对数据业务承载效率不高的问题;解决了 ATM/IP 对 TDM 业务承载效率低、成本高的问题;解决了 IP QoS 不高的问题;解决了 RPR 技术组网限制问题,实现双重保护提高业务安全系数;解决了 ADM/DXC 设备业务单一和带宽固定问题。

MSTP 技术具有以下特点和优势:

(1)适应性强,具有多业务接入、全业务传送能力。

MSTP 支持 IP/ATM、TDM 和其他各种业务同时/混合传送,既能满足以传送 TDM 业务为主、多种业务并存的现状,又能适应未来主要传送 IP 业务的要求,比 SDH 具有更强的适应性,有利于网络的相对稳定。

MSTP 也支持多业务综合接入,由于靠近接入网的边缘,MSTP 需要尽可能多地提供各种物理接口来接入不同类型的用户。采用 MSTP 不但兼容基于传统 SDH 网业务,同时还能够提供多业务的灵活接入。

MSTP 的典型接口包括:SDH、PDH 等传统 TDM 业务的 E1、E3、DS3、STM-1/4/16/64 接口;10M/100M/GE 业务的以太网接口;155 Mb/s、622 Mb/s 的 PoS 接口及 ATM 业务接口等。MSTP 接口的模块化设计,有利于设备的改造和升级,同时它将多种业务的传送功能集于一身,大大简化了节点设备的结构。

(2)支持多协议处理,简化网络结构。

采用 MSTP 减少了 IP 与光纤之间的网络层次,从而能够实现数据业务的高效传输,简化网络结构,MSTP 通过增加可扩展的更细粒度业务交换控制模块,保证多种协议高效地复用传输,有效地利用光纤带宽。在 MSTP 中,接口与协议相分离,通过可编程 ASIC 芯片技术,可以实现对新业务的灵活支持,避免"新业务,新设备"的建设模式,有效降低投资规模,提高投资效益。

(3)具有强大的交叉连接能力。

MSTP 支持各种级别(VC4/VC3/VC12)、各种容量的交叉连接能力。交叉容量可提供 40 G(256×256)、80G(512×512)甚至 120 G(768×768)VC4 的交叉连接能力;VC12 的交叉容量也可达到 2 016×2 016,满足城域传送网向大容量节点方向发展的需求。同时,还支持 VC4-nc 及 VC3-nc 级联方式的交叉连接功能。

（4）实现低成本扩容。

MSTP 将多种业务集成在一起，省去了中间层转换电路，降低了设备成本，具有综合接入能力，简化了网络结构，减少了电路转换，支持多环、网格组网，去除了所有转接线缆；MSTP 的应用大大减少了网络层次，使网络建设的综合成本明显下降。

目前城域网核心带宽为 240～400 Gb/s，边缘则为 6～150 Gb/s。传统 SDH 的系统可以提供高带宽，但灵活性不够，存在重置设备的高成本问题，而 DWDM 系统也存在接入端成本偏高的问题。因此，本着带宽有效利用的原则，系统提供带宽容量从 STM-1/STM-4 到 STM-16/STM-64、波长复用窗口为 1 310～1 550 nm 的平滑扩容，从而极大地降低了扩容成本。

（5）设备体积小。

MSTP 设备单板集成度高，插板灵活，结构紧凑，不仅节省机房空间，降低功耗，而且操作维护方便，减少运行维护费用。

（6）具有高可靠性传输及自动保护恢复功能，网络生存力强。

为提供高度可靠的网络，MSTP 支持多种保护方式（二纤/四纤复用段共享保护环、1+1 双发选收通道保护、子网连接保护 SNCP 等），自动保护恢复时间小于 50 ms。MSTP 除支持 SDH 传送层面的保护外，还支持 ATM 业务层（ATM VP-Ring）的保护，在应用中可通过网管配置系统所采用的保护方式。为预防设备自身的故障，还支持 1+1 冗余板卡的保护（如交叉连接盘、电源盘等），使业务的受损程度尽量保持在最小范围。MSTP 各种组网形式均能提供可选的 SDH 层通道保护和复用段保护，具有很强的网络生存力，可以为网络的服务质量提供可靠保证。

（7）高度多网元功能集成，有效带宽管理。

MSTP 可集传统 SDH 网 ADM/DXC/DWDM 功能于一体，具有更细粒度的交换和交叉连接模块，网络拓扑结构（线、网、环）的逻辑结构与物理结构相分离，实现了线路连接的快速提供，在任意节点提供业务内部处理，这样避免了大量的手工线路连接和复杂的网络间协调，从而大大降低了运营商的管理运营成本。

（8）网管统一。

以太网、ATM、TDM 都有单独的网管，MSTP 技术可将 3 种业务的管理集中于统一的平台，可同时监视 TDM 层、MAT 和 IP 层的相关告警，而业务配置、性能和告警管理从原来单个网元向整个网络发展，并且只要指定网络业务的源和宿、业务类型和服务质量，网络业务就能自动快速生成，使网络管理向多业务、智能化方向发展。

2.3　MSTP 设备及组网

2.3.1　设备介绍

OptiX Metro1000 MST 不仅具备传统光网络设备的特点，还具备支持多种网络保护和网管监控等功能。

该设备具有以下功能：

（1）高集成度。

OptiX 155/622H 具有高集成度的特点。

（2）业务接入能力。

OptiX 155/622H 支持多种业务类型的接入，可以与交换机、无线基站、以太网交换机等设备进行对接。

（3）接口类型。

OptiX 155/622H 提供 SDH 业务、PDH 业务、以太网业务等多种接口类型。

（4）组网能力。

OptiX 155/622H 能提供灵活的组网能力，支持点对点、线形、环形、枢纽形等组网方式。

（5）保护方式。

OptiX 155/622H 针对各类业务提供完善的网络保护机制，在 SDH 保护机制的基础上，对以太网业务增加了数据链路层的保护，形成对业务的分层保护。

（6）时钟和时间同步。

OptiX 155/622H 支持跟踪多种时钟源，并支持 SSM 管理下的时钟同步。同时，OptiX 155/622H 支持高精度时间同步，满足 IEEE 1588 V2 建议。

（7）运维能力。

OptiX 155/622H 可实现对网络和设备两方面的运行、维护和管理。

2.3.2　业务接入能力

OptiX Metro1000 MSTP 支持多种业务类型的接入，可以与交换机、无线基站、以太网交换机等设备进行对接。

OptiX Metro1000 MSTP 支持的业务类型和接入数量见表 2-3-1。

表 2-3-1　OptiX Metro1000 MSTP 支持的业务类型和接入数量

业 务 类 型	单设备最大接入数量
SDH	16×STM-1（o）、6×STM-1（e）、8×STM-4（o）、2×STM-16（o）
PDH	112×E1、96×E1/T1、9×E3/T3
以太网	24×FE（e）、8×FE（o）、3×GE（o）
DDN 业务	12×N×64 Kb/s（N≤31）、48×Framed E1
SHDSL	24×SHDSL（E1、N×64 Kb/s）
ATM	4×STM-1 ATM
音频和数据	12 路音频+4 路 RS-232+4 路 RS-422

OptiX Metro1000 MSTP 能提供灵活的组网能力，支持点对点、线形、环形、枢纽形等组网方式。

OptiX Metro1000 MSTP 的交叉容量为 21.25G 高阶交叉或 5G 低阶交叉。可配置为多个 TM（Terminal Multiplexer）、ADM（Add/Drop Multiplexer）或 MADM（Multiple Add/Drop Multiplexer）系统，并支持多系统间的业务调度和保护，大大增强了设备的组网能力和网络间业务的调度能力。

OptiX Metro1000 MSTP 作为接入层设备，可以和华为公司的 Metro 系列设备、OSN 系列设备进行混合组网。支持点对点、线形、环形、枢纽形等组网方式。同时，它还支持与第三方设备的混合组网。

（1）扩展 DCC 字节。

OptiX 155/622H 使用复用段开销字节中的 D4～D12 作为物理层通道，处理华为设备的管理信息，使用再生段开销字节中的 D1～D3 处理第三方设备的管理信息。

（2）DCC 字节的透明传输。

OptiX 155/622H 使用再生段开销字节中的 D1～D3 作为物理层通道，处理华为设备的管理信息；将复用段开销字节 D4～D12 作为一条或多条通道，透明传输第三方设备的管理信息。

（3）外时钟接口传输管理信息。

当第三方设备的 D1～D3 字节不能用于传输 OptiX 155/622H 的管理信息时，可以使用 OptiX 155/622H 的外时钟接口传输管理信息。

（4）IP over DCC。

OptiX 155/622H 支持 IP over DCC。当 OptiX 155/622H、第三方设备和网管都支持 IP 时，网络管理信息可以通过 IP over DCC 透明传输。

（5）OSI over DCC（TP4）。

OptiX 155/622H 支持 OSI over DCC（TP4）。当 OptiX 155/622H、第三方设备和网管都支持 OSI over DCC（TP4）时，网络管理信息可以通过 OSI over DCC（TP4）透明传输。

（6）SNMP。

OptiX 155/622H 支持基于 SNMP（Simple Network Management Protocol）协议，解决多厂家设备组网时的统一网管问题。

2.3.3　网管操作说明

网管界面如图 2-3-1 所示。

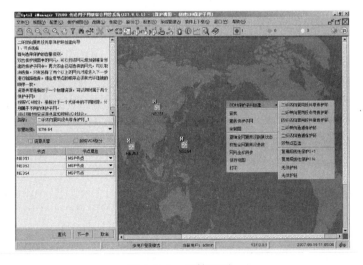

图 2-3-1　网管界面

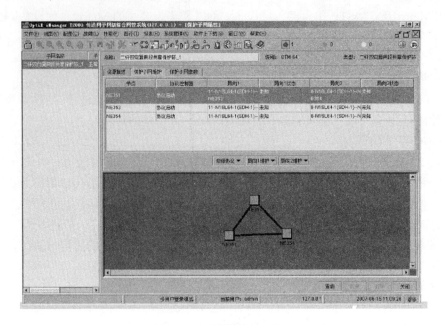

图 2-3-1　网管界面（续）

2.3.4　格林威尔公司 MSAP 设备介绍

MSAP 是格林威尔公司专为运营商解决大客户接入、优化客户网络而开发的电信级多业务接入平台。

MSAP-E6300 产品采用 SDH 技术为内核，以高性价比实现对现有大客户接入网络的优化，通过集成多种接入方案，实现对用户需求的按需提供；通过增加多种保护手段、业务的测试能力、内嵌 DCN 网络及 Uniview DA 网管平台等技术，大大提高运营商的运营维护效率。

MSAP-E6300 如图 2-3-2 所示。

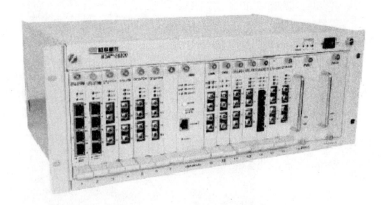

图 2-3-2　MSAP-E6300

MSAP-E6100 如图 2-3-3 所示。

图 2-3-3　MSAP-E6100

1. 业务接入能力

① 支持不同客户对业务与服务的差异化需求。可提供 E1、以太网、V.35 多种业务；可提供 PDH、MC（光纤收发器）、SDH、以太无源光网络（EPON）等多种光纤接入方式；支持业务带宽的在线升级。

② 提供 STM-1 上连接口，实现接入网与城域网无缝连接；节省大量占用的 DDF 资源和机房空间；提供以太网业务汇聚功能，支持 GFP、虚级联、LCAS 等技术。

③ 提供标准 SDH 设备便利的管理与维护能力。通过系统的交叉连接对业务进行调度，快速完成故障诊断、业务恢复；对设备进行软件在线自动升级，数据库的上、下载；完善的离线测试系统，支持业务质量的报表打印；内嵌可管理 DCN，节省 DCN 自建投入，支持多网关自愈；Uniview DA 网管平台实现分域管理，提供业务与电路、告警、拓扑的关联、资源统计等功能。

④ 强大的业务安全保证。支持 1+1 光纤保护，1+1 通道保护，1+1 跨盘保护；提供线性复用段保护、线性 VC 保护功能、子网连接保护，实现快速保护倒换。

⑤ 保护投资。兼容公司原有 A/E/MC（光纤收发器）系列远端设备，保护客户已有投资，实现系统的平滑升级。

⑥ 支持未来业务升级，符合传送网向 ASON 网络的演进，支持边缘网的全光接入。

2. 组网方案

局端依据业务容量不同，可选择采用多业务接入平台 MSAP-E6300 或 E6100；远端设备类型尽量收敛，采用三种设备满足客户多样化需求：

① 多业务、高带宽的客户使用 MSTP 远端设备；

② 带宽小于 4E1 的 PDH 业务，使用 A120SV；

③ 纯带宽业务的客户，使用 GFTI1501C。

　思考与练习

一、填空题

1. _____和_____设备是两种较为常见的 SDH 传输网承载 IP 业务的实现方式。

2. MSTP 的多业务特性主要体现在支持_____、_____。

3. MSTP 封装以太网 MAC 帧的协议有_____、_____、_____。

4. 基于内嵌 RPR 的 MSTP 多业务传送设备管理系统完成标准管理信息的交换及安全管

理、配置管理、故障管理和性能管理，管理对象包括 SDH、_____、RPR，网元间通过_____协议栈和 TCP/IP 协议栈通信。

5. VC-4-Xv 中每个 VC-4 的_____字节是作为虚级联标识用的。

6. _____是指将分布在一个 STM-N 中不相邻的 VC-4 或分布在不同的 STM-N 中的 VC-4 按级联关系构成 VC-4-Xv，以这样一个整体结构进行业务信号的传输。

7. 从概念上来看，电信管理网（TMN）是一个_____的网络，它与电信网之间存在若干接口。

二、简答题

1. 简述 MSTP 的关键技术。

2. 虚级联和级联的区别是什么？

3. LCAS 的含义是什么？

4. MSTP 的技术特点是什么？

5. RPR 技术如何实现嵌入 MSTP？

第3章

DWDM 简要原理

学习目的

1. 掌握波分复用的概念及对光纤的要求
2. 波分复用系统关键器件
3. 掌握波分复用系统组网

3.1　什么是波分复用

不管是 PDH 还是 SDH，都是在一根光纤上传送一个波长的光信号，这是对光纤巨大带宽资源的极大浪费。可不可以在一根光纤中同时传送几个波长的光信号呢，就像模拟载波通信系统中有几个不同频率的电信号在一根电缆中同时传送一样？实践证明是可以的。在发送端，多路规定波长的光信号经过合波器后从一根光纤中发送出去；在接收端，再通过分波器把不同波长的光信号从不同的端口分离出来，如图 3-1-1 所示。

在一根光纤中传送的相临信道的波长间隔比较大的时候（比如为两个不同的传输窗口），称其为波分复用（WDM）；而在同一传输窗口内应用较多的波长时，就称其为密集波分复用（DWDM）；平常所说的或所听到的"波分"一

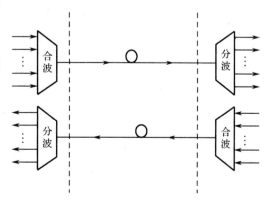

图 3-1-1　在一根光纤中同时传送
几个波长的光信号原理

般指的就是密集波分复用（DWDM）。实际系统中有双纤双向系统和单纤双向系统。单纤双向系统虽然能减少一半光器件和一半光缆，但技术难度较大，目前应用双纤双向系统居多。图 3-1-1 所示系统就是双纤双向系统。

3.2   波分复用系统对光纤的要求

常见单模光纤有 G.652、G.653、G.654、G.655 几种。我国大量铺设的是 G.652 光纤，在 1 550 nm 传输窗口，它的色散系数比较大：17～20 ps/（nm·km），适合速率不高的 TDM 信号和多波信号传输；G.653 光纤主要铺设在日本，1 550 nm 窗口处，色散为"零"，非常适合传输高速率的 TDM 信号，但是不适合传输多波长信号，因为会有比较严重的四波混频效应；G.654 光纤主要用于海底光缆中，衰减很小；G.655 光纤色散系数比较小：在 1 550 nm 窗口处色散系数为 4～6 ps/（nm·km），色散不为"零"，可以有效抑制四波混频效应；另外，色散又不大，可以满足高速率 TDM 的传输要求。

在光纤的性能中，主要的指标是衰减系数和色散系数，两者都限制了电再生距离的长短。大家对衰减都比较熟悉。色散积累的结果是信号脉冲在时域上展宽，严重时会影响接收机的接收。示意图如图 3-2-1 所示。

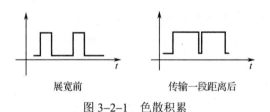

展宽前   传输一段距离后

图 3-2-1   色散积累

可见，因为色散，脉冲展宽，使得传输距离受到限制，再继续传输下去，将出现连"1"信号，接收端无法识别。同时可以看到，对速率越高的信号，这种受限越厉害；对速率低的信号，影响不是很大，因为速率低的信号脉冲之间本来就拉得比较开（时间间隔大）。一般来说，在 G.652 光纤上，传输 STM-16 信号的时候，还不需要补偿色散的积累，但在传输 STM-64 甚至更高速率的 TDM 信号的时候，补偿就非常有必要了。在 DWDM 系统中，一般是通过加入色散补偿光纤来补偿色散积累的，因为这种技术已经非常成熟。

总之，目前最适合传输 DWDM 系统的光纤是 G.655 光纤，但在我国因为大量铺设的是 G.652 尾纤，所以，在上 10G 及以上速率的信号时，需要用色散补偿。

3.3   波分复用系统关键器件

波分复用系统的关键器件除上面提到的分波/合波器外，还包括光源技术、EDFA 技术。

3.3.1　分波/合波器件

分波/合波器是波分设备必需的核心器件。DWDM 传输和 SDH 传输最根本的区别也在于此：DWDM 的复用和解复用都是在光层上进行的，而 SDH 尽管在站点间使用了光纤传输，但复用和解复用是在节点处 O/E 转换后在电层上进行的。分波/合波器件有较大的插入损耗（插损），严重限制了信号的传输距离。所谓插损，在这里指的是规定波长的光信号通过分波/合波器后光功率的丢失。除了插损，还有个指标是我们比较关心的，就是最大插损差。对 16/32 波系统而言，针对每一波，有一个插入损耗，这 16/32 个插入损耗中的最大值与最小值之差即为最大插损差。对该指标的规范，主要从多波长系统光功率平坦来考虑，并且对合波器的要求要比对分波器的要求高，因为合波后的信号还需要长距离的传输，而分波后的信号会被马上终结掉。对分波器，还有两个指标非常重要：中心波长和隔离度。中心波长是指分波后从不同端口出来的光的中心波长，对 16/32 波系统，有 16/32 个中心波长，其不应该与 ITU-T 建议的标准波长（192.1～195.2 THz）有太大的偏移。隔离度指的是相临端口的串扰程度，有相邻隔离度和非相邻隔离度两个衡量项目。让 192.1 THz 的光信号输入分波器，理想情况是它只从端口 1 出来，可实际上，总有一部分从相邻的端口 2 和端口 3 出来。端口 1 与端口 2 出来的光功率之比就是端口 1 对端口 2 的相邻隔离度。端口 1 与端口 3 之间的光功率之比就是端口 1 对端口 3 的非相邻隔离度。隔离度越大越好。从上面的描述，可以这样来通俗表述一下插损和隔离度：插损是光信号在应该走的光路上的功率损失，希望它越小越好，理想情况是零插损；隔离度是光信号在不应该走的光路上的泄漏程度，希望隔离度越大越好，理想情况是完全隔离。

合波器一般有耦合型、多层介质模型和阵列波导型；16 波系统中，一般是耦合型，它对波长不敏感。分波器一般为多层介质模型和阵列波导型。阵列波导型分波/合波器件对温度比较敏感，一般都要有温控措施，保证分波中心不发生较大的偏移。

3.3.2　光源

对用于波分系统的光源的两个基本要求是：

① 光源有标准的、稳定的光波长。波分复用系统使用的波长比较密集，要求标准，不仅是考虑横向兼容性，也考虑到光纤的非线性效应。ITU-T 对波长有指标规范，目前的 16 波、32 波系统的相邻波之间的频率差是 100 GHz（约 0.8 nm）。稳定也是必需的，系统运行时，一个信道波长的偏移大到一定程度时，分波器将无法在接收端正确分离该信道，并且其相邻信道的信号也会因为该信道的加入而受到损伤。

② 光源需要满足长距离传输要求。DWDM 系统因为使用 EDFA 技术，使传输距离由 SDH 的 50～60 km 变成 500～600 km。

可见，与传统 SDH 信号不同，波分系统的电再生中继距离都要求很高。影响电再生中继距离的因素很多，如衰减、色散、光信噪比等。在引入放大器后，波分系统中，影响再生中继距离的主要因素是色散和信噪比。所以，所谓满足长距离传输，就是要求光源有相当高的色散受限距离。对此，ITU-T 对 DWDM 使用的光源的色散容纳做了规范，常见的有三种：12 800 ps/nm、10 000 ps/nm、7 200 ps/nm。常规的 G.652 光纤的典型色散系数是 17 ps/(nm·km)，在实际工程中作 20 ps/(nm·km)计算。上面三个光源能够传送的距离分别是 640 km、500 km、

360 km。有时能见到一些厂家这样宣传:"640 km 无中继传输", 640 km 指的就是这个色散受限距离,而不是两个站点之间的距离。满足这两个要求的光信号即所谓的 G.692 信号,而传统的 2.5G 的 SDH 信号为 G.957 信号。

3.3.3 掺铒光纤放大器(EDFA)

将放大器引入波分系统几乎是必需的,目前用得最多的是 EDFA。先来说说引入光放大器的必要性。以最常见的 G.652 光纤为例,其在 1 550 nm 窗口的典型衰减系数值是 0.275 dB/km,也就是说,在其上传送的光信号几乎每 11 km 就要衰减一半,所以,再生距离比较大的时候,不仅需要放大,还可能需要多级放大。那么距离比较近的时候是否就不需要光放大器了呢?一般来说还是需要的,除非再生距离非常近并且接收机的接收灵敏度非常高。因为波分系统引入分波器、合波器的同时也引入了很大的插入损耗。

根据使用的场合和本身的特点,光放大器有功率放大器(BA,简称功放)、线路放大器(LA,简称线放)、预放大器(PA,简称预放)之分。BA 也叫后置放大器,用在发送端,其作用主要是弥补合波器引入的插入损耗和提高信号的入纤光功率,它的特点是大光功率输出,所以对它也有功率助推器的叫法;PA 也叫后置放大器,用在接收端,作用是提高系统的接收灵敏度,它可以接收和识别较小功率的光信号;LA 则多用在线路放大设备上,作用是弥补光信号在长距离线路上传送引起的线路损耗,它的特点是增益比较大。实际 DWDM 系统中,可以用 PA+BA 的方式代替 LA 使用。进行功率放大的原理图如图 3–3–1 所示。

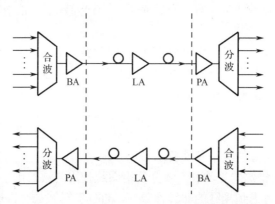

图 3–3–1　进行功率放大的原理图

波分系统中的 EDFA 一般都是固定增益输出,而不是固定功率输出。需要注意的是,波分系统中的 EDFA 需对多个波长信号同时放大,为此,对其增益提出了两个要求:

① 增益平坦,就是对一定波长范围的光信号有几乎相同的增益。如果几个波长的光信号通过 EDFA 后,有些波长的光获得比较大的增益,有些波长的光获得比较小增益,就说这个EDFA 对这几个波长的光信号的增益是不平坦的。当增益的差别小于 1 dB 时,认为增益是平坦的。增益平坦是必需的,特别是在多级放大的系统中,这种不平坦累积起来,将严重影响整个系统的性能,个别通道信噪比严重恶化,限制更多通道的应用。目前的 EDFA 的增益平坦波长区域是 1 530～1 565 nm。波分系统使用 1 550 nm 传输窗口而不使用 1 310 nm 传输窗口的主要原因也在于此。

② 增益锁定，增益锁定指的是上波和掉波不会影响正常通道的增益。如果系统中有两个波长在使用，现在其中一波掉波，由于增益竞争，剩下一波的功率会突然变成原来的两倍；假如现在再上一波，原来那波的光信号能量又降了下来。这种增益突变的情况是不允许出现的，因为不允许因为升级（上波）去影响原来已有的业务，也不允许因为其中的一波断业务（掉波）而影响其他波长的业务，即使这种影响是短暂的。所以增益锁定同样是必需的。

增益平坦和增益锁定示意图如图 3-3-2 所示。

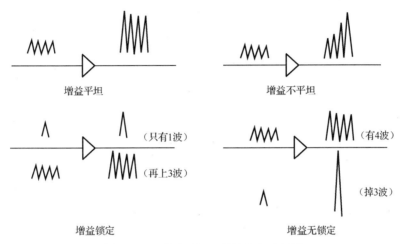

图 3-3-2　增益平坦和增益锁定示意图

3.4　光监控信道（OSC）

在 SDH 系统中，对系统的管理和监控可以通过 SDH 帧结构中的开销字节来处理。在波分系统中怎样来管理和监控系统中的每个网元呢？波分系统有很多波长在系统中传送，可以再加上一波专用于对系统的管理，这个信道就是所谓的光监控信道（OSC）。

光监控信道的引入也是必需的，至少有两个理由：

① 如果利用 SDH 的开销字节，那么利用哪一路 SDH 信号呢？况且如果上波分的业务不是 SDH 信号，而是其他类型的业务呢？可见还是单独利用一个信道来管理 DWDM 设备方便。

② 在线路放大设备（接下来的内容会对此设备的介绍）上对业务信号进行光放大，信号只有 O/O 的过程，没有电的接入，根本无法监控。从这点来看，也可以说明引入监控信道的必要性。

按照 ITU-T 的建议，DWDM 系统的光监控信道应该与主信道完全独立，于是建议中的三个监控信道波长——1 310 nm、1 480 nm 和 1 510 nm 都在 EDFA 的工作范围之外。主信道与监控信道的独立在信号流向上表现得也比较充分。

ITU-T 建议中还规定了光监控信道的速率——2 Mb/s，码型——CMI（于是线路速率是 4 Mb/s），有这样低速率的光信号，接收端的接收灵敏度可以做得很高，ITU-T 规范其需要小于-48 dBm。这样就不会因为 OSC 的功率问题而限制站点距离。

需要指出的是，光监控信道并不是 DWDM 系统本身所必需的，可实际应用中，它却是必需的，因为引入 DWDM 系统这样的高速率传输设备却不去监控和管理它几乎是不可能的。加入光监控信道的 DWDM 系统如图 3-4-1 所示。

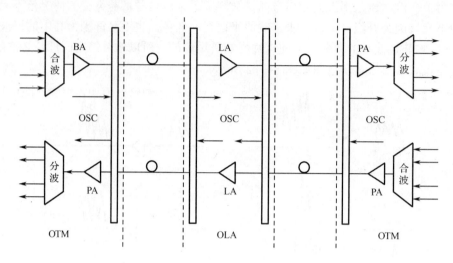

图 3-4-1　加入光监控信道的 DWDM 系统图

光监控信道与主信道的完全独立在图 3-4-1 中表现得比较突出：在 OTM 站，在发方向，监控信道是在合波、放大后才接入监控信道的；在收方向，监控信道是首先被分离的，之后系统才对主信道进行预放和分波。同样，在 OLA 站点，发方向，是最后才接入监控信道的；收方向，最先分离出监控信道。可以看出，在整个传送过程中，监控信道没有参与放大，但在每一个站点，都被终结和再生了。这点恰好与主信道相反，主信道在整个过程中都参与了光功率的放大，而在整个线路上没有被终结和再生，波分设备只是为其提供了一个个通明的光通道。

3.5　DWDM 的应用方式

前面说到传统的 2.5G 的 SDH 信号是满足 G.957 规范的光信号，而应用于 DWDM 系统的光信号需满足 G.692 规范。所以，SDH 信号上波分之前需要进行光信号的转换，在下 DWDM 系统时再转换成 G.957 信号，如图 3-5-1 所示。

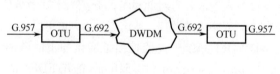

OTU：光转换单元

图 3-5-1　OTU 示意图

非 G.692 信号上波分需要一个波长转换单元（OTU），将非 G.692 信号转换为 G.692 信号后再去合波，它的主要功能是"波长转换"。在接收端，一般也需要一个 OTU 将信号还原，不过这种还原倒不是必需的，收端的这个 OTU 的主要功能是"再生"，而不是"波长转换"。

需要再生是因为波分系统中的光信号一般都经过了 EDFA 的多级放大，累积了大量噪声，光信噪比（OSNR）比较低，一般的 SDH 对这种噪声比较敏感。在发端收端都使用了 OTU 的应用形式，称为"开放式应用"；有些 SDH 设备（或路由器等）输出光口提供 G.692 信号，这个时候没有必要再加上 OTU，这种应用形式称为"集成式应用"；在 EDFA 使用个数不多，信噪比下降不是太厉害的情况下，发端使用了 OTU，收端不需要 OTU，这种使用形式称为"半开放式应用"。

开放式系统的突出特点是横向兼容性好，缺点是较大幅度地增加了网络设备的成本。不过网络运营商一般还是更倾向于采用开放式的 DWDM 系统，因为开放式应用能够做到 SDH 与 DWDM 这两个不同网络层次的设备在网管系统上彻底分开。（注：OTU 需要纳入波分系统的网管系统中管理。）

3.6　DWDM 网络单元

按照在网络中的作用，并参照 SDH 网络单元的概念，DWDM 系统网元可以分为光终端复用器（OTM）、光分插复用器（OADM）、光线路放大器（OLA）和再生中继器（REG）等多种。其逻辑功能如图 3-6-1 所示。

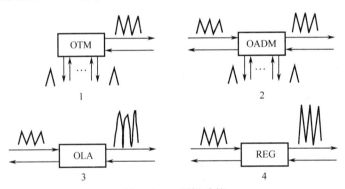

图 3-6-1　逻辑功能

OTM 设备把 SDH 等业务信号通过合波单元插入 DWDM 的线路上去，同时经过分波单元从 DWDM 线路上分下来；OADM 和 OTM 的差别是在线路上还有通道的穿通；需要说明的是，因为价格和集成度因素，OTM 和 OADM 在目前一般都还只能做到静态波长上下，不像 SDH 网元的 TM 和 ADM 能够做到对线路中各通道的任意选择上下。OLA 设备对线路上的光信号的功率进行放大；REG 的主要功能是对每个通道信号的再生。一般来说，光信号通过 OLA 后信号质量变差了，而通过 REG 后信号质量变好了。

3.7　DWDM 的组网形式

DWDM 的常见组网形式是链形和环形，如图 3-7-1 所示。

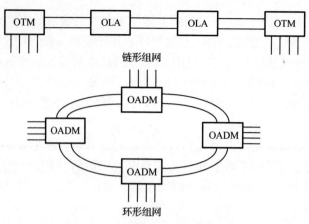

图 3-7-1 DWDM 的常见组网形式

环形组网的情况相对比较少，点对点的链形组网是最主要的组网方式。实际网络中的组网看上去会很复杂，特别是 DWDM 和 SDH 联合组网时，可以组成非常灵活的网络。但最基本的网络拓扑还是链形结构的，许多的长链或者环都是由这个最基本的拓扑构建成的，如图 3-7-2 所示。

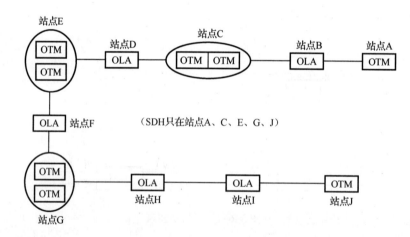

图 3-7-2 DWDM 的复杂组网形式

3.8 DWDM 的优点

DWDM 系统是"全光"传输的第一步，有着美好的发展前景。和 SDH 相比较，不难发现 DWDA 有如下一些优点。

（1）超大容量。

这个优点是显而易见的，使用分波合波技术，传输容量可以到达 40G、80G、320G（400G）、800G 甚至 1 600G，而且这个容量还并不是终点。

（2）平滑扩容。

一般运营商不会一次对 DWDM 系统做满配置，以后会一波一波地扩容，扩容过程是平滑的，对已有业务能真正做到几乎没有影响。和 SDH 的扩容比较起来，波分的扩容更有理由说"平滑"这两个字。

（3）多业务接入。

上波分的接入信号可以是各种速率的 SDH、PDH、GE（千兆以太网）、POS 等信号。只要满足 G.692 信号（不满足还可以接入 OTU 后满足），就可以在 DWDM 系统上传输。波分设备本身对接入信号的速率、编码方式、协议等"透明"。这是目前为止唯一一个真正与协议无关的传输系统。

 思考与练习

一、填空题

1. 光纤的波段可划分为_____、_____、S 波段、_____、_____，其中目前的 WDM 技术主要应用在_____波段上。

2. 目前国际上规定的通路频率是基于参考频率为_____THz、最小间隔为_____Hz 的频率间隔系列。

3. 功率放大器、线路放大器和前置放大器都可以采用_____实现。

4. 目前提高传输容量的复用方式主要采用_____和_____合用的方式。

5. SDH 与 DWDM 之间是_____层与_____层的关系。

6. 由于 DWDM 系统主要承载 SDH 信号，所以 ITU-T 建议，在 SDH 再生段层以下又引入_____层和_____层。

7. DWDM 系统的两种基本形式是_____和_____。

二、简答题

1. 什么是 WDM 技术？为什么要提出 WDM 技术？

2. WDM 与 DWDM 有何区别？

3. DWDM 的监控技术有哪几种？

4. DWDM 系统典型的两类基本系统分别是什么？其特点是什么？

5. DWDM 系统典型的两类应用结构分别是什么？其特点是什么？

6. 在某 DWDM 系统，四个波开放 SDH 2.5G 信号，8 个波开放 SDH 10G 信号。该系统在光纤中的传输速率是多少？

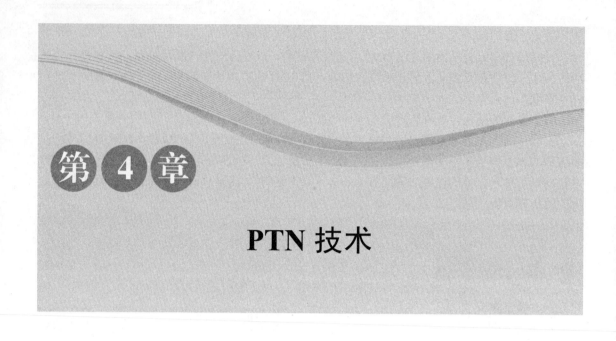

PTN 技术

4.1　PTN 技术概述

4.1.1　PTN 技术产生的背景

1. PTN 技术背景分析

① 适应业务和网络 IP 化的趋势。业务 IP 化和承载网 IP 化的趋势推动运营商的业务转型和网络的转型，传统的同步数字体系/多业务传送平台（SDH/MSTP）和密集型光波复用（WDM）技术存在局限性，传送网需要向分组化方向发展，要求传送网具有灵活、高效和低成本的分组传送能力。

② 满足全业务运营的需求。2008 年，我国电信运营商重组和 3G 牌照的发放，使 2009年成为中国电信业全业务运营的元年，三大运营商都在积极尝试。全业务运营要求运营商逐步完成业务融合、网络融合和终端融合，其中网络融合要求实现多业务统一承载。

③ 符合传送网络演进的方向。分组传送网（PTN）技术是城域网传送发展的方向，目前存在多种技术选择，迫切需要研究 PTN 技术的特点、发展趋势和网络应用类型。

业务的 IP 化是网络发展的一个必然趋势，Everything over IP 就是所有的业务信号都采用IP 的格式。但是 Everything over IP 不等于承载网是一张端到端的 IP 网络，IP 信号承载并不等于全程用 IP 技术来传送。IP 承载网并不是 IP 传送网，传送网的功能包括调度、汇聚和保护等。IP 承载的业务信号必须经过传送网的传送。PTN 是一种能够很好地处理 IP 和以太网等分组信号的新型传送网，继承了 SDH 系统的许多优点，如强大的操作、管理、维护（OAM），以及保护和网管功能，另外，也吸取了数据网络的优点，重要的一点是，差异化的处理和统计复用功能。对于用户种类繁多的业务，必须具备差异化的处理能力。在数据领域中所使用的 VLAN、CoS、多协议标记交换头部（MPLSEXP）和区分服务体系结构（DiffServ）等机制，都是在资源受限的情况下给予不同的业务不同的处理。服务等级（PTN）设备应具有多业务处理能力，能够容纳不同业务，并且映射到具有 QoS 处理的处理单元。

2. 现有 SDH/MSTP 的局限性分析

SDH 主要缺点在于其是为传输时分多路复用（TDM）信息而设计的。该技术缺少处理基于 TDM 技术的传统语音信息以外的其他信息所需的功能，不适合传送 TDM 以外的 ATM 和以太网业务。

每个 MSTP 设备的以太网处理板卡需要对每个业务进行 MAC 地址查询，随着环路上的节点增加，查询 MAC 地址表速度下降，处理性能明显下降。对数据业务的传输采用点对点协议（PPP）或 ML-PPP 映射的方式，映射效率低，造成较大的带宽浪费，在传输视频业务时，这种带宽的浪费尤其严重。不能对基于以太网的用户提供多等级具有质量保障的服务，服务类型属于面向非连接，不能提供端到端的质量保障。

4.1.2　PTN 技术基本概念和特点

1. PTN 技术基本概念

PTN（Packet Transport Network，分组传送网）是指这样一种光传送网络架构和具体技术：在 IP 业务和底层光传输媒质之间设置了一个层面，它针对分组业务流量的突发性和统计复用传送的要求而设计，以分组业务为核心并支持多业务提供，具有更低的总体使用成本（TCO），同时秉承光传输的传统优势，包括高可用性和可靠性、高效的带宽管理机制和流量工程、便捷的 OAM 和网管、可扩展、较高的安全性等。

PTN 作为传送网满足下一代网络分组传送需求的解决方案，目前主要关注的是 T-MPLS 和 PBT 技术，T-MPLS 选择了 MPLS 体系中有利于数据业务传送的一些特征，抛弃了 IETF 为新型以太网（MPLS）定义的繁复的控制协议族，简化了数据平面，去掉了不必要的转发处理。PBT 技术则关闭传统以太网的地址学习、地址广播及生成树协议（STP）功能，以太网的转发表完全由管理平面（将来控制平面）进行控制。具有面向连接的特性，使得以太网业务具有连接性，以便实现保护倒换、OAM、QoS、流量工程等传送网络的功能。PBT 技术的缺点是标准化工作刚刚开始，标准化的程度较低。未来分组传送网的技术拟在城域的汇聚和接入层开始应用，同时还取决于产品化、实用化的程度和如何适应网络的应用。

2. PTN 技术的特点与形态

基于分组的交换核心是 PTN 技术最本质的特点。PTN 适合多业务的承载和交换，满足灵活的组网调度和多业务传送。可以提供网络保护倒换功能，并且可对不同优先级业务设置不同的保护方式。现在分组传送网技术有两种产品值得关注，分别是 PBT 与 T-MPLS（传送MPLS）。PBT 是从二层交换机演化过来的，目前的问题是只支持点到点连接。T-MPLS 目前面临的问题更复杂，特别是标准化方面，国际电信联盟（ITU）主导的 T-MPLS 与现在互联网工程任务组（IETF）主导的 MPLS-TP 出现了一些差异。

（1）T-MPLS 技术。

T-MPLS 是一种新型的 MPLS 技术，基于已经广泛应用的 IP/MPLS 技术和标准，提供了一种简化的面向连接的实现方式。T-MPLS 去掉了 MPLS 中与面向连接应用无关的 IP 相关功能，同时增加了对于传送网来说非常重要的一些功能，主要的改进有双向 LSP、端到端 LSP

保护和强大的 OAM 机制等，以实现对传送网资源的有效控制和使用。T-MPLS 的目标是成为一种通用的分组传送网，而不涉及 IP 路由方面的功能，其实现比 IP/MPLS 简单。

T-MPLS 与 MPLS 的主要区别如下：IP/MPLS 路由器用于 IP 网络，因此所有的节点都同时支持在 IP 层和 MPLS 层转发数据，而 T-MPLS 只工作在二层，因此不需要 IP 层的转发功能；在 IP/MPLS 网络中存在大量的短生存周期业务流，而在 T-MPLS 网络中，业务流的数量相对较少，持续时间相对更长一些；T-MPLS 使用双向 LSP，MPLS 和 LSP 都是单向的，传送网通常使用的都是双向连接，因此，T-MPLS 将两条路由相同但方向相反的单向 LSP 组合成一条双向 LSP；T-MPLS 支持端到端的 OAM 机制；T-MPLS 支持端到端的保护倒换机制，MPLS 支持本地保护技术 FRR。

T-MPLS 标准化。ITU-TSG15 从 2005 年起就开始对 T-MPLS 进行标准化，采用了 G.805 和 G.809 定义的分层网络体系结构，使运营商可以延用其现有的网络建设、运营和管理方式，最大限度地降低向分组传送网演进的成本。现在批准的建议包括：T-MPLS 架构（G.8110.1）、T-MPLS 网络接口（G.811.2）、MPLS 设备（G.812.1）、T-MPLS 线性保护倒换（G.813.1）、T-MPLS 环网保护（G.813.2）和 T-MPLS OAM。

T-MPLS 是 ITU 从传送网的需求入手，结合 MPLS 技术开发的一系列标准。由于 MPLS 技术本身是 IETF 开发的，所以，IETF 认为任何对 MPLS 技术的改动都应该在 IETF 范畴内进行。2008 年 2 月，ITU-T 同意和 IETF 建立 T-MPLS 联合工作组，讨论 T-MPLS 技术的发展。经过工作组近期的讨论已经达成共识，由双方共同促进 T-MPLS 和 MPLS 技术的融合。IETF 吸收 T-MPLS 中的传送技术，将现有 MPLS 技术改进为 MPLS-TP（MPLS Transport Profile），以增强其对传送需求的支持。这意味着 ITU-T 失去了一些 T-MPLS 的标准主导权。虽然在 OAM 等方面 MPLS-TP 依然将沿用 T-MPLS 的做法，但是在 MPLS-TP 的标准化中，一些确认的 T-MPLS 的观点受到了挑战，具体如下：① 保护：是采用 IETF 的 FRR 保护还是原来 T-MPLS 保护机制；② 控制平面：T-MPLS 原来定义了类似于 ASON 的独立控制平面来建立和拆除电路，而 IETF 倾向于采用与 MPLS 同样的机制来配置和建立电路。

IETF 更多的是沿用过去行之有效的 MPLS 的概念。虽然在 OAM 上承认 ITU 方面的合理性，但在许多方面都还采用 IP/MPLS 方面的成果，更多地强调继承性，从某种意义上，更容易与 IP/MPLS 网络互通，但缺点是在传送功能上着力不够。

T-MPLS 设备形态。T-MPLS 的设备形态目前还没有形成一致的意见。T-MPLS 设备交换矩阵的实现方式包括通用交换矩阵、Cell 交换和 Switch Fabric 等。基于通用交换矩阵的典型产品是阿尔卡特公司推出的 1850 传送业务交换机（TSS）。通用交换板可以同时支持 TDM 和分组交换，支持 SDH-VC、分组交叉、光通道数据单元（ODU）交叉，其分组交换部分采用 T-MPLS 技术实现，并可根据业务需求调整 TDM 业务与分组业务的比例，T-MPLS 与 MPLS 如何实现互联互通目前还没有明确的结论。ITU-T 提出了两种互通的方式：一种是 MPLS 设备在与 T-MPLS 设备互通的链路上只使用 T-MPLS 所支持的功能选项，即该链路是一条 T-MPLS 链路；另一种是由于 T-MPLS 可以作为一种通用的分组传送网，采用客户层 / 服务层的概念，所以由 T-MPLS 作为服务层网络来承载 MPLS 客户层。

（2）PBT 技术。

新型以太网 PBT（Provider Backbone Transport）技术目前正在 IEEE 进行标准化（IEEE 称其为 PBB-TE）。为了将以太网技术用于运营商网络，对以太网技术进行了改进和完善，从而产生了 PBT 技术。PBT 采用可管理和具有保护能力的点到点连接，以满足运营商对传送网的需求。采用网管系统而不是 STP 控制协议进行连接配置，使得网络变得简单而易于管理。PBT 建立在已有的以太网标准之上，具有较好的兼容性，可以基于现有以太网交换机实现，这使得 PBT 具有以太网所具有的广泛应用和低成本特性。

PBT 基于 MACinMAC 封装方式，根据"B-VID+B-MAC"进行数据转发，虚拟局域网 ID（VID）用来识别两点之间的特定通道，不具有全局唯一性，可以有效地扩展用户和运营商的地址空间。PBT 主要特征是关闭了 MAC 地址学习、广播、生成树协议等传统以太网功能，从而避免广播包的泛滥。PBT 具有面向连接的特征，通过网络管理系统或控制协议进行连接配置，并可以实现快速保护倒换、OAM、QoS、流量工程等电信级传送网络功能。

PBT 使用了全局唯一的地址空间，使得连接和转发动作变得简单，而且不易出错。路径的保护可通过分配两个不同的 VID 实现，一个代表工作路径，一个代表保护路径。通过使用多个 VID，可以实现最短路径路由或者区分不同的出错情况并实现保护功能。路径保护的实现是通过源节点改变 VID 值，同时将数据流切换到预先配置好的保护路径上实现的，节点保护则由离故障节点最近的分叉点转换 VID 值。由于保护路径和 VID 值都已经预先配置好，保护转换可以在很短的时间内完成。另外，使用 VID 鉴别各种不同路径，可以实现对不同路径的实时监控。

OAM 包的传送路径和数据平面的包传送路径是一致的，在源和目的之间的工作路径上传送。转发信息依靠网管/控制平面直接提供，提供预先指定的通道，很容易实现带宽预留和小于 50 ms 的保护倒换时间，同时可以避免出现转发环路，实现网络的可控、可管。

PBT 设备实现，从结构上看，IP/MPLS 需要在每个设备上终结 3 层网络（链路层、IP 层和 MPLS 层），而 PBT 只需终结 1 层网络（以太网），因此，PBT 网络的建设和运营成本要低于 IP/MPLS 网络。从理论上讲，对现有的以太网交换机进行升级改造就可以实现 PBT。

4.1.3　PWE3 技术

1. PWE3（端到端的伪线仿真）

一种业务仿真机制，希望以尽量少的功能，按照给定业务的要求仿真线路，如图 4-1-1 所示。

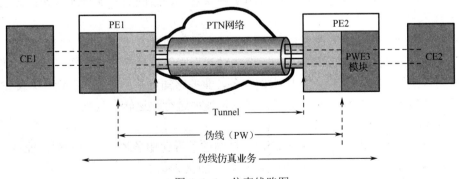

图 4-1-1　仿真线路图

伪线表示端到端的连接，通过 Tunnel 隧道承载；PTN 内部网络不可见伪线；本地数据报表现为伪线端业务（PWES），经封装为分组数据单元（PW PDU）之后传送；边缘设备 PE 执行端业务的封装/解封装；客户设备 CE 感觉不到核心网络的存在，认为处理的业务都是本地业务。

2. 多业务统一承载

TDM to PWE3：支持透传模式和净荷提取模式。在透传模式下，不感知 TDM 业务结构，将 TDM 业务视作速率恒定的比特流，以字节为单位进行 TDM 业务的透传；对于净荷提取模式，感知 TDM 业务的帧结构/定帧方式/时隙信息等，将 TDM 净荷取出后，再顺序装入分组报文净荷传送。

ATM to PWE3：支持单/多信元封装，多信元封装会增加网络时延，需要结合网络环境和业务要求综合考虑。

Ethernet to PWE3：支持无控制字的传送方式和有控制字的传送方式。

3. 端到端层次化 OAM（图 4-1-2）

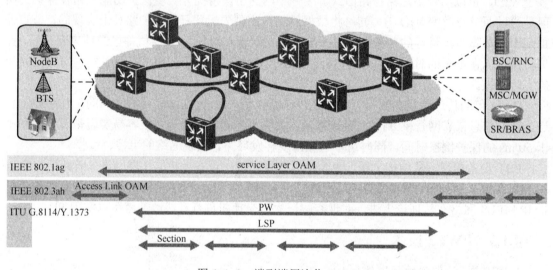

图 4-1-2 端到端层次化 OAM

基于硬件处理的 OAM 功能；实现分层的网络故障自动检测、保护倒换、性能监控，故障定位、保证信号的完整性等功能；业务的端到端管理、级联监控支持连续和按需的 OAM。

4. 智能感知业务

业务感知有助于根据不同的业务优先级采用合适的调度方式；对于 ATM 业务，业务感知基于信元虚通道/虚信道（VPI/VCI）标识映射到不同伪线处理，优先级（含丢弃优先级）可以映射到伪线的 EXP 字段；对于以太网业务，业务感知可基于外层 VLAN ID 或 IP DSCP；对时延敏感性较高的 TDM E1 实时业务，按固定速率进行快速转发处理。

5. 端到端 QoS 设计

网络入口：在用户侧，通过 H-QOS 提供精细的差异化服务质量，识别用户业务，进行接入控制；在网络侧，将业务的优先级映射到隧道的优先级。

转发节点：根据隧道优先级进行调度，采用优先队列（PQ）、加权公平队列（PQ+WFQ）等方式进行。

网络出口：弹出隧道层标签，还原业务自身携带的 QoS 信息。

6. 全程电信级保护机制（图 4-1-3）

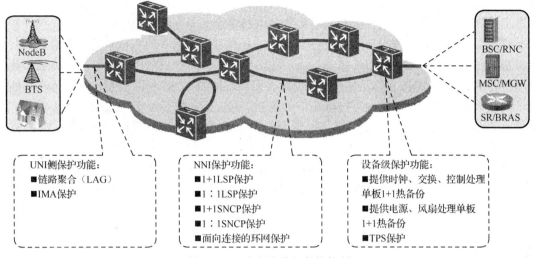

UNI侧保护功能：
- 链路聚合（LAG）
- IMA保护

NNI保护功能：
- 1+1LSP保护
- 1：1LSP保护
- 1+1SNCP保护
- 1：1SNCP保护
- 面向连接的环网保护

设备级保护功能：
- 提供时钟、交换、控制处理单板1+1热备份
- 提供电源、风扇处理单板1+1热备份
- TPS保护

图 4-1-3　全程电信级保护机制

4.1.4　PTN 网络生存性

现有城域网能完全满足公众用户和大客户基本语音及公众用户宽带上网业务的需求，满足有线电视网（IPTV）、视频监控、视频通信的业务需求，基本满足大客户专线上网和虚拟专用网（VPN）互联业务的需求。目前现有城域网还不能很好地满足业务差异化的需求。

从业务发展趋势来看，城域承载网需要进行以下三方面的考虑。

（1）语音业务的发展趋势。

语音业务可能是由公用电话交换网（PSTN）提供的，也可能是通过互联网、无线网络、有线电视网络甚至电力网提供的。网络电话（VOIP）在未来电信网中将是众多采用 IP 技术提供应用业务的承载方式之一。

（2）数据业务的发展趋势。

互联网业务发展的关键是获得用户对业务质量的认同，互联网业务质量与网络质量密切相关，另外，满足业务发展及保障业务质量也是网络优化的出发点。互联网增值业务的大规模开展对于承载网络能力有一定的要求，承载网能否支撑这些要求对业务开展有至关重要的影响。

（3）不同的互联网增值业务对网络的要求呈现不同的特点，甚至可能存在较大的差异。例如，某些业务对网络容量及接入带宽有较高要求，而对服务质量指标（包括时延、抖动等）敏感度稍低，有的业务则对网络服务质量有较高的要求。随着 IPTV、三重播放、VOIP 等业务的兴起，这些以 IP 为承载协议的业务已经迅速遍及电信业务的各个领域，业务网络的 IP 化和承载网络的分组化转型已经成为一个不可逆转的潮流。在这种趋势下，运营商的整个网络架构也在发生着转变，业务的融合期待着光层作为基础承载层的融合，使其成为更加适用于承载 IP/MPLS 及电信级以太网业务的 PTN。这些新型的电信业务与传统的电信业务相比，具有更高的动态特性和不可预测性，因此需要承载网提供更高的灵活性。

基于对城域网业务需求的分析，下一代城域网的基本要求大致可以总结如下：承载平台支持多协议多业务，中间层次最少承载网络的拓扑架构，并且容量具有灵活的扩展性、具有一定透明性，能适应各种现有和将来可能出现的协议和业务；可以跨越多个网络层面，实现快速业务指配集成的、标准的、易用的网管系统低成本；继续可靠、有效地支持以传统语音业务为代表的实时业务，能平滑有效地支持从电路交换网向分组网的过渡。

当前，城域网多业务平台的解决方案很多，分类方案也很多。从技术的焦点看，多种技术解决方案争论的实质是核心网技术与用户驻地网技术阵营在城域网的竞争。一方面，代表典型核心网技术的 SDH 和路由器，或者说代表面向连接的 TDM 和路由 MPLS 技术在不断改进，增强数据支持能力，向网络边缘拓展，争夺二层交换机市场。另一方面，代表用户驻地网技术的以太网，也在不断改进和创新，增强电信级的性能和功能，向城域网扩展，压缩 SDH 和路由器的市场。

IP 网络没有用户侧（UNI）和网络侧（NNI）的区别，在承载层面是相互可见的运营商网络设备、协议甚至拓扑对用户可见，用户侧产生的 IP 信息既有可能在用户侧终结，也可能在网络中终结，这就使得用户侧有机会与运营商网络交换非法路由信息，也可能攻击运营商网络的路由器和控制设备。另外，位于网络边缘的用户侧网络、业务和应用一般都使用 TCP/UDP／IP 技术，用户之间在承载层和应用层相互可见。这种在通信过程中才确定信任关系的、不面向连接的工作方式，为用户之间的相互攻击（攻击对方网络、应用和业务）提供了方便。同时，在目前的 IP 网络上，安全性要求低的一般互联网业务与安全性要求高的电信级业务混杂在一起，没有进行很好的物理或逻辑上的隔离，对业务的安全性产生了很大影响。在一个安全的 IP 网络中，互联网业务和电信级业务的隔离是保证业务安全的重要前提之一。PTN 就是在现有的 IP 网络上将互联网业务和电信级业务作为两大业务区别对待，使其在承载电信级业务时变成一个面向连接的安全的网络。通过在边缘设备上实施流分类技术，可以识别出不同的电信级业务流和互联网业务流。通过在接入和边缘设备实施针对业务流的带宽管理机制，隔离和控制不同业务的资源使用，可以有效地防止业务盗用和恶意攻击，从而保证电信业务在 IP 承载网上的安全。

4.1.5 PTN 发展现状及趋势

1. MPLS-TP 技术标准的进展情况

2008 年 2 月，ITU-T 同意和 IETF 建立 T-MPLS 联合工作组（JWT），讨论 T-MPLS 技术的发展。经过 JWT 近期的讨论，已经达成共识，由双方共同促进 T-MPLS 和 MPLS 技术进行融合。IETF 和 ITU-T 将基于现有的 MPLS 技术，吸收 T-MPLS 中的传送网技术理念和特性，制定 MPLS-TP 系列标准，以增强其对传送需求的支持。

在 MPLS-TP 标准的制定过程中，IETF 的倾向是尽可能地重用现有 MPLS 机制。例如，OAM 方面的 LSP Ping 和双向转发检测机制（BFD），以及对伪线（PW）和标签分发协议（LDP）的支持等。而 ITU-T 则希望能够继承现有的 SDH 等传送网技术的特点，如通过网管进行业务指配、基于 Y.1731 的 OAM 机制、支持基于 CMPLS/ASON 的控制平面、不依赖于 IP 转发等。

目前 IETF 已经完成了以下 MPLS-TP 标准。RFC5 654：MPLS-TP 总体需求；RFC 5586：MPLS 通用关联信道（G-ACh）；RFC 5718：MPLS-TP 带内 DCN。

另外，MPLS-TP 对 OAM 和网管的需求标准也已经基本完成，目前讨论的热点是 MPLS-TP 总体框架结构和 OAM 框架结构。

在国内方面，我国三大运营商和设备制造商的 PTN 设备主要参照 ITU-T 的标准，如业务主要参考 G.8011 系列（EPL、EP-LAN、EVPRM 等），OAM 主要参考 Y.1731 和 G.8114，保护主要参考 G.8131 和 G.8132 等。目前，由于 MPLS-TP 的标准主要在于 IETF 开发，标准化进展相对缓慢。此外，由于国内运营商、设备制造商乃至整个传输阵营在 IETF 话语权不够，标准化工作还可能进一步滞后。

2. PTN 技术应用和发展的一些考虑

考虑到分组传送网络的特点，并结合现网应用的实际需求，对 PTN 技术的应用和发展提出以下几点考虑。

① 在 E1 业务实现方式方面，由于非结构化方式（SAToP）实现简单，支持厂商多，性能与结构化方式（CESoP）无明显差异，因此推荐采用非结构化方式。

② 由于 PTN 强调的是端到端的业务特性，而在网络中的节点只处理分层服务提供商（LSP），因此，基于 LSP 的 QoS 处理显得尤为重要，需要对其实现机制进行进一步的研究和规范。

③ 由于同步以太网提供频率同步方案时的频率/时间精度较 1588v2 提供频率同步方案要高，建议采用同步以太网提供频率同步，1588v2 提供时间同步的同步方案。

④ 在 OAM 方面，在应用的初期应重点关注以太网业务、LSP 和段层的 OAM 能力。当引入 MS～PW（多段 PW）之后，则需要对 PW 的 OAM 进行研究和规范。

⑤ 在互联互通方面，初期建议采用 UNI 接口进行互联，以实现业务和 OAM 的互通。同时，需要对 NNI 接 LI 进行规范，包括封装格式/OAM / QoS 保护机制等方面，以实现基于 NNI 的互通。

4.2　PWE3 原理

随着 IP 数据网的发展，IP 网络本身的可拓展、可升级及兼容互通能力非常强，而传统的通信网络的升级、扩展、互通的灵活性则相对比较差，受限于传输的方式和业务的类型，并且新建的网络共用性也较差，不宜于互通管理。因此，在传统的通信网面临升级、拓展应用的过程中，是各自建立重复的网络，还是充分利用现有或公共的资源达到升级网络和扩展应用的目的，而且如何才能够达到这个目标，是大家都在考虑的问题。PWE3 正是为解决传统通信网络与现有分组网络相结合而提出的方法之一。

4.2.1　技术简介

PWE3 是一种端到端的二层业务承载技术，属于点到点方式的 L2VPN。在 PSN 网络的两台 PE 中，它以 LDP/RSVP 作为信令，通过隧道（可能是 MPLS 隧道、GRE、L2TPv3 或其他）模拟 CE 端的各种二层业务，如各种二层数据报文、比特流等，使 CE 端的二层数据在 PSN 网络中透明传递。

1. PWE3 网络的基本传输构件

PWE3 网络的基本传输构件及作用如下：

（1）接入链路（Attachment Circuit，AC）。

接入链路是 CE 到 PE 之间的连接链路或虚链路。AC 上的所有用户报文一般都要求原封不动地转发到对端 SITE 去，包括用户的二三层协议报文。

（2）虚链路（Pseudo Wire，PW）。

简单地说，虚连接就是 VC 加隧道，隧道可以是 LSP、L2TPV3、GRE 或者 TE。虚连接是有方向的，PWE3 中虚连接的建立需要通过信令（LDP 或者 RSVP）来传递终端（VC）信息，将 VC 信息和隧道进行管理，形成一个 PW。PW 对于 PWE3 系统来说，就像是一条本地虚容器（AC）到对端 AC 之间的直连通道，完成用户的二层数据透传。

（3）转发器（Forwarders）。

PE 收到 AC 上送的数据帧，由转发器选定转发报文使用的 PW，转发器事实上就是 PWE3 的转发表。

（4）隧道（Tunnels）。

用于承载 PW，一条隧道上可以承载多条 PW，一般情况下为 MPLS 隧道。隧道是一条本地 PE 与对端 PE 之间的直连通道，完成 PE 之间的数据透传。

（5）封装（Encapsulation）。

PW 上传输的报文使用标准的 PW 封装格式和技术。PW 上的 PWE3 报文封装有多种，在 draft-ietf-pwe3-iana-allocation-x 中有具体的定义。

（6）PW 信令协议（Pseudowire Signaling）。

PW 信令协议是 PWE3 的实现基础，用于创建和维护 PW，目前，PW 信令协议主要有 LDP 和 RSVP。

（7）服务质量（Service of Quality）。

根据用户二层报文头的优先级信息，映射成在公用网络上传输的 QoS 优先级来转发，这个一般需要应用支持 MPLS QoS。

PWE3 基本传输构件在网络中的位置如图 4-2-1 所示。

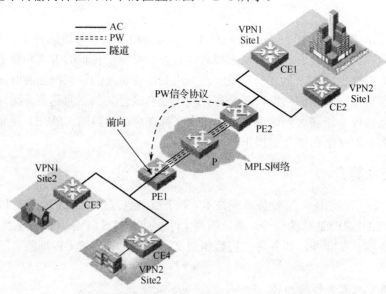

图 4-2-1　PWE3 基本传输构件

PWE3 是 Martini 协议的扩展，基本的信令过程是一样的，后面介绍的 PWE3 信令交互过程包含了 Martini 的信令，在此不对 Martini 协议做特别的介绍，它们之间的区别和联系如下。

① 在控制层面，以 LDP 作为信令建立 PW，在原来 Martini 模型的基础上增加了 Notification 报文，减少了控制报文的交互，并且与 Martini 方式兼容；还可以用 L2TPv3 作为信令。同时还可以用 RSVP 作为信令建立有带宽保证的 PW，就是 RSVP-TEPW。

② 增加了 PW 多跳功能，扩展了组网方式，降低了接入设备对 LDP 连接数目的要求。多跳的接入节点满足了 PW 的汇聚功能。

③ 在控制层面增加了分片能力协商，定义了转发层面的分片和重组机制。

④ 增加了 PW 连接性检测的机制和手段（VCCV）。

⑤ 增加了对低速率电路（TDM）接口的支持。通过对控制字（CW）以及转发平面可靠传输协议（RTP）协议的使用，引入了对 TDM 的报文排序、时钟提取和同步的功能。

⑥ 丰富和完善了 PWE3 的 MIB 功能。

PW 隧道的建立常用有两种信令：LDP（draft-ietf-pwe3-control-protocol-x）和 RSVP（draft-raggarwa-rsvpte-pw-x）。

2. LDP 信令的 PW

采用 LDP 作信令时，通过扩展标准 LDP 的 TLV 来携带 VC 的信息，增加了 128 类型和 129 类型的 FEC TLV。建立 PW 时的标签分配顺序采用 DU（Downstream Unsolicited）模式，标签保留模式采用自由标签保留，用来交换 VC 信令的 LDP 连接需要配置成 Remote 方式。

采用 LDP 方式作信令的 PW 单跳的典型网络拓扑如图 4-2-2 所示。

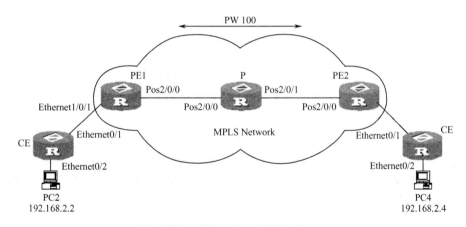

图 4-2-2　PWE3 单跳拓扑

图 4-2-3 是一个采用 LDP 方式作信令的 PW 单跳建立与拆除的典型过程。当 PE1 配置了一个 VC（Virtual Circuit）并指定 PE2 为其 peer 后，如果 PE1 与 PE2 间的 LDP session 已经建立，就会分配一个标签并给 PE2 发送 mapping 消息。PE2 收到 mapping 消息后检查本地是否也配置了同样的 VC，如果配置了，并且 VC ID 相同，则说明这两个 PE 上的 VC 都在一个 VPN 内，如果彼此接口参数都一致，则 PE2 端的 PW 就建立起来了。PE1 收到 PE2 的 mapping 消息后做同样的检查和处理。

当 PW 的 AC 端口，或者 tunnel down 的时候，Martini 协议的处理是发送 withdraw 报文，将 PW 连接断掉，这样等 AC、tunnel up 的时候，就需要重新进行一轮协商过程，以便建立连接。PWE3 协议的处理是发送 notification 报文给对端，通知对端当前处于不能转发数据的状态，PW 连接本身并不断掉，等 AC、tunnel up 的时候再用 notification 报文知会对端可以转发数据。

当 PE2 不想再转发 PE1 的报文（例如用户撤销指定 PE2 为 peer）时，它发送 withdraw 消息给 PE1，PE1 收到 withdraw 消息后拆除 PW，并回应 release 消息，PE2 收到 release 消息后释放标签，拆除 PW。

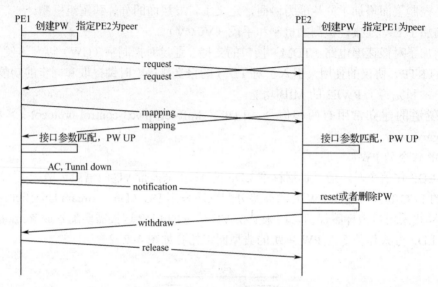

图 4-2-3　PWE3 单跳信令过程

在大多数情况下，单跳可以满足需求，但在如下三种情况下，单跳就不能胜任了：

① 两台 PE 之间不在同一个域（AS）中，且不能在两台 PE 之间建立信令连接或者建立隧道；

② 两台 PE 上的信令不同，比如一端运行 LDP、一端运行 RSVP；

③ 如果接入设备可以运行 MPLS，但又没有能力建立大量的 LDP 会话，这时可以把 UFPD（User Facing Provider Devices）作为 U-PE，把高性能的设备 S-PE 作为 LDP 会话的交换节点，类似于信令反射器。

采用 LDP 方式作信令的 PW 多跳的典型网络拓扑如图 4-2-4 所示。

图 4-2-5 所示是一个采用 LDP 方式作信令的 PW 多跳建立的典型过程。多跳与单跳相比，两个 PE 之间多了一个伪线交换的 PE 设备（SPE），多跳的连接不是直接在 PE1 与 PE2 之间建立的，而是通过 SPE 转接在一起的。PE1 与 PE2 分别与 SPE 建立连接，SPE 将两段 PW 连接在一起。在连接建立的信令协商过程中，PE1 发给 SPE 的 mapping（图中第 10 步）报文中携带的参数，SPE 会将其转发给 PE2（图中第 12 步），同样，PE2 的参数也通过 mapping（图中第 11 步）带给 SPE 后，由 SPE 转发给 PE1（图中第 13 步），两端的参数协商一致后，PW 就 UP 起来了。Release、withdraw、notification 报文同 mapping 报文一样也是逐跳传递，已达到停止转发（notification）或者拆除连接的目的（withdraw、release）。SPE 的数量是没有限制的，可以任意多跳。

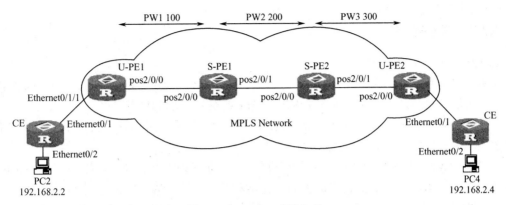

图 4-2-4　PWE3 多跳拓扑

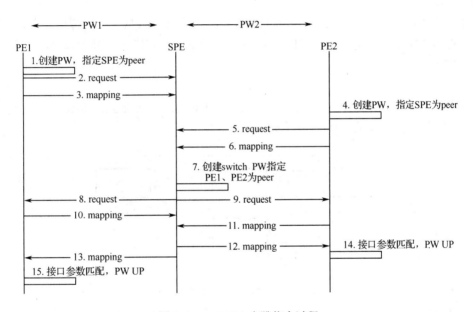

图 4-2-5　PWE3 多跳信令过程

3. 报文转发

PWE3 建立的是一个点到点通道，通道之间互相隔离，用户二层报文在 PW 间透传。对于 PE 设备，PW 连接建立后，用户接入接口（AC）和虚链路（PW）的映射关系就已经完全确定了；对于 P 设备，只需要完成依据 MPLS 标签进行 MPLS 转发，不关心 MPLS 报文内部封装的二层用户报文。

以图 4-2-5 中 CE1 到 CE3 的 VPN1 报文流向为例，说明基本数据流走向：CE1 上送二层报文，通过 AC 接入 PE1，PE1 收到报文后，由转发器选定转发报文的 PW，系统再根据 PW 的转发表项压入 PW 标签，并送到外层隧道（PW 标签用于标识 PW，然后穿越隧道到达 PE2），经公网隧道到达 PE2，PE2 利用 PW 标签转发报文到相应的 AC，将报文最终送达 CE3。

4.2.2　关键技术

1. 静动混合多跳组网

混合多跳 PW 是指一端是静态 PW、一端是动态 PW（LDP），其中静态 PW 或者动态 PW 也可能是多跳的，但不包括静态 PW 和动态 PW 交错出现的情况。

除了在静态 PW 和动态 PW 交汇的 SPE 上配置和处理不一致以外，其他单一形式的 PW 在 UPE 和 SPE 上的处理和以上静态 PW 或者动态 PW 的一致。

在动态 PW 和静态 PW 交汇处的 SPE 上，对于动态 PW 一端来说，静态 PW 一端可以认为是动态 PW 的 AC，静态 PW 状态的变化就相当于动态 PW 的 AC 状态变化。为了信令协商，需要指明该 PW 的类型、接口 MTU 等参数，而且这些参数必须和静态 PW 的 CE interface 一致。

对于静态 PW，如果隧道存在，静态 PW 就 UP；对于动态 PW，如果隧道存在，远端 PW 的状态 UP，远端伪线类型（PW TYPE）和最大传输单元（MTU）与本地配置的一致，则动态 PW 也 UP。

2. PW 保护

PW 保护是为了在一个 PW 出现问题（如一个 PW 的隧道被删除）后能够快速切换到另一个 PW，实现数据层面的快速切换，如图 4-2-6 所示。

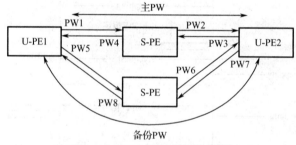

图 4-2-6　PW 保护的拓扑模型

为了实现 PW 的保护，需要做如下工作（多跳的情况下）：

① 在两个 UPE 上需要分别配置两个 PW，一一对应，其中一个 UPE（U-PE1）上的一个 PW（PW5）配置为备份 PW；在经过的 S-PE 上分别配上 PW，与 U-PE 的配置一起实现 MH-PW，如图 4-2-6 所示。

② 主、备 PW 都需要进行信令协商和处理，且与普通的动态多跳 PW 的信令处理一致。

③ 如果主 PW 状态出现问题（LDP 会话 DOWN、隧道被删除），需要立即通告备份 PW；如果备份 PW 状态 UP，会升级为主 PW。

3. 控制字（CW）

控制字需要通过控制层面协商，用于转发层面报文顺序检测、报文分片和重组等功能。

协议中明确要求支持 CW 的有 ATM AAL5 和 FR 两种。控制层面控制字的协商比较简单，如果控制层面协商结果支持控制字，则需要把结果下发给转发模块，由转发层面具体实现报文顺序检测和报文重组等功能。

4. VCCV-PING

VCCV-PING 是一种手工检测虚电路连接状态的工具，就像 ICMP-PING 和 LSP-PING 一样，它是通过扩展 LSP-PING 实现的。具体请参照草案 draft-ietf-pwe3-vccv-x 和 draft-ietf-mpls-lsp-ping-x。

① 在信令建立时，需要在 mapping 报文的 Intf TLV 中携带 VCCV 参数，如下：

```
+-+-+-+-+-+-+-+-+-+-+-+-+-+-+-+-+-+-+-+-+-+-+-+-+-+-+-+-+-+-+
|0x0c|0x04|CCTypes|CVTypes|
+-+-+-+-+-+-+-+-+-+-+-+-+-+-+-+-+-+-+-+-+-+-+-+-+-+-+-+-+-+-+
```

其中 CC Type 为：

```
0x01 PWE3 control word with 0x0001 as first nibble
0x02 MPLS Router Alert Label
0x04 MPLS inner label TTL = 1
CV Type 为：
0x01 ICMP Ping
0x02 LSP Ping
0x04 BFD
```

如果支持 VCCV-PING，CC 需要支持 Control Word 或者 Router Alert Label（如果不支持 CW），CV 需要支持 ICMP PING（PSN 为 IP 网络，如 GRE 或者 L2TPv3 等）或者 LSP PING（PSN 为 MPLS 网络）。

② 把 VCCV 能力下发转发层，在转发层面，在 PW 的 Ingress 节点，VCCV-PING 报文封装在数据报文的 PayLoad 中，也就是 CW 或者 Router Alert Label 的后面，走虚电路；

在 PW 的 Egress 节点，该报文上送 CPU 而不是直接转到 CE。

③ 在 LSP-PING 后加协议，就是 UDP 报文，其中包括 PW FEC 信息。

以下是报文的格式：

```
0 1 2 3
0 1 2 3 4 5 6 7 8 9 0 1 2 3 4 5 6 7 8 9 0 1 2 3 4 5 6 7 8 9 0 1
+-+-+-+-+-+-+-+-+-+-+-+-+-+-+-+-+-+-+-+-+-+-+-+-+-+-+-+-+-+-+-+-+
| Version Number | Must Be Zero |
+-+-+-+-+-+-+-+-+-+-+-+-+-+-+-+-+-+-+-+-+-+-+-+-+-+-+-+-+-+-+-+-+
| Message Type | Reply mode | Return Code | Return Subcode |
+-+-+-+-+-+-+-+-+-+-+-+-+-+-+-+-+-+-+-+-+-+-+-+-+-+-+-+-+-+-+-+-+
| Sender's Handle |
+-+-+-+-+-+-+-+-+-+-+-+-+-+-+-+-+-+-+-+-+-+-+-+-+-+-+-+-+-+-+-+-+
| Sequence Number |
+-+-+-+-+-+-+-+-+-+-+-+-+-+-+-+-+-+-+-+-+-+-+-+-+-+-+-+-+-+-+-+-+
| TimeStamp Sent（seconds）|
+-+-+-+-+-+-+-+-+-+-+-+-+-+-+-+-+-+-+-+-+-+-+-+-+-+-+-+-+-+-+-+-+
| TimeStamp Sent（microseconds）|
+-+-+-+-+-+-+-+-+-+-+-+-+-+-+-+-+-+-+-+-+-+-+-+-+-+-+-+-+-+-+-+-+
| TimeStamp Received（seconds）|
+-+-+-+-+-+-+-+-+-+-+-+-+-+-+-+-+-+-+-+-+-+-+-+-+-+-+-+-+-+-+-+-+
| TimeStamp Received（microseconds）|
+-+-+-+-+-+-+-+-+-+-+-+-+-+-+-+-+-+-+-+-+-+-+-+-+-+-+-+-+-+-+-+-+
| TLVs ... |
+-+-+-+-+-+-+-+-+-+-+-+-+-+-+-+-+-+-+-+-+-+-+-+-+-+-+-+-+-+-+-+-+
```

其中的 TLV 结构如下：

```
0 1 2 3
0 1 2 3 4 5 6 7 8 9 0 1 2 3 4 5 6 7 8 9 0 1 2 3 4 5 6 7 8 9 0 1
+-+-+-+-+-+-+-+-+-+-+-+-+-+-+-+-+-+-+-+-+-+-+-+-+-+-+-+-+-+-+-+-+
| Type | Length |
+-+-+-+-+-+-+-+-+-+-+-+-+-+-+-+-+-+-+-+-+-+-+-+-+-+-+-+-+-+-+-+-+
| Value |
+-+-+-+-+-+-+-+-+-+-+-+-+-+-+-+-+-+-+-+-+-+-+-+-+-+-+-+-+-+-+-+-+
Type # Value Field
------ -----------
```

（1）Target FEC Stack。

Value 内容为 SUB_TLV（其中 Type 为 9，Length 为 10，即 L2 circuit ID）。SUB_TLV 中的 Value 如下：

```
0 1 2 3
0 1 2 3 4 5 6 7 8 9 0 1 2 3 4 5 6 7 8 9 0 1 2 3 4 5 6 7 8 9 0 1
+-+-+-+-+-+-+-+-+-+-+-+-+-+-+-+-+-+-+-+-+-+-+-+-+-+-+-+-+-+-+-+-+
| Sender's PE Address |
+-+-+-+-+-+-+-+-+-+-+-+-+-+-+-+-+-+-+-+-+-+-+-+-+-+-+-+-+-+-+-+-+
| Remote PE Address |
+-+-+-+-+-+-+-+-+-+-+-+-+-+-+-+-+-+-+-+-+-+-+-+-+-+-+-+-+-+-+-+-+
| VC ID |
+-+-+-+-+-+-+-+-+-+-+-+-+-+-+-+-+-+-+-+-+-+-+-+-+-+-+-+-+-+-+-+-+
| Encapsulation Type | Must Be Zero |
+-+-+-+-+-+-+-+-+-+-+-+-+-+-+-+-+-+-+-+-+-+-+-+-+-+-+-+-+-+-+-+-+
```

（2）Alert 封装方式：

Tunnel Label
Alert Label
PW Label
IP Header
UDP Header
Ping packet

（3）CW 封装方式：

Tunnel Label
PW Label
Control word
IP Header
UDP Header
Ping packet

4.3 MPLS VPN

4.3.1 MPLS 体系结构

1. MPLS 概述

（1）什么是 MPLS？

MPLS（Multiprotocol Label Switching），多协议标签交换，它不是业务或应用，而是一种标准化的路由与交换技术平台，可以支持各种高层协议与业务。

其中，Multiprotocol（多协议）是指 MPLS 能够承载多种网络层协议，MPLS 通常处于网络模型的二层和三层之间。

Label（标签）是一种短的、易于处理的、不包含拓扑信息、只具有局部意义的信息内容。

MPLS 报文转发是基于标签的。IP 包在进入 MPLS 网络时，MPLS 入口的边缘路由器分析 IP 包的内容并且为这些 IP 包选择合适的标签，然后所有 MPLS 网络中的节点都将这个简短标签作为转发判决依据。当该 IP 包最终离开 MPLS 网络时，标签被出口的边缘路由器分离。

（2）为什么使用 MPLS？

作为一种高效的 IP 骨干网技术平台，MPLS 为实现 VPN 提供了一种灵活的并且具有可扩展性的技术基础。

MPLS VPN 主要有以下几方面的特点：

① 支持二层和三层的 VPN；

② 支持流量工程和 QoS；

③ 具有标签转发的高性能；

④ 增强网络的可扩展性；

⑤ 可以利用已有的网络投资，实现 IP 的增强服务；

⑥ 结合 IP 的灵活连接和可扩展性，以及 ATM 的面向连接和 QoS；

⑦ 路由和转发分离，独立于开放型最短路径优先协议（OSPF）、边关网络协议（BGP）等路由协议；

⑧ 支持多种标签生成协议，包括 LDP、MBGP、RSVP 等；

⑨ 支持多种网络层协议，包括 IPV4、IPV6、Appletalk、IPX 等。

（3）MPLS 的包头结构。

通常，MPLS 包头有 32 bit，其中有：

① 20 bit 用作标签（Label）；

② 3 bit 的头部（EXP），协议中没有明确，通常用作 CoS；

③ 1 bit 的 S，用于标识是否是栈底；

④ 8 bit 的 TTL。

包头结构如图 4–3–1 所示。

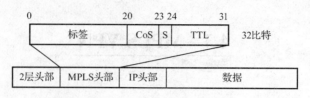

图 4-3-1　MPLS 包头结构图

（4）MPLS 在协议栈中的位置。

MPLS 通常是夹在二层链路层和三层 IP 包头之间的协议，承载 MPLS 的链路层可以是：

① Point-to-Point link（PPP）；

② Ethernet；

③ ATM；

④ Packet over SONET（POS）；

⑤ Dynamic Packet Transport（DPT）。

在各种链路层中的位置如图 4-3-2 所示。

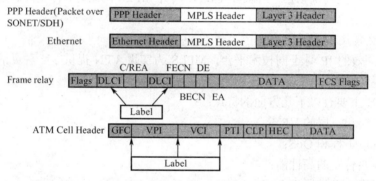

图 4-3-2　MPLS 在协议栈中的位置

（5）MPLS 基本概念。

标签（Label）：是一个比较短的，定长的，非结构化，通常只具有局部意义的标识。这些标签通常位于数据链路层的封装头和三层数据包之间，用来提高数据分组的转发性能。

FEC（Forwarding Equivalence Class）：转发等价类，是在转发过程中以等价的方式处理的一组数据分组，如目的地址前缀相同的数据分组。通常对一个 FEC 分配相同的标签。

LSP（Label Switched Path）：标签交换通道。一个 FEC 的数据流，在不同的节点被赋予确定的标签，数据转发按照这些标签进行。数据流所走的路径就是 LSP。

LDP（Label Distribution Protocol）：标签分发协议，该技术的主要思想是对分组进行分类，依据不同的类别为分组打上标记，建立标记交换路径。其是 MPLS 的核心协议之一。

NHLFE（Next Hop Label Forwarding Entry）：在 LSP 沿途的 LSR 上都已建立了输入/输出标签的映射表，该表的元素称为下一跳标签转发条目，简称 NHLFE。对于接收到的标签分组，LSR 只需根据标签从表中找到相应的 NHLFE，并用新的标签来替换原来的标签，然后对标签分组进行转发。NHLFE 内容至少包含了输入/输出标签和下一跳。

LSR（Label Switching Router）：是 MPLS 的网络的核心交换机，它提供标签交换和标签分发功能。

LER（Label Switching Edge Router）：在 MPLS 的网络边缘，进入 MPLS 网络的流量由 LER 分为不同的 FEC，并为这些 FEC 请求相应的标签。它提供流量分类和标签的映射、标签的移除功能。

2. MPLS 原理

（1）MPLS 的网络结构（图 4-3-3）。

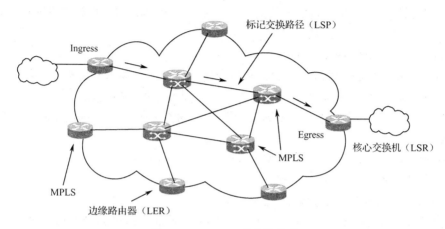

图 4-3-3　MPLS 的网络结构

MPLS 网络的基本构成单元是标签交换路由器 LSR，由 LSR 构成的网络叫作 MPLS 域，位于区域边缘和其他用户网络相连的 LSR 称为边缘 LSR，位于区域内部的 LSR 则称为核心 LSR。核心 LSR 可以是支持 MPLS 的路由器，也可以是由 ATM 交换机等升级而成的 ATM-LSR。被标签的分组沿着由一系列 LSR 构成的标签交换路径 LSP 传送，其中入口 LSR 叫 Ingress，出口 LSR 叫 Egress。

（2）MPLS 和路由协议间关系。

LDP 协议是 MPLS 协议中专门用来实现标签分发的协议。LDP 要利用路由转发表中信息来确定如何进行数据转发，而路由转发表中的信息一般是通过 IGP、BGP 等路由协议收集的。但是 LDP 并不直接和各种路由协议有关联，只是间接使用路由信息。

虽然 LDP 专门用于实现标签分发，但 LDP 并不是唯一的标签分发协议。对 BGP、RSVP 等已有协议进行扩展，也可以支持 MPLS 标签的分发。

MPLS 的一些具体的应用也需要对某些路由协议进行扩展。例如，基于 MPLS 的 VPN 应用就需要对 BGP 协议进行扩展，基于 MPLS 的流量工程需要对 OSPF 或 IS-IS 协议进行扩展。

LSP 是标签交换通道，数据流所走的路径就是 LSP。数据流依照标签的对应关系进行转发。

LSP 的建立其实就是将 FEC 和标签进行绑定，并将这种绑定通告 LSP 上相邻 LSR 的过程。

LSP 的建立是逐段进行的。这个过程通过标签分发协议 LDP 或其他协议来实现。

目前华为设备实现分发标签的过程为：数据流的下游 LSR 在 LDP 会话建立成功后，主动向其上游 LSR 发布标签映射消息。上游 LSR 保存标签映射信息，并根据路由表信息来处理收到的标签映射信息。用建立完成的标签映射关系来转发数据包。

（3）标记分组的转发过程。

进入网络的分组根据其特征划分成转发等价类 FEC。一般根据 IP 地址前缀或者主机地址来划分 FEC。这些具有相同 FEC 的分组在 MPLS 区域中将经过相同的路径（即 LSP）。LSR 对到来的 FEC 分组分配一个短而定长的标签，然后从相应的接口转发出去。

在 LSP 沿途的 LSR 上都已建立了输入/输出标签的映射表。对于接收到的标签分组，LSR 只需根据标签从表中找到相应的 NHLFE，并用新的标签来替换原来的标签，然后对标签分组进行转发。

MPLS 在网络入口处指定特定分组的 FEC，后续路由器只需简单地转发即可，较常规的网络层转发而言要简单得多，从而提高了转发速度。

3. MPLS 的标签分配协议：LDP

MPLS 的连接（LSP）通常通过 MPLS 信令建立。现有的 MPLS 标签分配协议有：

LDP：把单播的 IP 子网地址前缀映射为标签，通过标签交换进行转发。

RSVP：可以支持带宽约束、着色约束、部分明确路由约束。一般用于流量工程目的，实现各种 QoS 的要求。

MP-BGP：采用 BGP 扩展，携带 MPLS 标签，现用于传播 VPN 的内层标签。

PIM：用于多播状态下的标记映射。

这些协议可以共存在一个标记交换路由器上。

由于最常用也是最基本的标签分配协议是 LDP，下面就 LDP 协议的内容进行介绍。

（1）LDP 消息。

在 LDP 协议中，存在 4 种 LDP 消息：

发现（Discovery）消息，用于通告和维护网络中 LSR 的存在。

会话（Session）消息，用于建立、维护和结束 LDP 对等实体之间的会话连接。

通告（Advertisement）消息，用于创建、改变和删除特定 FEC-标签绑定。

通知（Notification）消息，用于提供消息通告和差错通知。

（2）LDP 发现机制。

LDP 采用自动的发现机制，不必通过网管等手段明确配置 LSR 的 LDP 对等实体。

LSR 通过在特定端口周期性地发送 LDP 链路 Hello 消息，来实现 LDP 基本发现机制。

如果 LSR 在特定端口收到 LDP 链路 Hello，则表明在特定端口存在潜在并可达的对等 LSR。

（3）LDP 会话的建立和维护。

两个 LSR 之间交换 LDP Hello 消息后，将触发 LDP 会话建立过程。会话建立和关闭的状态机如图 4-3-4 所示。

（4）标签的分发方式。

数据流的下游 LSR 在 LDP 会话建立成功后，会主动向其上游 LSR 发布标签映射消息来建立上下游标签的对应关系。

标签的分发过程有两种模式：DoD（Downstream on Demand）模式和 DU（Downstream Unsolicited）模式。这两种模式的主要区别在于标签映射的发布是上游请求还是下游主动发布。

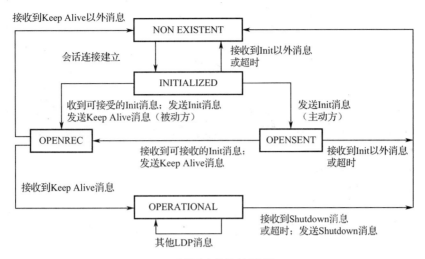

LDP 会话建立的状态迁移图

图 4-3-4　会话建立和关闭的状态机

在一条 LSP 上，沿数据包传送的方向，相邻的 LSR 分别叫上游 LSR（Upstream LSR）和下游 LSR（Downstream LSR）。对路由的发布来说，上游是路由的目的端，下游是路由的源，数据的传播方向和路由的传播方向应该是相反的。

目前设备的 MPLS 实现标签的分发是采用 DU 方式——下游的路由驱动，也就是当下游有非直连路由存在时，主动向其他运行 LDP 的路由器（这里的路由器指本来没有路由关系的其他所有路由器，除了路由来的路有器）发送标签。

DoD 模式（Downstream on Demand）的标签分发如图 4-3-5 所示。

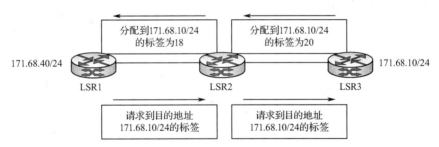

● 上游向下游请求标签；
● 下游根据请求给上游分配标签；如果下游不是出口，又没有到目的地址的标签，则下游继续向它的下游请求标签。

图 4-3-5　DoD 模式的标签分发图

DU 模式（Downstream Unsolicited）的标签分发如图 4-3-6 所示。

4. MPLS 技术在网络中的应用

MPLS 是一种标准化的路由与交换技术平台，能从 IP 路由协议和控制协议中得到支持，同时还支持基于策略的约束路由，路由功能强大、灵活，可以满足各种新应用对网络的要求：

① 因特网交换点（IXP）上采用的 MPLS 交叉互连；

② 电路交叉连接（CCC）；

③ VoMPLS；

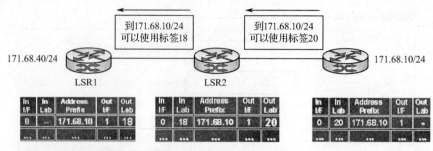

●下游主动向上游发出标记映射消息；
●上游LSR保存标签映射信息，并根据路由表信息来处理
收到的标签映射信息。

图 4-3-6　DU 模式的标签分发图

④ VPLS；

⑤ 3G 应用；

⑥ MPLS 流量工程；

⑦ MPLS 二层 VPN；

⑧ MPLS 三层 VPN（MP-BGP 扩展）。

目前，重要且得到较大范围实际应用的技术是基于 MPLS 的 VPN 和基于 MPLS 的流量工程。

传统的 VPN 一般是通过 GRE、L2TP、PPTP 等隧道协议来实现私有网络间数据流在公网上的传送，LSP 本身就是公网上的隧道，用 MPLS 来实现 VPN 有天然的优势。基于 MPLS 的 VPN 就是通过 LSP 将私有网络在地域上的不同分支连接起来，形成一个统一的网络。基于 MPLS 的 VPN 还支持不同 VPN 间的互通。

现有的 IGP 协议都是拓扑驱动的，只考虑网络静态的连接情况，不能反映带宽和流量特性等动态状况，这正是导致网络负载不均衡的主要原因。而 MPLS 具有的一系列不同于 IGP 的特性，正是实现流量工程所需要的：MPLS 支持异于路由协议路径的显式 LSP 路由；LSP 较传统单个 IP 分组转发更便于管理和维护；基于约束路由的 LDP 可以实现流量工程的各种策略；基于 MPLS 的流量工程的系统开销较其他实现方式更低；等等。

以下主要就 MPLS 三层 VPN 的内容进行介绍。

5. VPN 概述

VPN（Virtual Private Network）也叫虚拟专用网，可以简单定义为在共享网络中，通过多种技术（如隧道、加密等）实现原有专用网络的能力。

基于网络的 IP-VPN 可以按照不同应用产生的不同组网形态而分为四大类型：虚拟租用线、虚拟专用路由网、虚拟专用拨号网及虚拟专用 LAN 网段。

VPN 的分类如图 4-3-7 所示。

IP-VPN：利用 IP 设施（包括公用的 Internet 或专用的 IP 骨干网等）实现专用广域网设备专线业务（远程拨号、DDN 等）的业务仿真。

Network-Based IP-VPN：基于网络的 IP-VPN 是指将关于 VPN 的维护等外包给运营商实施（也允许用户在一定程度上进行业务管理和控制），并且将其功能特性集中在网络侧设备实现。

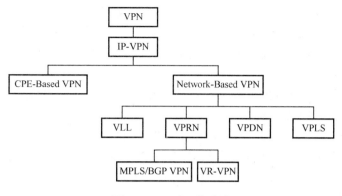

图 4-3-7 VPN 的分类

隧道（Tunnel）：是利用一种协议来传输另外一种协议的一种技术，主要利用隧道协议来实现这种功能。隧道技术涉及三种协议：隧道协议、隧道协议下面的承载协议和隧道协议所承载的被承载协议。

VLL（Virtual Leased Line）：虚拟租用线业务，它通过运营商的边缘节点向用户提供两个 CPE 设备间的点到点连接业务。

VPDN（Virtual Private Dial Network）：虚拟专用拨号网，远端用户通过 PSTN/ISDN 拨入公共 IP 网，并将数据包经隧道穿过公网以传送至目的网络。

VPLS（Virtual Private LAN Segments）：是利用公共 IP 资源建立局域网的一种"虚拟"方法，其组网在 MAC 层转发，对网络层协议是完全透明的，是一种二层 VPN。

VPRN（Virtual Private Routed Network）：是通过公用 IP 网络进行多站点广域路由网络业务的一种仿真。VPN 的数据包在网络层转发。

6. MPLS VPN

（1）MPLS VPN 网络结构（图 4-3-8）。

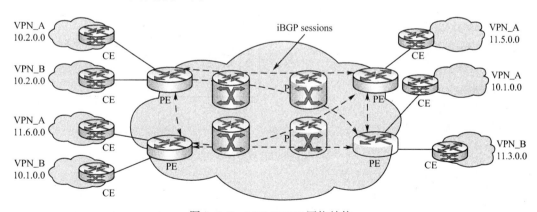

图 4-3-8 MPLS VPN 网络结构

主要由三个组成部分：CE、PE 和 P。

CE（Custom Edge）：直接与服务提供商相连的用户设备。

PE（Provider Edge Router）：指骨干网上的边缘路由器，与 CE 相连，主要负责 VPN 业务的接入。

PR（Provider）：指骨干网上的核心路由器，主要完成路由和快速转发功能。

CE 和 PE 主要是从运营商与用户的管理范围来划分的，CE 和 PE 是两者管理范围的边界。

作为一种高效的 IP 骨干网技术平台，MPLS 为实现 VPN 提供了一种灵活的并且具有可扩展性的技术基础。

在这种网络构造中，由服务提供商向用户提供 VPN 服务，用户感觉不到公共网络的存在，就好像拥有独立的网络资源一样。

所有 VPN 的构建、连接和管理工作都是在 PE 上进行的。

同样，对于服务提供商骨干网络内部的 P 路由器，也就是不与 CE 直接相连的路由器而言，也不知道有 VPN 的存在，仅仅负责骨干网内部的数据传输。但其必须能够支持 MPLS 协议，并使能用该协议。

（2）VRF。

VRF（VPN Routing & Forwarding Instance），即 VPN 路由转发实例。VPN 的路由就是依据相应的 VRF 进行转发的。

VRF 可以看作虚拟的路由器，该虚拟路由器包括一张路由表和一张转发表、一组使用这个 VRF 的接口集合及一组与之相关的策略。

VRF 只存在于 PE 上，每个 PE 可以维护一个或多个 VRF，多个 VRF 实例相互分离独立。

VRF 为每个 VPN 维护逻辑上分离的路由表。每一个 VRF 维护独立的地址空间，在 VRF 中应当包含到达所有本 VPN 的成员的路由信息。

VRF 可以与任何类型的接口关联起来，不管是物理接口还是逻辑接口。

VRF 如图 4-3-9 所示。

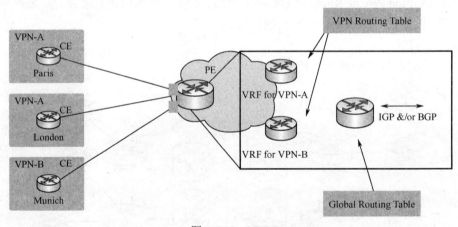

图 4-3-9　VRF

（3）VPNv4 和 IPv4 地址族。

为了解决不同的 VPN，可以使用相同的地址空间的问题，引入了新的地址族——VPNv4。而原来的标准的地址族就称为 IPv4。

VPNv4 地址族主要用于 PE 路由器之间传递 VPN 路由，一个 VPNv4 地址有 12 个字节，开始是 8 字节的 RD（Route Distinguisher，路由分辨符），随后是 4 字节的 IPv4 地址。RD 在不同的 VPN 间需要具有唯一性。如果两个 VPN 使用相同的 IP 地址，PE 路由器为它们添加不同的 RD，转换成唯一的 VPN-v4 地址，不会造成地址空间的冲突。

PE 从 CE 接收的标准的路由是 IPv4 路由，如果需要引入 VRF 路由表并发布给其他的路由器，此时需要附加一个 RD。建议相同 VPN 的 RD 配置成相同的。

（4）MP-BGP 协议。

使用 VPN-v4 地址解决了 VPN 路由在公共网络中传递时的地址空间冲突问题，但由于这已经不再是原有的 IP 地址族的地址结构，不能被普通的路由协议所承载，同时，每一个用户网络都是独立的系统，它们之间经过服务提供商的路由信息传递使用 IGP 协议显然是不适合的，于是需要将 BGP 协议做一定的扩展，用它来承载新的 VPN-v4 地址族路由。

MP-BGP 协议同时可以传递附加在路由上的 Route Target 属性。

（5）Route Target。

Route Target 属性是 BGP 的一种扩展团体属性。

PE 路由器存在两个 Route Target 属性的集合：一个集合用于附加到从某个 Site 接收的路由上，称为 Export Targets；另一个集合用于决定哪些路由可以引入此 Site 的路由表中，称为 Import Targets。

在 PE 上，每个 VRF 都有一个 Import Route Target 列表，只有当接收到的路由的 Export Route Target 与 VRF 的 Import Route Target 列表相匹配时，路由才会被引入该 VRF 的路由表中。

VPN 的成员关系是通过路由所携带的 Route Target 属性来获得的。

（6）VPN 的实现。

不同路由器通过 Target 相关联而组成可以互相访问的集合，由于只有它们内部可以互访，所以称为 VPN。配置里并没有专门的 VPN 的定义，也就是说，VPN 的成员关系是通过路由所携带的 Route Target 属性来获得的。

VRF 与 VPN 没有直接的关系，不同 CE 通过 PE 配置的 VRF 里的 Target 实现互访与隔离，从而组成不同的 VPN。

当 PE 从某一接口接到一个 CE 设备的路由时，会将该接口所属的 VRF 的 Export 值加入该路由的 Target 属性中（因为该路由肯定是 VPN 路由），然后发布给其他 PE，其他 PE 比较该 Export 属性是否和本地的 Import 相一致，从而决定是否加入 VRF 路由表，以及加入哪个 VRF 路由表中，从而实现了跨地域的 VPN。

7. MPLS VPN 路由分发

（1）CE-PE 路由交换（图 4-3-10）。

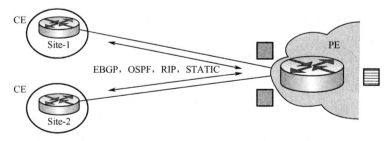

图 4-3-10　CE-PE 路由交换

VRF 在 PE 上配置。

PE 维护独立的路由表：公网和私网（VRF）路由表。

公网路由表：包含全部 PE 和 P 路由器之间的路由，由 VPN 的骨干网 IGP 产生。

私网路由表：包含到一个或多个直接相连的 CE 的路由和转发表；VRF 可以与任何类型接口绑定在一起；如果直接相连的 CE 属于同一 VPN，那么这几个接口可以使用同一个 VRF。

PE 和 CE 通过标准的 EBGP、OSPF、RIP 或者静态路由交换路由信息。

（2）VRF 路由注入 MP-iBGP（图 4-3-11）。

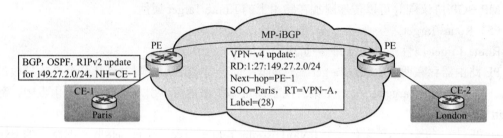

图 4-3-11   VRF 路由注入 MP-iBGP

PE 路由器把从 CE 收上的 IPv4 路由根据其所属的 VPN，打上 RD 和 RT，转换成 VPN-v4 路由，把下一跳改为 PE 自己（Loopback）。根据 VRF 或者接口分配标签，最后发送 MP-iBGP update 报文到所有 PE 邻居。

（3）MP-iBGP 路由注入 VRF（图 4-3-12）。

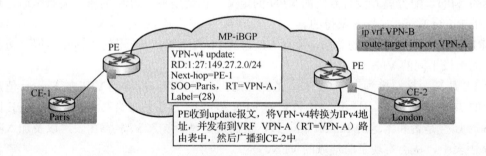

图 4-3-12   MP-iBGP 路由注入 VRF

每个 VRF 都有 Import Route-target 和 Export Route-target 的属性。

当发送 PE 发出 MP-iBGP updates 时，报文携带 Export 属性。

当接收 PE 收到 VPN-IPv4 的 MP-iBGP updates 时，判断收到的 export 是否与本地的 VRF 的 Import 相等，相等就加入相应的 VRF 路由表中，否则丢弃。

8. MPLS VPN 报文转发（图 4-3-13、图 4-3-14）

PE 和 P 路由器通过骨干网 IGP 具有到 BGP 下一跳的地址。

通过运行 LDP 协议，分配标签，建立 LSP 通道。

标签栈用于报文转发，外层标签用来指示如何到达 BGP 下一跳，内层标签表示报文的出接口或者属于哪个 VRF（属于哪个 VPN）。

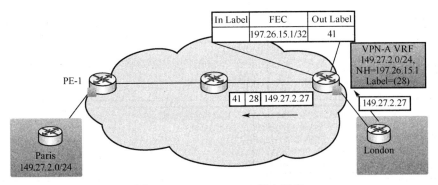

图 4-3-13　MPLS VPN 报文转发

MPLS 节点转发基于外层标签，而不管内层标签是多少。

入口 PE 收到 CE 的普通 IP 报文后，根据入接口所属的 VRF 加入到相应的 VPN 转发表，查找下一跳和标签。

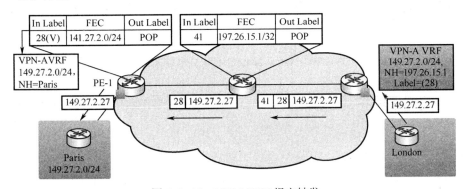

图 4-3-14　MPLS VPN 报文转发

倒数第二跳路由器弹出外层标签，根据下一跳发送至出口 PE。

出口 PE 路由器根据内层的标签判断报文是去向哪个 CE。

弹出内层标签，用普通 IP 报文向目的 CE 进行转发。

4.4　PTN 保护机制

PTN 结合了 SDH 和传统以太网的优点，一方面，它继承了 SDH 传送网开销字节丰富的优点，具有和 SDH 非常相似的分层模型（图 4-4-1），具备很强的网络 OAM 能力；另一方面，它又具备分组的内核，能够实现高效的 IP 包交换和统计复用。

目前，中国移动已明确在 3G/4G 基站回传网络中大规模采用 PTN 设备组网，PTN 组网需要考虑的核心问题之一是保护技术。一方面，PTN 组网可以借鉴 SDH 组网的成功经验；另一方面，还需要引入 IP 网络的优势技术，以形成 PTN 独特的网络保护技术，充分发挥 PTN 技术的优势。

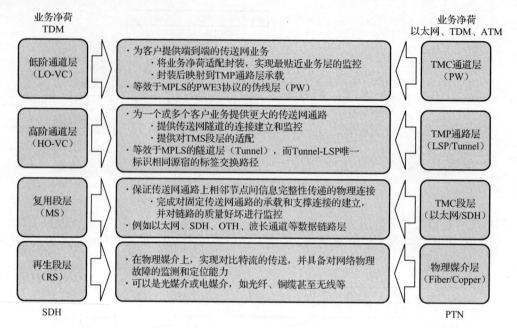

图 4-4-1　PTN 与 SDH 技术分层模型对比

4.4.1　网络级保护（L2 VPN）

网络的生存性是衡量网络质量是否优良的重要指标之一，为了提升网络的生存性，业内设计了各种网络保护恢复方式，其中自愈保护是最常用的保护方式之一。所谓自愈，是指在网络发生故障（例如光纤断裂）时，无须人为干预，网络自动地在极短的时间（50 ms）内重新建立传输路径，使业务自动恢复，而用户几乎感觉不到网络出了故障。PTN 技术形成了一套完善的自愈保护策略，常用的几种保护技术及分类如图 4-4-2 所示。

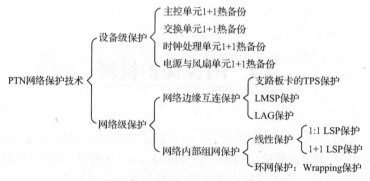

图 4-4-2　PTN 保护技术分类图

PTN 网络的保护技术可分为设备级保护与网络级保护。

设备级保护就是对 PTN 设备的核心单元配置 1+1 的热备份保护。核心层和汇聚层的 PTN 设备下挂系统很多，一旦设备板卡出现故障，对网络的影响面就非常广，因此，在做设备配置时，设备核心单元应严格按照 1+1 热备份配置；对于接入层的紧凑型 PTN 设备，设备厂家为了降低网络投资，可能仅对电源模块做了 1+1 热备份，主控、交换和时钟单元集成在一块板卡上，不提供热备份，接入层设备做配置时，可根据网络情况灵活选择是否采用紧凑型的设备。

相对于设备级保护，PTN 网络级保护的技术则复杂很多。根据保护技术的应用范围不同，可以分为网络边缘互连保护和网络内部组网保护。网络边缘互连保护是指 PTN 网络与其他网络互连宜采用的保护技术，以提升网络互连的安全性；网络内部组网保护是指 PTN 网络内部的组网保护技术，对于不同的网络层次，采取的保护技术和策略也有所差别。

1. 网络边缘互连保护

PTN 网络的边缘互连保护技术主要有 LAG 保护、LMSP 保护和 TPS 保护等，如图 4-4-3 所示。

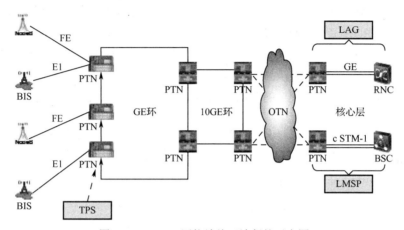

图 4-4-3　PTN 网络边缘互连保护示意图

LAG 保护主要应用于 PTN 网络与 RNC 或路由器的互连，LMSP 保护主要应用于 PTN 网络与 SDH 网络或 BSC 互连，TPS 保护主要应用于 PTN 网络与有 E1 需求的基站或客户互连。

（1）LAG 保护。

LAG（Link Aggregation Group，链路聚合组）是指将一组相同速率的物理以太网接口捆绑在一起作为一个逻辑接口（链路聚合组）来增加带宽，并提供链路保护的一种方法。

链路聚合的优势在于增加链路带宽，提高链路可靠性——当一条链路失效时，其他链路将重新对业务进行分担；此外，还可实现负载分担，流量分担到聚合组的各条链路上。在无线基站回传业务网络承载中，LAG 主要应用于核心 PTN 设备上连接 3G RNC 设备时的以太网链路配置，增强以太网链路的可靠性。具体实现方式如图 4-4-4 所示。

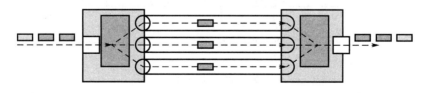

图 4-4-4　负载分担 LAG 保护实现方式示意图

以太网 LAG 保护又可以分为负载分担和非负载分担两种方式。在负载分担模式下，设置链路聚合组后，设备会自动将逻辑端口上的流量负载分担到组中的多个物理端口上。当其中一个物理端口发生故障时，故障端口上的流量会自动分担到其他物理端口上。当故障恢复后，流量会重新分配，保证流量在汇聚的各端口之间的负载分担。

在非负载分担模式下，聚合组只有一条成员链路有流量存在，其他链路则处于备份状态。这实际上提供了一种"热备份"的机制，因为当聚合中的活动链路失效时，系统将从聚合组中处于备份状态的链路中选出一条作为活动链路，以屏蔽链路失效。

建议核心节点的 PTN 与 RNC 之间的所有 GE 链路均配置 LAG 保护，LAG 保护可以设置跨板的保护和板卡内不同端口的保护，如果 LAG 的主备端口配置在不同的板卡上，可靠性更高。在设备投资充裕的情况下，建议配置跨板的 LAG 保护。

（2）LMSP 保护。

LMSP（Linear Multiplex Section Protection，线性复用段保护）是一种 SDH 端口间的保护倒换技术，它通过 SDH 帧中复用段的开销 K1/K2 字节来完成倒换协议的交互。LMSP 主要应用于 PTN 网络与 SDH 网络互连时 TDM 电路的配置，利用 LMSP 保护提高 TDM 互连电路的可靠性，类似的配置在传统 SDH 网络中已有广泛应用。与 LAG 保护一样，配置 LMSP 保护时不建议使用一块多路光接口板上的不同光口组成 1+1 或者 1:1 保护组，否则在单板发生故障时，无法实现保护。

（3）TPS 保护。

TPS（Tributary Protection Switching，支路保护倒换）是"电接口保护倒换"功能，保护对象主要是 E1 等电接口业务，是设备提供的一种单板级保护功能，主要是通过在原有设备上增加保护板位来实现对支路业务的 1:N 保护，从而提升网络安全性。TPS 保护的实现方式如图 4-4-5 所示。

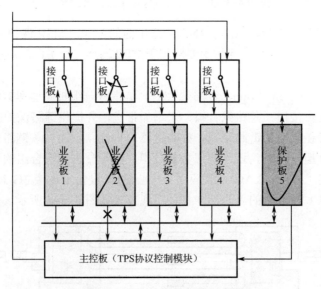

图 4-4-5　TPS 保护倒换示意图

（4）保护技术分析。

上述三种保护方式应用在不同的场景，相互之间并不冲突，具体在实际组网中的应用建议见表 4-4-1。

表 4-4-1　在实际组网中的应用

区域类型	天线类型		下倾角（机械下倾角+电子下倾角）/（°）	天线挂高/m	载波导频增益/dB
	水平波瓣宽度/（°）	垂直波瓣宽度/（°）			
密集城区	65	≥7	8～18（其中：机械下倾角<15）	30～55	-13～-8
普通城区	65	≥7	5～15（其中：机械下倾角<15）	25～35	-7～-10
郊区	85	4～7	3～10	30～50	-9～-6
农村	85	4～7	2～6	50～80	-9～-6

2. 网络内部组网保护

根据 PTN 网络的分层模型，网络保护方式可分为 TMC 层保护（PW 保护）、TMP 层保护（线性 1:1 和 1+1 的 LSP 保护）、TMS 层保护（Wrapping 和 Steering 环网保护）。PW APS 保护配置数据量很大，难以管理，通常不建议大规模使用。Steering 环网保护的倒换时间难以保证在 50 ms 以内，且支持的厂家较少，也不建议使用，因此本部分重点探讨其他几种保护方式。

（1）双向 1:1 线性保护。

基于 MPLS 隧道的 1:1 保护倒换类型是双向倒换，即受影响的和未受影响的连接方向均倒换至保护路径。双向倒换需要自动保护倒换协议（APS）用于协调连接的两端，具体工作方式为：业务从工作通道传送，当工作通道出现故障时，倒换到保护通道，扩展 APS 协议通过保护通道传送，相互传递协议状态和倒换状态，两端设备根据协议状态和倒换状态进行业务倒换。为避免单点失效，工作连接和保护连接应该走分离的路由，保护的操作类型应该是可返回的。

（2）单向 1+1 线性保护。

基于 MPLS 隧道的 1+1 保护倒换类型是单向倒换，即只有受到影响的连接方向倒换至保护路径，两侧宿端选择器是独立的。具体工作方式为：业务在源端永久桥接到工作和保护连接上，当工作通道出现故障时，业务接收端选择保护通道接收业务，实现业务的倒换，业务是双发选收。为避免单点失效，工作连接和保护连接应该走分离的路由，保护的操作类型可以是非返回的，也可以是返回的。

（3）Wrapping 环网保护。

Wrapping 环网保护的工作方式是当网络上节点检测到网络失效，故障侧相邻节点通过 APS 协议向相邻节点发出倒换请求。当某个节点检测到失效或接收到倒换请求，转发至失效节点的普通业务将被倒换至远离失效节点的方向。当网络失效或 APS 协议请求消失，业务将返回至原来路径。

3. 保护技术分析

上述三种保护方式的技术比较见表 4-4-2。

表 4-4-2　三种保护方式的技术比较

比较项目	1：1 LSP 保护	1+1 LSP 保护	Wrapping 保护
倒换时间	小于 50 ms	小于 50 ms	小于 50 ms
带宽利用率	保护带宽可用	保护带宽不可用	分散型业务利用率高
实现复杂度	需要 APS 协议	相对简单	需要 APS 协议
保护实现方式	端到端保护	端到端保护	分段保护

线性保护可以配置端到端保护，也可以配置分段保护。端到端保护的优势是减少业务调度层次，配置简单，扩容灵活；缺点是不能防止多点失效。分段保护可以满足多点故障的保护要求，但配置和实现都相对复杂。环网保护属于段层保护，能够节省 LSP 资源（节省 50%）和配置工作量，且对于分散型业务资源利用率较高。考虑到 3G 基站回传网络中，业务均为点到点的汇聚型结构，建议优先采用端到端的线性保护机制。

从保护效果上来看，1：1 保护与 1+1 保护没有区别，但 1：1 保护方式有一半带宽处于空闲状态。未来 PTN 网络承载的数据业务占比会越来越大，部分数据业务对于保护的要求会比较低，同时考虑到 PTN 本身的统计复用特性，可以将其用于保护的带宽承载对保护要求等级较低的业务，使带宽利用率达到最大化。因此，在同样保护效果的前提下，1：1 保护方式可以利用保护通道来承载业务，将带宽拓展一倍，节约组网成本，建议在组网时优先考虑 1：1 LSP 保护方式。

4. 保护策略小结

PTN 组网保护策略与 MSTP 网络相比，最大变化是汇聚层不再采用环网保护方式，而是选用线性端到端保护机制，有点类似 SDH 网络中的全程 SNCP 保护。这种结构的优点非常明显：减少业务调度层次，得到了网络扁平化的效果，减少了很多穿通节点，提高了路由管理的效率。同时，为了增强网络的安全性，避免单节点失效带来的业务丢失，接入层与汇聚层的互连建议采用双节点保护组网方式。双节点组网方式在 MSTP 网络中已有大量应用，大大增强了网络安全性，对于当前光缆资源还不具备双节点互连的接入环，应积极进行光缆路由双节点改造。

对于核心层 PTN 设备的保护，一端核心层 PTN 设备的业务可能需要送到分属不同机楼的多个不同 RNC，因此，核心层需要具备业务调度功能。该调度功能有两种实现方式：一种方式是通过核心层 OTN 网络波长资源进行调度，主要适合调度业务量较大的网络；另一种方式是将核心层 PTN 设备组建成一个 10GE 调度环，环上节点两两之间均可能存在业务需求，业务为分散方式，这有利于发挥环网保护的优势。因此，在设备能够支持的情况下，可采用 Wrapping 环网保护技术，利用该环的调度功能实现业务灵活调度。

4.4.2　L3VPN 技术

1. PTN 支持 L3VPN 需求

目前在 LTE 的承载方案中，L2VPN 的技术无法完成端到端的组网承载能力，特别是在大型的 LTE 传送网中，业界普遍的观点是需要在 LTE 传送网中引入 L3VPN 技术，以满足 LTE 传送的需求。PTN 作为下一代传送网的主流技术，已经开始大规模商用，那么 PTN 如何演进支持 LTE 承载，是业界目前非常热点的问题。

2. PTN 承载 LTE 方案

对于 LTE 传送网采用何种设备来实现，业界还存在一定的争论，有基于路由器来实现 LTE 承载需要的 L3VPN 组网，这里面的对比分析不在本书的探讨范围，本书主要探讨 PTN 演进支持 L3VPN 能力后，如何实现 LTE 的承载，方案的基本原理如图 4-4-6 所示。

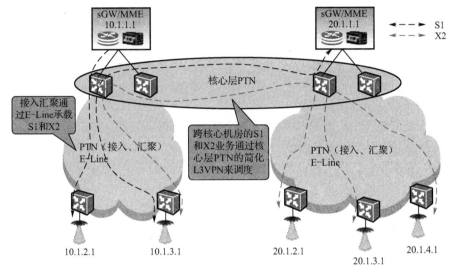

图 4-4-6　PTN 承载 LTE 方案

在网络接入汇聚层仍然采用 Line 的组网技术，实现基站业务到核心 PTN 节点的点到点传送。核心 PTN 节点需要支持 L3VPN 能力，在核心 PTN 节点终结接入汇聚的 Line 业务后，内部完成 L2 到 L3 的桥接，进入 L3VPN 转发处理。

对于 S1 流量，通过接入汇聚层的传送管道送到核心 PTN 节点，然后通过 PTN 核心节点的 L3VPN 转发到相应的 sGW 或者 MME，包括本地的和远端的。

对于 X2 接口，先通过接入汇聚层的传送管道送到核心 PTN 节点，然后通过 L3VPN（包括本地转发和远端 VPN 转发）转发到接入汇聚层的传送管道，向下传送到目的基站。

3. L3VPN 技术方案

PTN 设备具有端到端的电信级保护能力，那么，在 PTN 借鉴数据领域的 L3VPN 技术时，需要满足以上基本特征，而传统的 L3VPN 技术比较复杂，难以运维。因此，PTN 在引入 L3VPN 技术时，需要对其进行适当的简化。

（1）方案基本原理。

在 PTN 支持 L3VPN 的方案里，基本思路是 NNI 侧的管道技术不变，采用 PTN 的静态隧道技术，以保留 PTN 在隧道层以下的 OAM 和保护技术。UNI 上支持 L3 的路由和转发能力，并通过 VRF 实现不同 L3 转发实例之间的隔离。基本方案如图 4-4-7 所示。

隧道技术：PE 之间的隧道技术仍然采用 PTN 的静态隧道技术，以充分利用 PTN 隧道的 OAM 和保护技术。

VPN 路由技术：PE 之间的 VRF 路由，可以通过如下两种方式完成：

① 通过 MP-BGP 来发布和学习；

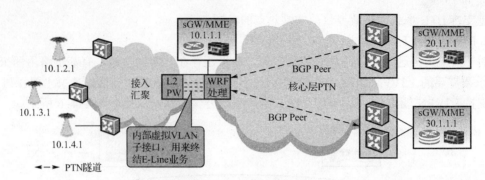

图 4-4-7　L3VPN 技术原理

② 通过网管配置静态路由来完成。

PE 和 CE 之间的路由的发布和学习，通过 IGP（OSPF、ISIS、RIP 等）完成。

PTN 支持简化 L3VPN 方案的核心思想：把 IP 作为一种业务，承载在 MPLS-TP 的静态隧道之上，IP 业务和 L2 业务没有本质区别。

（2）封装原理。

在 L3VPN 的技术方案中，协议封装主要包括接入汇聚层的 PW 封装和核心层的 L3VPN 封装两部分，如图 4-4-8 所示。

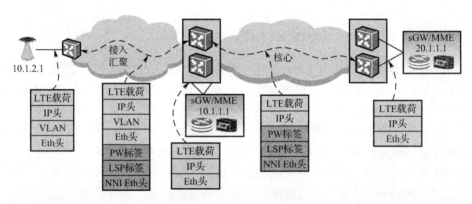

图 4-4-8　封装原理

在接入汇聚层采用 PW 封装，通过 E-Line 模型传送相应的业务。

接入汇聚层 UNI 侧的协议封装如下：

Ethernet（带 VLAN）/IP

接入汇聚层 NNI 侧的协议封装如下：

LSP 标签/PW 标签/Ethernet（带 VLAN）/IP

在核心节点之间采用 L3VPN 封装，通过 VRF 上的路由转发相应的业务。

转发到本地 SGW/MME 的协议封装如下：

Ethernet/IP

通过 L3VPN 转送到远端的协议封装如下：

LSP 标签/VRF 标签/IP

（3）端到端保护能力。

在 PTN 上引入 L3VPN 能力后，需要支持 L2 到 L3 组网情况下的端到端的电信级保护能力。典型的组网如图 4-4-9 所示。

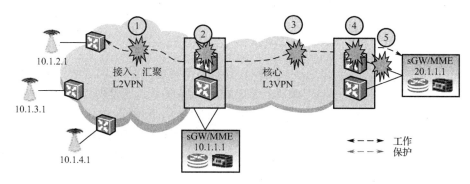

图 4-4-9　L2 到 L3 的组网

在 L2 到 L3 的典型组网中，所有网络边界节点都需要支持双节点保护能力，如 L2 到 L3 桥接点、L3VPN 边界点。此时需要通过 PTN 支持 VRRP、L3VPN FRR 技术和其他 PTN 的保护技术（如线性保护、环网保护、双归保护等）配合，来实现端到端的电信级保护，主要的故障点位置包括：

位置 1 故障：

L2VPN 域网络内故障，通过 PTN 的线性保护或者环网保护实现。

位置 2 故障：

通过 VRRP、接入汇聚的双归、核心 L3VPN FRR 保护配合实现。

位置 3 故障：

L2VPN 域网络内故障，通过 PTN 的线性保护或者环网保护实现。

位置 4 故障：

L3VPN 边缘节点故障，通过 VRRP、L3VPN FRR 配合实现。

位置 5 故障：

L3VPN 边缘接入链路故障，通过边缘节点保护路由切换实现。

4.5　VLAN

VLAN（Virtual Local Area Network）是一种将物理网络划分成多个逻辑（虚拟）局域网（LAN）的技术。每个 VLAN 都有一个 VLAN 标识（VID）。

利用 VLAN 技术，网络管理者能够根据实际应用需要，把同一物理局域网中的用户逻辑划分成不同的广播域（每个广播域即一个 VLAN），使具有相同需求的用户处于同一广播域，不同需求的用户处于不同的广播域。

每个 VLAN 在逻辑上就像一个独立的局域网，与物理上形成的 LAN 有相同的属性。同一个 VLAN 中的所有广播和单播流量都被限制在该 VLAN 中，不会转发到其他 VLAN 中。

当不同 VLAN 的设备要进行通信时，必须经过三层的路由转发。

VLAN 的优点如下：

① 减少网络上的广播流量。

② 增强网络的安全性。

③ 简化网络的管理控制。

1. VLAN 类型

VLAN 的类型取决于将一个已接收的帧划分到某个特定 VLAN 的方法。802.1Q 协议定义了基于端口的 VLAN 模型，这是使用得最多的一种方式。

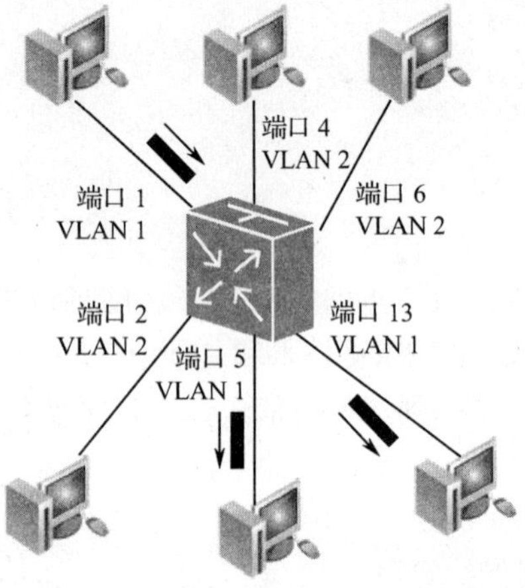

基于端口的 VLAN，是划分 VLAN 的最简单也是最有效的方法，它将交换设备的各个端口分配给不同的 VLAN，从这些端口接收的任何流量就属于与那个端口所属的 VLAN。

如图 4-5-1 所示，端口 1、5 和 13 属于 VLAN 1，端口 2、4、6 属于 VLAN 2，端口 1 所接收的流量只能在端口 5 和 13 上发送，其他端口不能接收到端口 1 的流量。如果 VLAN 中的用户移动到一个新位置，变更了端口，那么它就不再属于原来的 VLAN。

图 4-5-1　基于端口类型的 VLAN

2. VLAN 标签

帧在网络中传输时，如果能用某种方法表示出该帧所属的 VLAN，就可以在一条链路上传输多个 VLAN 的业务。IEEE 802.1Q 通过在以太网帧结构中插入一个 VLAN 标签实现了这一功能。

VLAN 标签的长度为 4 个字节，在以太网帧中位于源 MAC 地址之后、长度/类型字段之前。VLAN 标签的格式如图 4-5-2 所示。

VLAN 标签最常应用于跨设备创建 VLAN 的情况，此时设备之间的连接通常称为中继（Trunk）。使用标签后，可以通过一个或多个中继创建跨多个设备的 VLAN。当连接这些设备的端口收到一个打标签（Tagged）的帧时，端口能够根据 VLAN 标签判断该帧属于哪一个 VLAN。

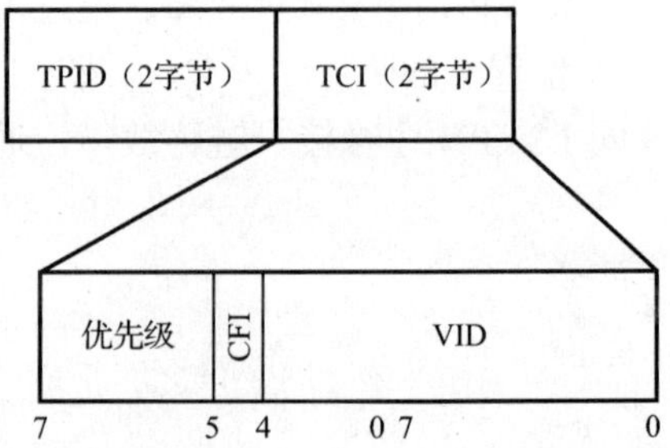

每个 802.1Q 的端口都被分配了一个缺省的 VLAN ID，称为 PVID（Port VLAN ID）。当端口收到不打标签（Untagged）的帧时，该帧被认为属于端口缺省 VLAN，并在该 VLAN 中进行转发。

图 4-5-2　VLAN 标签格式

3. VLAN 链路类型

基于端口的 VLAN 链路主要有以下三种连接方式。

接入链路（Access Link）：用户主机与交换机设备端口相连接的链路为接入链路，接入链路传送的数据帧中不含有 VLAN 标签。用户所属 VLAN 由交换机端口所属 VLAN 决定。

中继链路（Trunk Link）：中继链路是两个设备的可以识别 VLAN 标签的以太网端口相

连接，两个端口同属于多个 VLAN，链路承载多个 VLAN 业务。中继链路一般用于交换机设备的以太网端口与其他网络交换设备的以太网端口相连接。

混合链路（Hybrid Link）：混合链路是接入链路与中继链路的收发数据帧方式相结合而来的，混合链路的端口既可以连接用户主机，也可以作为中继链路连接其他网络设备。混合链路与中继链路的区别如下：

① 中继链路只允许缺省 VLAN 的数据帧以无 VLAN 标签方式传送，其他所有 VLAN 的数据帧均必须加入 VLAN 标签进行传送。

② 混合链路允许多个 VLAN 发送无 VLAN 标签的数据帧。是否加入 VLAN 标签由该混合端口加入对应 VLAN 时的属性决定，对数据帧接收的处理方式与中继链路相同。

4. VLAN 翻译

VLAN 翻译功能可以有效地解决 VLAN ID 不足的问题。

由于 IEEE 802.1Q 协议的单层标签 VLAN 只有 4 096 个，对于庞大的城域网来说，这个数目是非常少的，需要一种方法拓展出更多的 VLAN ID。

VLAN 翻译的原理如下：

① 组网时，边缘交换机与汇聚交换机连接，汇聚交换机上启用 VLAN 翻译功能。

② 允许多个不同的边缘交换机设置相同的 VLAN ID。

③ 不同边缘交换机上重复的 VLAN ID 被汇聚交换机修改为不同的 VLAN ID。

④ 汇聚交换机从上行端口发送出去的是不同的 VLAN ID 的数据包。

⑤ VLAN 翻译功能可以在二层汇聚交换机中实现用户的隔离，也简化了边缘交换机的设置。

如图 4-5-3 所示，交换机 Sw1、Sw2、Sw3 与汇聚交换机相连，Sw1、Sw2、Sw3 往汇聚交换机发送的数据包 VLAN ID 均为 10。到达汇聚交换机后，经过 VLAN 翻译，Sw1、Sw2、Sw3 数据包的 VLAN 标签被分别修改为 VLAN100、VLAN200、VLAN300，然后通过上联端口发送到核心交换机。

问：对于汇聚交换机收到的下行数据，如何发送给各个边缘交换机？是广播吗？

5. SVLAN

SVLAN 全称是 Selective VLAN，也可以理解为 QinQ 功能的扩展。普通的 QinQ 仅仅是将到某个端口的数据报打上一个外层标签，这大大限制了组网灵活性；而 SVLAN 功能对同一个端口收到的数据流，根据用户需求采取选择性的打标签，对不同的内层标签打上不同的外层标签。SVLAN 和普通 QinQ 一样支持外层标签和内层标签的 802.1P cos 优先级映射，也支持外层标签优先级根据数据流的优先级来定义。

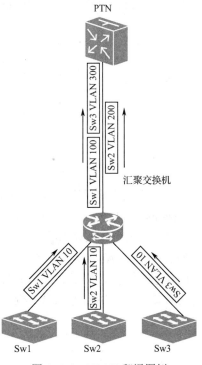

图 4-5-3　VLAN 翻译图例

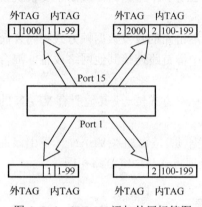

图 4-5-4　SVLAN 添加外层标签图

如图 4-5-4 所示，SVLAN 对不同的用户 VLAN 标签添加不同的外层标签。当以太网端口 Port1 收到范围在 VLAN ID 1~99 的数据包时，在数据包中添加外层标签 VLAN1000，并且将内层 VLAN 标签的优先级"1"映射到外层 VLAN 标签的优先级中。同理，当以太网端口 Port1 收到范围在 VLAN ID 100~199 的数据包时，在数据包中添加外层标签 VLAN2000，并且将内层 VLAN 标签的优先级"2"映射到外层 VLAN 标签的优先级中。这样就达到了对不同数据流设置不同的外层 VLAN 标签的目的。

6. QinQ

QinQ 是对基于 IEEE 802.1Q 封装的隧道协议的形象称呼，又称 VLAN 堆叠。QinQ 技术是在原有 VLAN 标签（内层标签）之外再增加一个 VLAN 标签（外层标签），外层标签可以将内层标签屏蔽起来。

QinQ 不需要协议的支持，通过它可以实现简单的 L2VPN（二层虚拟专用网），特别适合以三层交换机为骨干的小型局域网。

QinQ 技术的典型组网如图 4-5-5 所示。服务提供商网络边缘的接入设备称为 PE（Provider Edge），PE 连接用户侧的网络端口称为 Customer 端口，Customer 端口与用户网络一般通过 Trunk 方式接入。PE 连接服务提供商网络侧的端口称为 Uplink 端口，Uplink 端口通过 Trunk 方式与运营商网络中的其他设备对接。

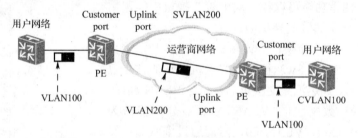

图 4-5-5　QinQ 典型组网

报文从用户网络中传送到达 PE 设备，此时报文携带标签为 VLAN100。经过 PE 设备的 Customer 端口时，插入外层标签 VLAN200，随后经由 PE 设备的上联端口进入运营商网络。携带外层标签 VLAN200 的报文经过运营商网络传送到达另一端的 PE 设备，另一端的 PE 把外层标签 VLAN200 剥去，然后发送到用户网络。报文此时又恢复到只携带一层标签 VLAN100 的状态。这样，位于运营商网络两端的用户网络之间的数据可以通过服务提供商网络进行透明传输，用户网络可以自由规划自己的私网 VLAN ID，而不会导致和服务提供商网络中的 VLAN ID 冲突。

思考与练习

一、填空题

1. 中兴 PTN 核心落地层节点与 RNC 之间一般采用_____端口保护方式。

2. PTN 设备上 C-POS 单板是将_____，通道化单板是将_____。

3. PTN 网元间的通信接口是_____。

4. 在 PTN 的网络中，Tunnel 是_____的，基于 PW 承载的用户侧到网络侧的以太网专线业务是_____的。

5. PTN 设备中，Tunnel 的 APS 保护是_____的保护，动态 Tunnel 的 FRR 保护是_____的保护。

6. 国际上，PTN 采用的技术标准_____。

7. PTN 网关网元和非网关网元之间采用 DCN 通信，DCN 通信采用_____协议进行路由选路的。

8. PTN 的 E1 口是个灵活 E1 口，它还可以用在网络侧承载 MPLS Tunnel，这时候需要把它设置绑定成_____，绑定后再设成 3 层类型的接口。

二、简答题

1. 简述 PTN 的特点。

2. 简述 PTN 的关键技术及优缺点。

3. 请简述以太网 E-line 业务部署的关键步骤。

4. 简述网络规划包含的内容。

5. 请描述一下 TMC 维护点连通性丢失 LOC 告警含义和可能产生 LOC 的几种原因。

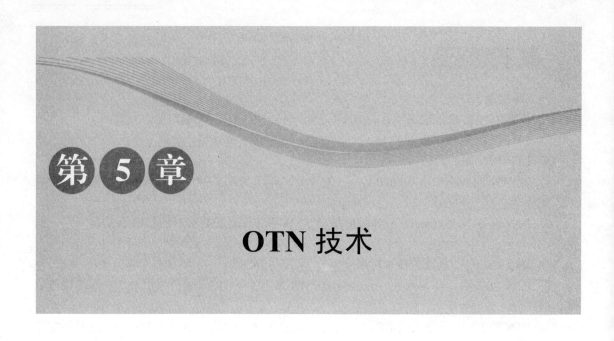

第 5 章

OTN 技术

5.1   OTN 概述

5.1.1   OTN 光传送网的产生

近年来，电信网络所承载的业务发生了巨大的变化。数据业务发展非常迅速，特别是 IP 业务、视频业务、以太网业务的发展，使电信网络承载的业务类型正发生由 TDM 流量占主要业务向分组流量占主要业务的形态发展。目前，分组流量的业务颗粒度已从早期 100 Mb/s 发展到目前的 10 Gb/s，且由于以太网技术的广泛应用，加上其具有物美价廉的特质，近期 IEEE 802.3 和 ITU-SG15 均把 100 Gb/s 以太网作为下一阶段的研究重点之一。与此同时，40 Gb/s 的以太网方案也在考虑之中。随着传统的 TDM 传输网向分组传输网的转变，网络业务对传送带宽的需求越来越大，基于 SDH 以 VC-12/VC-4 为调度颗粒的光传输网络结构对颗粒越来越大的分组业务已不能满足其要求，如对于路由器的千兆比以太网（GE）或 10GE 接口，若采用 SDH 光传送网传送，则需要多个 VC-12/VC-4 通过连续级联或虚级联的方式来映射、适配、传送和交叉调度的效率显著降低。基于 VC-12/VC-4 的带宽颗粒的适配与调度方式显然满足不了目前分组业务对于大颗粒带宽的传送与调度的需求，因此，需要一种能提供大颗粒业务传送和交叉调度的新型光传送网，且大容量、高速率的交叉调度颗粒具有更高的交叉效率，使得设备更容易实现大的交叉连接能力，降低设备成本。

对于传统的 SDH 光传送网，由于受电信号处理速率的限制，传输带宽不超过 40 G，与早期的 WDM 光传送网络结合后，信道传输带宽得到扩展，但早期 WDM 光传送网络只能提供点对点的光传输，组网和对光业务传输的维护监测能力不足。

为了克服 SDH 光传送网的传输带宽颗粒小、早期 WDM 光传送网络由于只能提供点对点的光传输，以及组网和对光业务传输的维护监测能力不足的缺陷，国际电联（ITU-T）1998年左右提出了基于大颗粒业务带宽进行组网、调度和传送的新型技术——光传送网（OTN）的概念。

OTN 不是采用全光网的方式来实现的，国际电联（ITU-T）提出的光传送网（OTN）在与用户业务连接的边界处，仍采用光—电—光方式完成对业务的 3R 再生，这是由于全光下的 3R 处理很困难。首先是放大、整形、存储时钟提取、波长变换等在电域很容易实现，但在光域却十分困难，有些虽然经过复杂的技术能够实现，但效果并不理想，且成本很高，不具有实用价值。

因此，OTN 光传送网借鉴和综合了 SDH 和 WDM 的优势并考虑了大颗粒传送和端到端维护等新的需求。将业务信号的处理和传送分别在电域和光域内完成。

电域内，在 OTN 网的边界业务接口处采用光—电—光转换，将各种通过单波白光连接到OTN 的用户业务转换到电域内，在电域内完成对业务信号的3R 再生，映射/去映射到OTN（G.709）定义的大颗粒业务单元（ODUk，k=1，2，3）内，以及完成低阶 ODUk 到高阶 ODUk 之间的复用分解、业务单元开销的终接处理等，之后再将业务单元适配到光信道上，送入光域传输。

光域内，仍利用 DWDM 基本波分复用技术，解决了 OTN 传输信道的带宽问题。

OTN 光域内的带宽颗粒为单个的光波长，在扩展的 C 波段内，可以复用多达 192 个光波长信号到一根光纤中传输，并在光域内实现业务光波长信号的复用、路由选择、监控，并保证其性能要求和生存性。

对于 OTN 光传送网的构成和管理，ITU-T 借鉴 SDH 光传送网的思路，为 OTN 制定了一系列的标准，其中：

G.872 建议定义了 OTN 光传送网分层结构。

G.709 建议定义了 OTN 光传送网节点接口的大颗粒业务信号帧格式。

G.798 建议定义了 OTN 光传送网节点设备内的各原子功能块。

G.8251 建议定义了 OTN 光传送网节点 NNI 的抖动和漂移要求（UNI 接口上的 SDH 信号符合 G.825 的定义）。

G.959.1 建议定义了各 OTN 光网络管理域之间 NNI 物理接口和要求。

G.8741 建议定义了 OTN 光传送网网元的管理信息模型。

G.gps 建议定义了 OTN 光传送网通用保护倒换。建议适用于 SDH/OTN 的保护倒换（与SDH 线性和环保护相似）。目前将 G.gps 分为 G.gps.1 和 G.gps.2 两个建议，其中 G.gps.1 为线性路径和子网连接保护，G.gps.2 为环形网保护。

此外，还有其他一些与光域传输有关的标准。

5.1.2　OTN 光传送网的特点

1. OTN 的透明传送能力

符合 G.709/G.798 要求的 OTN 可以做到以下几方面的业务透明传输。

（1）比特透明。

当客户信号如 SDH/SONET 通过 OTN 传输的时候，除客户信号负荷以外，其开销字节保持不变，客户信号的完整性得到保持。

（2）定时透明。

当对恒定速率的客户信号以比特同步映射入 OTN 帧时，产生的 OTN 线路信号与客户信号具有相同的定时特性，并将定时特性向下游传送且在解映射时提取出原来的定时信息。即使恒定速率客户信号以异步映射模式被映射入 OTN 帧，其定时特性通过 OTN 帧内的码速调整控制字节而得以保留，远端客户信号在解映射时，通过参考 OTN 帧内调，可以将定时信息恢复。

2. 支持多种客户信号的传送

符合 G.709 要求的 OTN 节点提供的用户接口（UNI）可以支持多种客户信号向大颗粒传送单元 ODUk 的映射，如 SDH/SONET、以太网业务、ODUk 复用信号，或以这些信号为载体的更高层次的客户信号，如 IP、MPLS、光纤通道、HDLC/PPP、PRP、FICON、ESCON 及 DVBASI 视频信号等，这些不同应用的客户业务都可统一映射到 OTN 的数据传输单元 ODUk（k=1，2，3）这个光传送平台上。

目前，G.709 定义了基于 SDH 业务信号速率，或相同固定速率 CBR 向 ODUk 的映射，其余业务信号向 ODUk 中的映射由各厂家自定义。另外，OTN 中的 ODUk 传送模块甚至还具有跟 SDH 类似的虚级联功能，并能支持 LCAS。

3. 交叉连接的颗粒大

OTN 目前定义电域的带宽颗粒为光通路数据单元（ODUk,k=1,2,3），即 ODU1（2.5 Gb/s）、ODU2（10 Gb/s）及 ODU3（40 Gb/s）。光域的带宽颗粒为波长，在 OTN 光域内，一个波长上可以承载的业务颗粒为 ODUk，相对于 SDH 的 VC-12/VC-4 的处理颗粒，OTN 设备基于 ODUk 的交叉功能使得交换粒度由 SDH 的 155M 提高到 2.5G/10G/40G，对这些大颗粒业务信号的交换调度，可在电域或光域内实现（对应电域内的 ODUk 交叉连接或光域内的波长交叉连接），对高带宽客户业务的适配和传送效率显著提升。

4. 强大的带外前向纠错功能（FEC）

OTN 的一大特点就是具有很强的前向纠错功能。G.709 在完全标准化的光通道传输单元（OTUk）中，使用了 RS（255,239）的 FEC，并在每个 OTUk 帧中使用 4×256 个字节的空间来存放 FEC 计算信息（4 行×256 列）。RS（255,239）在 G.975 中定义，能在误码率为 10e-12 的水平上提供超过 6 dB 的 OSNR 净编码增益。

FEC 已经被证明在信噪比受限及色散受限的系统中对提高传输性能是非常有效的，FEC 降低了信号接收端对入射信号的信噪比的要求。因为在光传输中，光信噪比（OSNR）是个比较容易测量的指标，所以经常以 OSNR 要求的改善来衡量 FEC 的效果。总之，FEC 带来的好处是：增加了最大单跨距离或是中继跨距的数目，因而延长了信号的总传输距离。

在一个光放大器输出总功率有限的情况下，可以通过降低每通道光功率来增加光通道数。在线性条件下，降低了单通道光功率也即降低了信号到达通道接收端的 OSNR，而 FEC 抵消了这个 OSNR 的降低，使业务仍然以无误码传输。

FEC 的出现降低了对器件指标和系统配置的要求。FEC 在一定程度上也弥补了信号在传输过程中经历的损伤所带来的代价。例如，当信号经过 ROADM 或 OXC 节点的时候，信号经历了比较大的衰减，并增加了一些色散。或当信号的路由在动态变化的时候，不同的路径所带来的信号损伤会有所不同，FEC 的使用也提高了信号对路径变化的容忍度。

G.709 在功能标准化的光传送单元（OTUkV）中也支持专有的 FEC 编码。专有 FEC 编码有可能使用更多的开销字节存放它们，因而使线路速率增加。这种专有的 FEC 编码方式通常叫增强型 FEC（简称 E-FEC），G.975.1 中定义了一种超级 FEC。E-FEC 的使用，可以使原高达 10e^{-3} 的误码在小于 10 dB 的 OSNR 情况下降至 10e-12 以下，可以用来传送电信级业务。考虑到系统的老化和处于恶劣工作环境下传输性能的劣化，在系统铺设时，可以考虑加上合理的 OSNR 余量，比如在使用 EFEC 时，可以增加 7～8 dB 的 OSNR 的余量（即 OSNR 为 17～18 dB），以保证系统在整个生命周期内其误码率维持在 10e-12 以下。

5. 串连监控

为了便于监测 OTN 信号跨越多个光网络时的传输性能，ODUk 的开销提供了多达 6 级的串连监控 TCM1-6。TCM1-6 有类似于 PM 开销字节内容，监测每一级的踪迹字节（TTI）、负荷误码（BIP-8）、远端误码指示（BEI）、反向缺陷指示（BDI）及判断当前信号是否是维护信号（ODUk-LCK、ODUk-OCI、ODUk-AIS）等，这 6 个串连监控功能可以以堆叠或嵌套的方式实现，从而允许 ODUk 连接在跨越多个光网络或管理域时实现任意段的监控。

6. 丰富的维护信号

G.709 为 OTN 的业务传送平台 ODUk/OTUk 定义了丰富的维护开销信号，用以进行故障监测、隔离和告警抑制，极大地减轻了系统维护的负担。

7. 增强了组网和保护能力

OTN 参照 SDH 提供了灵活的基于电层和光层的业务保护功能，如基于 ODUk 层的光子网连接保护（SNCP）和共享环网保护、基于光层的光通道或复用段保护等，但目前共享环网技术尚未标准化。

目前 OTN 设备的实现是电域支持 SNCP 和专有的环网共享保护，而光域主要支持光通道 1+1 保护（含基于子波长的 1+1 保护）、光通道共享保护等。随着 OTN 技术的发展与逐步规模应用，以光通道和 ODUk 为调度颗粒基于控制平面的保护恢复技术将会逐渐完善、实现和应用。

5.1.3 OTN 节点设备类型

OTN 设备根据其在光传送网中的应用方式，存在以下几种形态。

1. OTN 终端复用设备

OTN 终端复用设备的接口包括线路接口和支路接口（有 UNI 业务接口、域间互连接口 NNI）。UNI 接口连接 SDH 或以太网等客户业务信号。NNI（白光 OTUk 接口）用于不同 OTN 域间互连的接口（OTN-IrDI）（或用于不同厂家传送设备的互连），对 NNI 接口采用的 FEC 应符合 G.709 定义的标准 FEC，或者关闭 FEC 方式。采用 NNI 业务接口对接的方式，可以实现对 ODUk 通道跨 OTN 域端到端的性能和故障监测。图 5-1-1 所示为 OTN 终端复用设备功能模型。

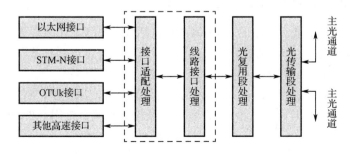

图 5-1-1　OTN 终端复用设备功能模型

2. OTN 电交叉设备

类似于现在的 SDH 交叉设备。OTN 电交叉设备完成 ODUk 级别的电路交叉功能,为 OTN 网络提供灵活的电路调度和保护能力。OTN 电交叉设备可以独立存在,类似于 SDH-DXC 设备,对外提供各种业务接口和 OTUk 接口(包括 IrDI 接口)。也可以与 OTN 终端复用功能集成在一起,同时提供光复用段和光传输段功能,支持 WDM 传输。图 5-1-2 所示是 OTN 电交叉设备的功能模型。

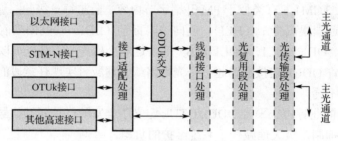

图 5-1-2　OTN 电交叉设备的功能模型

3. OTN 光电混合交叉设备(ROADM)

OTN 电交叉设备可以与 OCh 交叉设备(ROADM)相结合,同时提供 ODUk 电层和 OCh 光层调度能力。波长级别的业务可以直接通过 OCh 交叉,其他需要调度的业务经过 ODUk 交叉。两者配合可以优势互补,又同时规避各自的劣势。这种大容量的调度设备就是 OTN 光电混合交叉设备。图 5-1-3 所示是 OTN 光电混合交叉调度设备的功能模型。

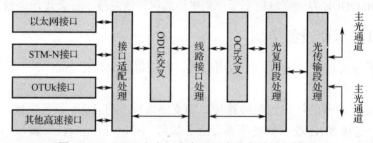

图 5-1-3　OTN 光电混合交叉调度设备的功能模型

利用上述三种 OTN 光传送网节点设备类型,OTN 光传送网可构成不同类型的拓扑结构:链形网、星形网、环网、网状网。

5.1.4　OTN 与现有光传送网络的关系

国内运营商的现网部署有大量的 SDH 网络,包括线性系统、环网系统、1+1 MSP 系统和基于 ASON 的网状网等。未来 OTN 网络与 SDH 网络可以有以下两种共存关系。

(1)相互独立关系。

OTN 网络与 SDH 网络独立运行,承载不同类型的业务,原则上,SDH 网络仅用于承载小颗粒业务(小于 GE),大颗粒业务(GE 及以上颗粒)推荐直接用 OTN 承载。

（2）客户（SDH）-服务（OTN）关系。

适用于 OTN 线路速率高于 SDH 线路速率的情况，可以提高链路资源的利用率；同时，利用 OTN 网络的调度和保护能力，可以提高 SDH 系统的生存性。

OTN 与现有 WDM 网络的关系。由于早期技术限制，已经部署的传统 WDM 的 UNI 接口通常不符合 G.709 的要求，因此，OTN 网与 WDM 网间互连只能是通过用户业务层的连接（UNI 接口之间的单白光波连接），OTN 具有的强大 OAM 功能在 WDM 上得不到应用。

但在光域内，传统 WDM 网络所用的光波信号与 OTN 一致，因此，对传统 WDM 的扩容或改造中，可利用 WDM 网络所用的光波信号，加上符合 G.709 标准的 OTN 接口，就可以在不同系统之间实现以 OUTk 方式的互通。

在 WDM 系统中引入 OTN 接口，可以实现对波长通道端到端的全程传输，因此，标准 OTN 域间互通接口（NNI）将是未来波分系统进行互通的主要接口形式。

2000 年，对于 OTN 的发展来说是一个重要转折。由于自动交换光网络的发展，使 OTN 标准化进程向智能化 ASTN 标准方向发展，G.8080（G.ason）建议定义了自动交换光网络结构。该建议提出并描述了自动交换光网络（ASON）的结构特征和要求，ASON 的自动控制协议不仅适用于 G.803 定义的 SDH 光传送网，也适用于 G.872 定义的 OTN 光传送网。

另外，基于控制平面 ASON 的保护与恢复也同样适用于 OTN 网络。在 OTN 大容量交义的基础上，通过引入 ASON 智能控制平面，可以提高光传送网的保护恢复能力，改善网络调度能力。基于 SDH 的 ASON 与 OTN 网络在传送平面的关系与传统 SDH 网络一致，当 OTN 具备智能控制平面（称为基于 OTN 的 ASON）时，两者的智能控制平面应该支持互通，在客户-服务模型中，还应该具备跨层次的保护恢复功能协调机制。

随着 ASON 标准的进一步完善，OTN 向智能化 ASTN 的发展是未来光网络演进的理想基础。全球范围内越来越多的运营商开始构造基于 OTN 的新一代传送网络，系统制造商们也推出具有更多 OTN 功能的产品来支持下一代智能光传送网络的构建。

5.2　OTN 光网络的分层结构

由于现代电信网变得越来越复杂，其中作为完成传送功能手段的传送网，在逻辑功能意义上，具有一个复杂庞大的网络结构。为了便于传送网络的设计、分析、规划和管理，并且使网络的功能便于描述，ITU-T 提出了对传送网络进行分层和分割的概念，即任意一个传送网络从纵向分解为若干独立的子网络（即层网络），以模块化方式定义该层网络的传送功能、信号格式、特征信息监测、网络层的保护等，相邻层网络之间具有客户/服务者关系。每一层网络在水平方向又可以按照该层内部不同的结构分割为若干子网络层。

ITU-T 制定的 G805，定义了传送网络分层的基本方式，一个传送网络主要分为通道层和传输层。

对通道层，可按不同的传输内容（特定的通道层）分为若干个独立的传送子层，每一层通道子层（子网层）都有自己特定的信息结构（信息帧结构）、管理信息（管理开销）和子网拓扑结构。

对传输层，同样也具有自己特定的结构（信息帧结构）、管理信息（管理开销）和网络拓扑结构,如图 5-2-1 所示。

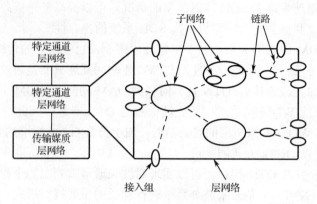

图 5-2-1   OTN 分层结构

图 5-2-1 中,各传送网层之间,每一层网络为其相邻的低一层网络提供传送服务,同时又使用相邻的高一层网络所提供的传送服务。提供传送服务的子层称为服务者(Server),使用传送服务的子层称为客户(Client),因而相邻的层网络之间构成了客户/服务者关系。客户层信号通过特定的适配方式映射到服务层的信号帧内。这些适配方式包括编码译码、码速调整、指针调整、复用/分解、调制解调变换等。

不同于 OSI 分组传送网按不同传输协议分层,对连续比特信号的传送网分层通常按不同的传输颗粒(特定的通道层)分为若干个通道层,不同颗粒大小的业务信号可直接映照进不同的通道层。每个特定的通道层网络可支持各类型用户业务(和作为客户层的低阶通道)传送所需要的管理信息,有自身的拓扑结构,同层子网之间可以穿过(借助于)其他的高阶通道建立自己的通道链接。

光网络传输层(直接与传输媒介连接)为通道层网络结点提供合适的线路容量,且可以进一步分为段层网络和物理媒质层网络(简称物理层),其中段层网络是为了保证通道层的两个结点间信息传递的完整性,物理层是指具体的支持段层网络的传输媒质,如光缆或无线。

不同类型的传送网,其传输层的段层结构不同。例如,ITU-T 的 G.803 定义 SDH 网传输层主要是为通道层信号提供在电域上进行传送、复用、监控和生存性处理的功能实体,叫段层网络,可细分为复用段层网络和再生段层网络。

ITU-T 的 G.872 定义 OTN 光传送网传输层主要是为通道层信号提供在光域上进行传送、复用、选路、监控和生存性处理的功能实体,可细分为光通道层(OCh)、光复用段层(OMS)和光传输段层(OTS)。

SDH 传送网的分层如图 5-2-2 所示。

图 5-2-2 中,按颗粒大小分为低阶通道层、高阶通道层和传输段层。SDH 传送网各层之间的适配关系如图 5-2-3 所示。

图 5-2-4 所示为 G.872 定义的 OTN 光传送网在电域内的通道分层以及各层之间的适配关系,图 5-2-4 是不支持 ODUk 复用的分层结构。

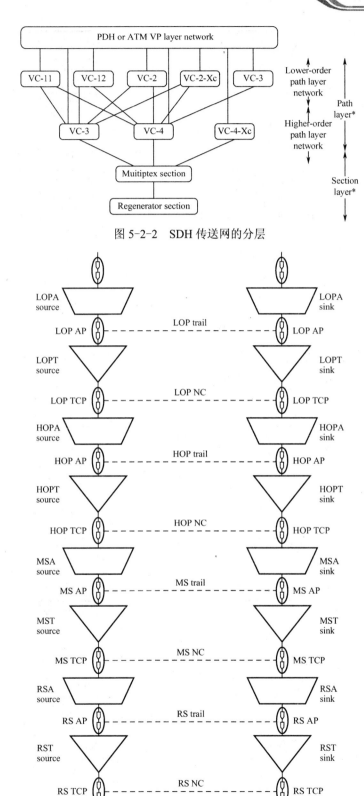

图 5-2-2　SDH 传送网的分层

图 5-2-3　SDH 各层之间的适配关系

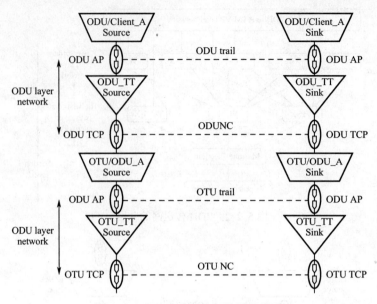

图 5-2-4　OTN 各层之间的适配关系

图 5-2-5 所示为 G.872 定义的 OTN 光传送网在电域内的通道分层及各层之间的适配关系。图 5-2-5 是支持 ODUk 复用的分层结构。

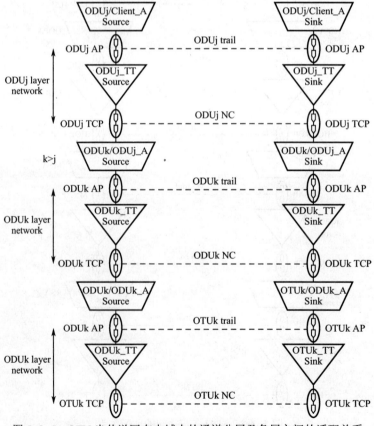

图 5-2-5　OTN 光传送网在电域内的通道分层及各层之间的适配关系

ITUT 的 G.872 对 OTN 光传送网在光域内的传输分层及各层之间的适配关系如图 5-2-6 所示。

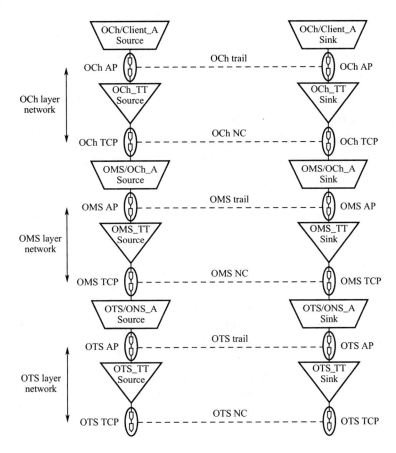

图 5-2-6　OTN 光传送网在光域内的传输分层及各层之间的适配关系

与 SDH 传送网相对应，实际上是将 OTN 光网络加到 SDH 传送网分层结构的段层和物理层之间，完成从 SDH 提供的小颗粒到 OTN 提供的大颗粒之间的传送衔接。

传送网分层后，每一层网络仍然很复杂，地理上覆盖的范围很大。为了便于管理，在分层的基础上，将每一层网络在水平方向上按照该层内部的管理结构分割为若干个子网和链路连接。分割往往是从地理上将层网络再细分为国际网、国内网和地区网等，并独立地对每一部分行使管理。

各子网层之间的链路连接（例如 ODU_NC）是代表各节点设备子网层之间连接点的连接，例如，AU4 就是两个 VC4 子网层之间的连接链路，OTUk 就是两个 ODUk 子网层之间的连接链路。通常，如果客户层与上面服务层之间存在多个可选的连接链路，两子网层连接点（TCP）之间就存在一个连接路由的选择（交叉连接）。

5.3 OTN 光传送模块帧结构和开销的定义

ITU-T 制定的 G.872 定义了 OTN 的分层结构，制定的 G.709 定义了 OTN 各网络层之间的逻辑接口和网元设备光线路接口的信号模型。

从 OTN 网络的分层结构知道，OTN 网络的层次结构分电域、光域两大部分，其中电域内为 OTN 的通道层，光域内为 OTN 的光传输层。

在电域，OTN 通道层分 ODUk 子层（分低阶 ODUj、高阶 ODUk）和 OTUk[V]子层。

在光域，OTN 的光传输层根据传输物理接口的连接功能分域间接口和域内接口。

对域内接口，OTN 的光传输层又分为光通道层（OCh）、光复用段层（OMS）和光传输段层（OTS）。

5.3.1 ODUk 光数字单元

ODUk 子层是 OTN 定义用以装载客户数字业务信号的传送模块，可以装载 SDH 信号、以太网信号，以及其他规定速率的数字业务信号。其中 k=1、2、3，对应 ODU1、ODU2、ODU3，分别可用以装载 2.44G（ODU1）、9.99G（ODU2）、40G（ODU3）速率的客户层数字业务信号。对 ODUk（k=1、2、3），三种传送模块的信号帧结构都是一样的，只是帧频不一样，见表 5-3-1。对域间接口，OTN 的光传输层又分为光通道层（OCh）和光物理段层。

表 5-3-1 三种传送模块的信号帧帧频

OUT/ODU/OPU 类型	Period（Note）/μs
OTU1/ODU1/OPU1/OPU1-Xv	48.971
OTU2/ODU2/OPU2/OPU2-Xv	12.191
OTU3/ODU3/OPU3/OPU3-Xv	3.035

在 ODUk 的信号帧中，装载客户层数字业务信号的净荷区叫作 OPUk（k=1、2、3）光净荷单元，在 ODUk 信号帧中，15～3 824 列×4 行定义用来装载用户业务信号的帧空间。为体现 OTN 的大颗粒传送单元，G709 定义的 OPUk（k=1、2、3）的装载容量是 OPU1=2.44 G，OPU2=9.99 G，OPU3=40 G。一个 ODUk 的信号帧内包括 OPUk + ODUk 通道开销字节，客户层数字业务信号以不同的方式映射到 OPUk 光净荷单元内，如图 5-3-1 所示。

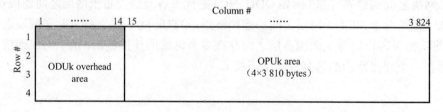

图 5-3-1 OTUk 的信号帧结构

ODUk 作为光数据传送单元，用以承载不同的用户业务，这些用户业务通过不同的方式映射到 ODUk 单元内。如表 5-3-1 所述，用以装载不同速率的客户层业务信号的 ODU 帧结构的内容大小是一样的，只是对不同速率的客户层业务信号，每秒发送的 ODU 帧的数量不同，ODU2 大致是 ODU1 的 4 倍，ODU3 大致是 ODU2 的 4 倍、ODU1 的 16 倍。

ODUk 是 OTN 光传送网络在电域内的基本业务传送带宽颗粒，是唯一可在 OTN 内交叉调度的电信号模块单元。

ODUk 在 OTN 网络中的传输，必须通过 OTUk 子层进入光传输层。

5.3.2　OTUk 光传送单元

OTUk[V]子层用以在 OTN 光传送网上建立一段数字链路，在该段数字链路上承载 ODUk 的信号模块单元。

OTUk[V]子层作为载体，完成 ODUk 数字信号单元在 OTN 光域内的传输，为此，在 OTUk[V]信号单元上增加了帧同步开销，数字传输段层的维护监测开销。为降低在光域内传输对 OSNR 的要求，增加了对 ODUk 信号模块的 FEC 编码。OTUk=ODUk+OTUk 段开销+FEC 编码，如图 5-3-2 所示。

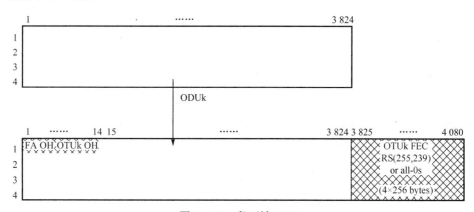

图 5-3-2　段开销+FEC

ODUk 与 OTUk[V]两层子网之间，ODUk 可以通过路由选择（电交叉连接）装入不同的 OTUk[V]。

OTN 电域通道层的开销都安插在信号帧内，与净荷一同传输，因此，电域内的数字开销也叫作带内关联开销。

5.3.3　OCh 光通道

OCh 子层，主要在 OTN 光传输层的源和宿所具有的"3R"再生功能之间，完成客户层信号（OTUk，也可以是其他类型的用户信号）在光域内的传输，并提供 OCh 子层的管理维护开销信息，OCh 子层由 OCh 的净荷（就是 OTUk 的内容）和管理维护开销信息组成，如图 5-3-3 所示。

图 5-3-3 中，OCh 净荷与 OCh 开销在光域内的传输是分开的，OCh 净荷适配（调制到 OCCp 光载波上）到光线路传输模块 OTM-n.m 中的一个特定波长"Slot"位置上（特定的光

频），送入 OMS 光复用段。而 OCh 开销则通过光通道带外的一个专用光载波（OCCo）来传送。

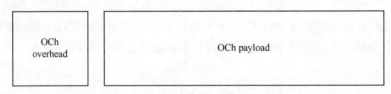

图 5-3-3　OCH 子层

5.3.4　OMS 光复用段

光复用段子层（OMS），将来自 n 个 OCh 波 Slot 隙的 OCCp 光载波复用成一个光载波组（OCG-n(r).m），作为光复用段子层的全部业务净荷，并提供 OMS 子层的管理维护开销信息。OMS 子层由 OMS 业务净荷（就是 OCG-n(r).m 的内容）和 OMS 管理维护开销信息组成。OMS 子层的开销通过光通道带外的一个专用光载波（OCCo）来传送。

OCh 与 OMS 两层之间的连接可以通过路由选择（OXC 光交叉连接）确定 OCh 净荷放到哪一个光波 Slot 隙位置上。

OMS 子层的光载波组作为下一子网层的净荷送入 OTS 光传输段层。

5.3.5　OTS 光传输段

光传输段层（OTS）将来自 OMS 层的 OCG-n.m 光载波组作为净荷，构成 OTN 光线路接口的全功能光信号传送模块（STM-n.m）中的业务净荷，并提供 OTS 子层的管理维护开销信息。OTS 子层由 OTS 业务净荷和 OTS 管理维护开销信息组成，OTS 子层的开销通过光通道带外的一个专用光载波（OCCo）来传送。

上述 OCh、OMS、OTS 的维护开销均通过光通道带外的一个专用光载波（OCCo）来传送，因此，OTN 光传输层的开销也叫作带外非关联开销。

5.3.6　NNI 接口

对域间接口，OTN 的光传输层又分为光通道层（OCh）和光物理段层（OPS）。

OCh 子层，主要在 OTN 光传输层的源和宿所具有的 3R 再生功能之间，完成客户层信号 OTUk[V]在全光域的传输，OCh 子层仅由 OCh 的净荷（就是 OTUk 的内容）组成，无 OCh 子层的管理开销。

光物理段层（OPS）将来自 OCh 层的光数字信号作为净荷，构成 OTN 光域间线路接口的简化功能光信号传送模块（STM-n(r).m）（只是 OTUk[V]信号）。

由前述可知，G.709 给 OTN 节点设备定义了两种光接口传送模块：一种是完全功能的光传送模块（OTM-n.m），完全功能的光传送模块（OTM-n.m）包含各子层业务净荷和各层的管理开销信息；另一种是简化功能的光传送模块（OTM-0.m、OTM-nr.m），简化功能的光传送模块（OTM-0.m、OTM-nr.m）只包含各通道子层的业务净荷。

这里 m 表示接口所能支持的信号速率类型或组合，n 表示接口传送系统允许的最低速率信号时所支持的最多光波长数目。

OTN 设备内逻辑接口和光物理接口的组成如图 5–3–4 所示。

图 5–3–4 中，OTN 设备的物理接口分为 UNI 接口和 NNI 接口。UNI 接口用以连接用户业务，NNI 接口为 OTN 光传输层的域内或域间接口。

定义 OTM-n.m 为 OTN 的域内接口（Ia-NNI），域内接口用于 OTN 全光域内的线路接口。由 OTN 域内接口输出的 OTM-n.m 信号模块中，包含 OTN 各层的全部信息，如图 5–3–5 所示。

定义 OTM-nr.m 为 OTN 的域间接口（Ir-NNI），域间接口用于在两个不同管理域的

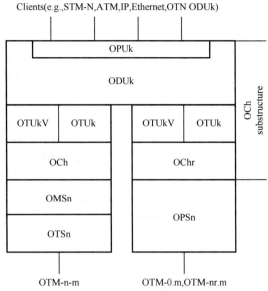

图 5–3–4　OTN 设备内逻辑接口和光物理接口的组成

OTN 全光网之间转接 OTUk[V]数字信号模块的光接口。由 OTN 域间接口输出的 OTM-n(r).m 信号模块中包含的信息内容如图 5–3–6 所示。

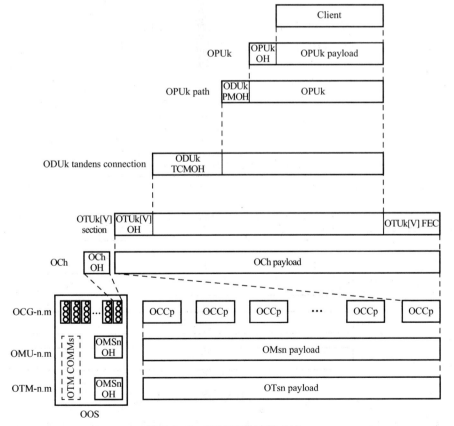

图 5–3–5　OTN 映射过程（1）

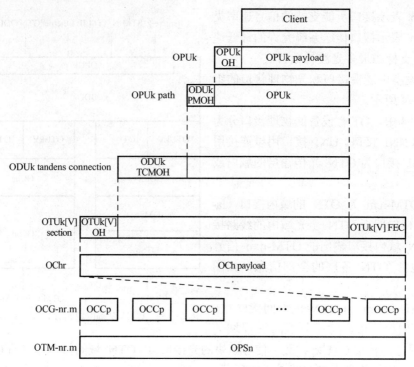

图 5-3-6　OTN 映射过程（2）

特别地，当 n 为 0 时，OTM-nr.m 即演变为 OTM-0.m，这时物理接口只是单个白光（B&W），OTM-0.m 信号模块中包含的信息内容如图 5-3-7 所示。

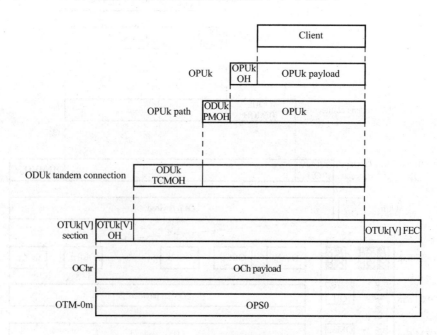

图 5-3-7　OTN 映射过程（3）

从图 5-3-7 中可看出，OTN 域间接口信息模块内不包含光传输层的开销信息。

5.3.7　ODUk 子层的信号传送模块帧结构和开销信息

ODUk 叫作光通路数据单元，用以承载不同的用户业务（如 SDH、ATM、以太网），根据封装的客户层业务速率，系数 k=1，2，3，即 ODU1（2.5 Gb/s）、ODU2（10 Gb/s）和 ODU3（40 Gb/s）。图 5-3-8 所示为 G709 定义的 ODUk 信号模块的帧结构。

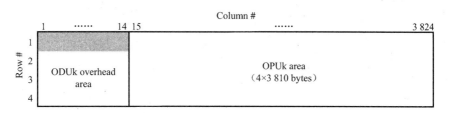

图 5-3-8　ODUk 信号模块的帧结构

在图 5-3-8 中，ODUk 的帧有（4×3 824-14）个字节，含 ODUk 开销和 OPUk 光净荷单元。其中，前面 1~14 列为 ODUk 单元的开销信息，共 3×14=42 个字节（第一行字节为 OTUk 的开销信息），各 ODUk 开销在帧中的分布如图 5-3-9 所示。

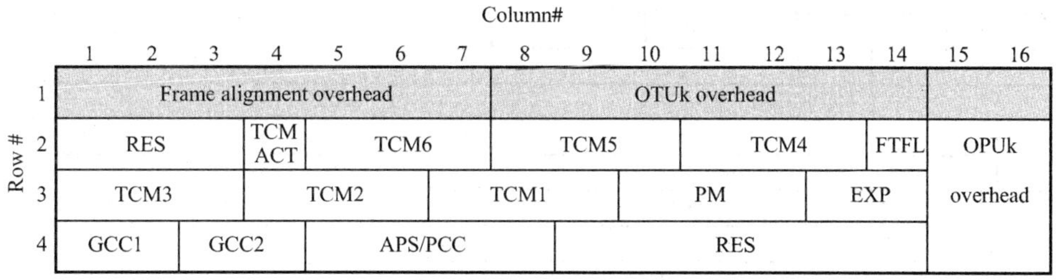

图 5-3-9　ODUk 开销在帧中的分布

ODUk 开销由以下几个字段组成：RES、PM、TCMi、TCM/ACT、FTFL、EXP、GCC1/GCC2 和 APS/PCC。

保留（RES）字节为未定义用途的字节，共 9 个字节，正常时填充 0 比特。

通道监测（PM）开销包含 3 个字节，内容如图 5-3-10 所示。包含 TTI、BIP-8、BEI、BDI 和状态（STAT）字段。

① TTI：TTI 作为 ODUk 的接入路径轨迹标识符，如图 5-3-11 所示，分源接入点标识（SAPI）和目的接入点标识（DAPI），每个标识号由 16 个字节组成，第一个字节固定为 0，其于 15 字节可由 15 个 ASCII 码构成。剩下 32 个字节（32~63）为网络管理者自用。

TTI 分布于复帧中，且长度为 64 个字节。它在复帧中重复发送 4 次。每个复帧由 256 个子帧构成。

在全球网络中，为保障 OTN 网中的每路 ODUk 具有特定唯一的 API 标识符，G709 将 API 的 15 个字符分两部分组成：国际和国内部分。国际部分由三个字符组成，国内部分由 12 个字符组成，如图 5-3-12 所示。

其中，CC 为国家编码，由 ISO 3166 规定；ICC 为网络运营商编码，由 ITU-T 分配；UAPC 为自编的特有字符。

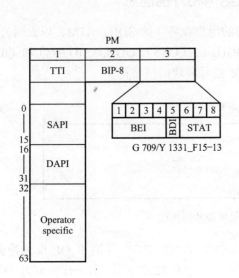

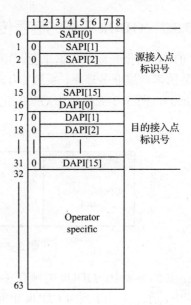

图 5-3-10 通道监测（PM）开销   图 5-3-11 ODUk 通道的连接监测

IS character #			NS character #											
1	2	3	4	5	6	7	8	9	10	11	12	13	14	15
CC			ICC	UAPC										
CC			ICC		UAPC									
CC			ICC			UAPC								
CC			ICC				UAPC							
CC			ICC					UAPC						
CC			ICC						UAPC					

图 5-3-12 国际和国内部分字节

在实际应用中，如果 OTN 归属于同一个运营商管理，TTI 的 15 个字符可任意填写。

② 奇偶校验（BIP-8）：用于 ODUk 通道的在线误码监测。奇偶校验（BIP-8）的监测原理参见 G.707，与 SDH 中的奇偶校验（BIP-8）原理相同。在 ODUk 帧中，只对 OPUk 中的内容做奇偶校验计算，当前帧中 OPUk 的内容作奇偶校验计算的结果放在 i+2（后 2 帧）的 ODUk 开销中，如图 5-3-13 所示。

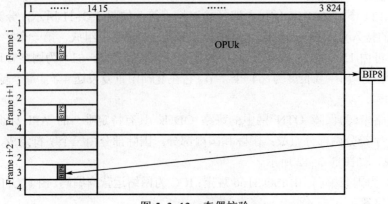

图 5-3-13 奇偶校验

③ 后向误码指示（BEI）：4 个比特用以向对端传送本端 ODUk 接收侧用 BIP-8 功能监测到的误块数量，见表 5-3-2。

表 5-3-2 后向误码指示

ODUk PM BEI 1 2 3 4	BIP violations
0 0 0 0	0
0 0 0 1	1
0 0 1 0	2
0 0 1 1	3
0 1 0 0	4
0 1 0 1	5
0 1 1 0	6
0 1 1 1	7
1 0 0 0	8
1 0 0 1 ~ 1 1 1 1	0

对编码为 1001~1111 的 BEI 意为误码为 0。

④ 后向故障指示（BDI）：1 个比特用以向对端传送本端 ODUk 接收侧信号失效指示。

STAT 字段在 PM 和 TCMi 字段中使用，指示 ODUk 接收侧是否存在维护信号，收到的维护信号内容见表 5-3-3。

表 5-3-3 后向故障指示

STAT	Status
0 0 0	保留
0 0 1	正常通道信号
0 1 0	保留
0 1 1	保留
1 0 0	保留
1 0 1	收到维护信号：ODUk-LCK
1 1 0	收到维护信号：ODUk-OCI
1 1 1	收到维护信号：ODUk-AIS

六个串联连接监测（TCMi）开销字段，每个字段共 3 个字节，其中包含 TTIi、BIP-8i、BEI/BIAE、BDI 和 STAT 字段。STAT 字段在 PM 和 TCMi 字段中使用，可以指示是否存在维护信号，如图 5-3-14 所示。

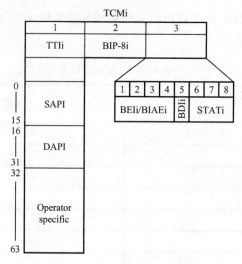

图 5-3-14　TCMi 开销字段

TCMi 中 3 个字节的内容与前述的 ODUk 中 PM 的内容相似，TCMi 未用时全部填 0。

TCMi 串联连接监测功能，用在 UNI-UNI 之间全程监测业务在同一个运营商网络内的连接质量，用在 NNI-NNI 之间监测通过不同运营商网络的连接质量及故障定位。

也可用于 ODUk 子网的 SNCP 保护，或共享保护的倒换判据监测。

6 级 TCMi 对不同 ODUk 链路的监控，这些 ODUk 链路可以相互嵌套、重叠或级联，如图 5-3-15 所示。

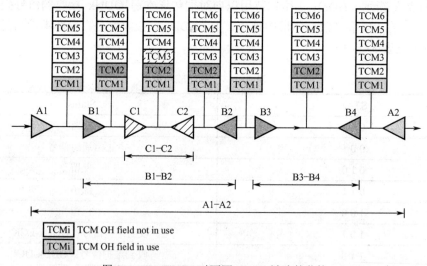

图 5-3-15　TCMi 对不同 ODUk 链路的监控

TCM/ACT、TCMi 激活字节（各节点的 TCMi 激活方式未定，也即源/宿点和中间节点的 TCMi 工作方式未定）。

故障类型和故障位置报告通信通道开销字节（FTFL）是在 256 个字节复帧上传输的消息，可以提供发送前向和后向通道级信息的功能。在 256 个字节的复帧上，前半复帧传递前向故障内容，后半复帧传递后向故障内容，如图 5-3-16 所示。

图 5-3-16 FTFL 字节

实验（EXP）开销字段（两个字节）限于在同一个供应商设备组成的网络或同一个运营商网络内由其自定义用途的开销。

GCC1 和 GCC2 开销字段（2×2 字节）支持在两个网元之间构成 2 条通用通信通道。ODU2 的速率为 4×8×82 027≈2.690（Gb/s）。

ODUk 子网连接（SNC）自动保护切换和保护通信通道（APS/PCC）最多支持八级嵌套的 APS/PCC 信号，这些信号根据复帧的值与专用连接监测级别关联。

5.3.8　OPUk 的信号帧结构和开销信息

OPUk 叫作光净荷单元，用以封装不同的用户业务（如 SDH、ATM、以太网）。根据封装的客户层业务速率，系数 k=1, 2, 3，即 OPU1（2.5 Gb/s）、OPU2（10 Gb/s）和 OPU3（40 Gb/s），OPUk 包含在 ODUk 的信号帧中。图 5-3-17 所示为 G709 定义的 OPUk 信号帧结构。

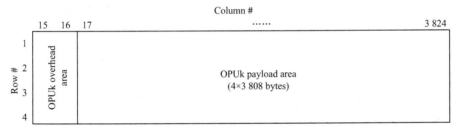

图 5-3-17　OPUk 信号帧结构

图 5-3-17 中，OPUk 的帧有 4×(3 824-14) 个字节，含 OPUk 开销和 OPUk 光净荷单元。其中，前面 15、16 两列为 OPUk 单元的开销信息，共 8 个字节，各 OPUk 开销在帧中的分布如图 5-3-18 所示。

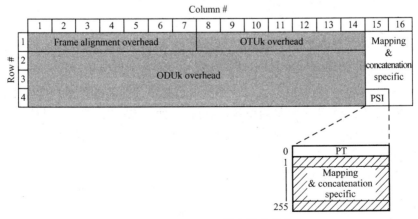

图 5-3-18　OPUk 开销在帧中的分布

开销字节（PSI），作为净荷结构指识符，在 256 个字节的复帧上（与 ODUk 复帧一致），指示和监测客户信号类型或负荷结构是否与预期的一致，见表 5-3-4。

表 5-3-4　开销字节

MSB 1 2 3 4	LSB 5 6 7 8	Hex code （Note 1）	Interpretation
0 0 0 0	0 0 0 1	01	Experimental mapping(Nore 3)
0 0 0 0	0 0 1 0	02	Asynchronous CBR mapping,see 17.1
0 0 0 0	0 0 1 1	03	Bit synchronous CBR mapping,see 17.1
0 0 0 0	0 1 0 0	04	ATM mapping,see 17.2
0 0 0 0	0 1 0 1	05	GFP mapping,see17.3
0 0 0 0	0 1 1 0	06	Virtual Concatenated signal,see clause 18(Note 5)
0 0 0 1	0 0 0 0	10	Bit stream with octet timing mapping,see17.5.1
0 0 0 1	0 0 0 1	11	Bit stream without octet timing mapping,see 17.5.2
0 0 1 0	0 0 0 0	20	ODU multiplex structure,see clause 19
0 1 0 1	0 1 0 1	55	Not available(Note 2)
0 1 1 0	0 1 1 0	66	Not available(Note 2)
1 0 0 0	× × × ×	80-8F	Reserved codes for proprietary use(Note 4)
1 1 1 1	1 1 0 1	FD	NULL test signal mapping,see 17.4.1
1 1 1 1	1 1 1 0	FE	RPBS test signal mapping,see 17.4.2
1 1 1 1	1 1 1 1	FF	Not available(Note 2)

5.4　OTN 的光物理接口

光传送网（OTN）内的域间接口（IrDI）的主要功能在于为两个管理域之间的跨界提供横向（多供货商）兼容的光连接物理接口，使不同管理域之间的互联采用标准化的接口连接。光域间接口（IrDI）由点对点、单信道（OCh）或多信道线路系统组成。通常多信道的域间接口（IrDI）需另加波分复用和解复用设备，根据需要可加装光放大器。以传输的观点来看，一个光物理连接接口表现出模拟通信的特征（如衰减、散射、光纤非线性、放大自发辐射等引起的光传输损耗的累积特性）。

图 5-4-1 所示是单信道域间接口的构成。

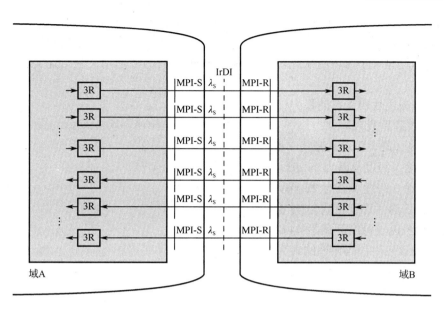

图 5-4-1　单信道域间接口的构成

图 5-4-2 所示为多信道域间接口的构成。

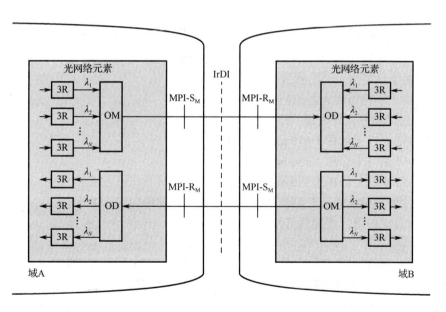

图 5-4-2　多信道域间接口的构成

ITU-T 制定的 G.959.1 对 OTN 的光域间物理层接口做出了全面的规范，对 OTN 的单路和多路光域间接口（IrDI）的物理传输特性规定一个参数框架。G.959.1 规范了 OTN 光域间接口（IrDI）的局内、短距离和长距离应用。该建议提出了定义光网元间物理层接口的通用参考模型和参考配置，给出了表征信道数、客户信号类型、跨段距离、光纤类型和系统配置的应用代码，并以此为基础规定了各种应用情况下光接口的物理层参数。对多信道接口的规范仅包括中心频率符合 G.694.1 频率栅的 16 路系统。根据应用代码的不同，光域间接口（IrDI）

可分别工作在 G.652、G959.1 定义的光域间接口（IrDI）。应用代码的组成如下：

PnWx-ytz

① P 表示这是一个可应用于光域间接口 IrDI 的应用代码。适用于任一定义等级内的光支路信号。

② n 代表应用代码支持的最大信道数。

③ W 代表跨距衰减，如：

I 代表局内（最大跨度衰减为 7 dB）；

S 代表短途（跨度衰减为 11 dB）；

L 代表长途（跨度衰减为 22 dB）；

V 代表甚长途（跨度衰减为 33 dB）；

U 代表超长途（跨度衰减为 44 dB）。

④ x 代表该应用代码允许的最大跨度数。

⑤ y 代表光支路信号支持的最高等级：

1 代表 NRZ 2.5G；

2 代表 NRZ 10G；

3 代表 NRZ 40G；

7 代表 RZ 40G。

⑥ t 代表应用代码对应的功率电平假设，如：

A 表示适用于源 ONE 功率放大器的功率电平和适用于终接 ONE 前置放大器的功率电平；

B 表示适用于只使用一个功率放大器的功率电平；

C 表示适用于只使用一个前置放大器的功率电平；

D 表示适用于不使用放大器的功率电平。

⑦ z 代表信号源和光纤类别，定义如下：

1 代表 G.652 光纤上标称 1 310 nm 的信号源；

2 代表 G.652 光纤上标称 1 550 nm 的信号源；

3 代表 G.653 光纤上标称 1 550 nm 的信号源；

双向系统（如果引入的话）可以通过在应用代码之前增加字母 B 表示。

对于一个 OTN 应用，该代码将是：

BnWx-ytz

某些应用代码可通过在代码之后加上一个后缀组成。六个后缀定义如下：

① F 表示该应用需传输 ITU-T G.709/Y.1331 建议书规定的 FEC 字节。

② D 表示该应用包括自适应散射补偿。

③ E 表示该应用要求使用具有散射补偿功能的接收机。

④ r 代表约化目标距离。这些应用代码是受散射限制的。相同目标距离可以通过其他技术实现，这些技术（比如，并行接口方法）有待进一步研究。

⑤ a 表示该代码对应的发射机功率电平适合于 APD 接收机。

⑥ b 表示该代码对应的发射机功率电平适合于 PIN 接收机。

一些应用代码示例见表 5-4-1。

表 5-4-1 应用代码示例

应用代码范例	是否复代码	最大信道数	最大跨度衰减	最大跨度数	光支路信号最高等级	适于 ONE 类型的功率电平	光纤类型
P1I1-1D1	是	1	6 dB	1	NRZ 205G	无放大器	G652
P16S1-2C5	是	16	11 dB	1	NRZ 10G	仅前置放大器	G655
16S1-2B5	否	16	11 dB	1	NRZ 10G（OTU2）	仅功率放大器	G655

通过上述应用代码，定义了光域间接口（IrDI）的相关参数，以实现在两个不同管理域之间短途和长途点对点应用线路系统之间的横向（即多供货商）兼容连接。两个不同管理域可能由来自两个不同供货商的设备组成，两个管理域也可能分别隶属于两个不同的网络运营商。所有对应于完全相同应用代码 nWx-ytz 的（IrDI）域间光接口将具有横向（多供货商）兼容能力。比如，A 域内工作的由一个供货商提供的 P16S1-2B2 接口，应能够与 B 域内安装的另一个供货商提供的 P16S1-2B2 接口相连接。应用代码 nWx-ytz 的横向（多供货商）兼容能力，除要求对于各种不同的域间光接口应用代码相同外，还要求对应的光物理参数匹配（如 MPI-SM 输出功率、MPI-RM 输入功率电平、最大色散、最小/最大衰减等），见表 5-4-2。

表 5-4-2 应用代码 nWx-ytz 的横向兼容能力

参数	单位	P1S1-2D1	P1S1-2D2a	P1S1-2D2b	P1S1-2D2bF
G.691 应用代码		S-61.1	S-64.2a	S-64.2b	
最大信通数	—	1	1	1	1
光支路信号比特率/线路编码	—	NRZ 10G	NRZ 10G	NRZ 10G	采用 NRZ OTU2 FEC
最大误码率	—	10^{-12}	10^{-12}	10^{-12}	10^{-12}（注 2）
光纤类型	—	G.652	G.652	G.652	G.652
在 MPI-S 点处的接口工作波长范围	nm	1 290～1 330	1 530～1 565	1 530～1 565	1 530～1 560
光源类型	—	—	SLM	SLM	SLM
最大频谱功率密度	mW	有待进一步研究	有待进一步研究	有待进一步研究	有待进一步研究
最小边模抑制比	dB	30	30	30	30
最大平均输出功率	dBm	+5	−1	+2	+2
最小平均输出功率	dBm	+1	−5	−1	−2
最小消光比	dB —	6 NRZ 10G	8.2 NRZ 10G	8.2 NRZ 10G	8.2 NRZ 10G
眼图	—	1 310 nm 区域	1 550 nm 区域	1 550 nm 区域	1 550 nm 区域

其余不同应用代码的光域间接口要求的光物理参数参见标准 G.959.1。

5.5 OTN 设备功能块的定义

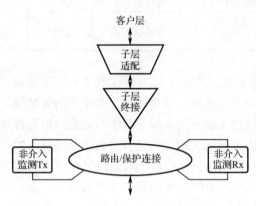

图 5-5-1 每个子网层的功能构成

本节介绍 OTN 光传送网中用以构成 OTN 传送设备的各个功能块及完成的功能，这些功能块符合 G.798 的定义。这里有几点要注意，不是所有 G.798 定义的功能块在设备应用中都需要，设备供应商和运营商可以根据需要选择使用。由于 OTN 设备的发展总是优先于该标准，因此，在细节上，设备的功能块结构不一定要求完全符合 G.798 标准。如前面所述，OTN 光传送网按 G.782 的要求，分为不同的子网层，每个子网层的功能构成基本如图 5-5-1 所示。

每一子网层由客户信号适配功能、链路终接功能（链路开销的插入和分离处理）、路由交叉连接功能和 TM 非介入监测功能组成，有的子网层可能具有全部的功能，有的可能只具有部分功能。其中，适配功能主要完成将送来的客户层信号通过某些方式的处理（这些方式不改变客户层信号的内容）后，使其符合本层信号传送的要求，如客户层信号映射/去映射到本层信号模块帧中、码速调整、复用/解复用、调制/解调、编码/译码、光信号放大/衰减、色散补偿等处理。终接功能主要完成本层传送链路开销字节的插入，终接处理路由交叉连接功能完成该子层传送链路到相邻服务层的路由选择及 SNCP 保护倒换。

注：下面介绍的 OTN 光传送网中，组成设备业务传输的各个功能块参照了 1626LMR5.x 等设备的功能块内容，因此，可能有些内容与 G.798 的标准不一致。

5.5.1 客户光段层业务信号接口功能块

客户光段层信号接口可以是 OTN 设备的 UNI 接口或 NNI 接口。业务接口主要由 OGPI 功能块组成。

在 G.798 中定义的客户光段层信号接口由固定速率（CBD）电信号到客户光段层信号接口的适配功能（OSx/CBRx）和光段层链路终接功能（OSx-TT）组成。

适配功能（OSx/CBRx）完成对各种客户电信号到客户光段层信号（B&W 接口）的适配处理，以及完成对输入客户信号的丢失检测、客户业务帧同步及 G-AIS 维护信号的监测。

光段层链路终接功能（OSx-TT）主要是在电域内完成对客户业务开销的双向非介入监测（设备上可以不支持该功能）。在 OGPI 适配功能块发送侧，完成 CBD 电信号到光信号的调制后向客户层输出，输出接口满足 G.691 的光接口安全要求。在 OGPI 适配功能块接收侧，从客户层输入的业务光信号，完成光到电的转换，3R 电再生，对 CBD 业务电信号进行 LOS、AIS 及 LOF 监测。各告警定义如下：LOS：输入的客户层业务信号丢失，向下游插入 Generic-AIS（PN-11 的序列信号）信号代替（OTN 设备支持）。AIS：接收到客户层的 G-AIS

信号，向下游插入 Generic-AIS（PN-11 的序列信号）信号代替（OTN 设备支持）。LOF：客户层业务帧同步丢失。URU：接口所在的物理单元损坏。在图 5-5-2 中，设备内显示的 UNI 接口和 NNI 接口（暂不支持）由 OGPI+OCh 功能块组成。

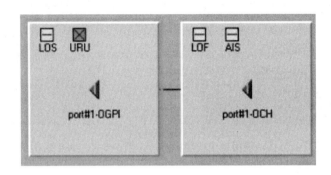

图 5-5-2　OGPI+OCh

注：在 UNI 接口和 NNI 接口上，1626LMR5.x 设备开始用一个 OCh 功能块表示 B&W 接口侧客户业务在电域内的处理结果，这与 G.709/G.798 的定义不符，该 OCh 在低版本的 1626LM 设备中也是没有的。

5.5.2　ODUk 子层的功能块

在 G.798 中定义的 ODUk 子层由（ODUk/各业务信号）各种业务信号适配功能和（ODUk-TT）光数字单元链路终接功能组成。

（ODUk/各业务信号）业务信号适配功能完成将各种业务信号适配（映射/去映射）到 ODUk 子层的 ODUk 信号帧内，（ODUk-TT）光数字单元链路终接功能插入/终接处理 ODUk 子层的开销信息。

在 ODUk 功能块的发送侧，形成一个 G.709 要求的 ODUk 信号帧，将各种客户层业务映射到 OPUk 中，加上 ODUk 帧开销，可选择性地启动 TCMi 监控。

在 ODUk 功能块的接收侧，终接处理 ODUk 的开销内容，可选择性地启动 TCMi 监控或非介入方式的 PM 开销监测，将客户业务净荷从 ODUk 中取出。ODUk 子层支持路由交叉连接功能，以及完成基于 ODUk 的 SNCP 保护（目前设备不支持）业务信号在 ODUk 子层接收侧处理中产生的告警定义。AIS：接收到来自 OTUk 发来的 AIS 告警信号（STAT=111），指示本端上游出故障。如果检测到 AIS，在客户信号输出侧插入 Generic-AIS 信号。LOF：指向客户层输出的 SDH/SONET 信号帧丢失。SSF：相邻 OUTk 层以上业务失效指示，对 ODUk 的 PM 开销接收侧终接处理引起的告警。TIM：PM 开销中的 TTI 路径踪迹字节失配告警。PM-AS：PM 开销中的 B1 字节按 G.826 统计的误码指标值超过门限告警。

注 1：如 ODUk 中的 TCMi 未用，相关字节内容插入全 0。

注 2：可选用 GCC1/GCC2 用于传输额外的辅助业务（如 2M 的 PDH 业务）。

在图 5-5-3 中，ODUk 的适配和终接功能用一个功能块图案表示。

在各种客户信号向 ODUk 信号帧中的适配方式中，其中的特例是将 TDM 复用后的 ODUj 映射到 ODUk（j<k）中。多个 ODUj 的复用适配用功能块 ODUjA 表示。图 5-5-4

所示为将 ODU1 复用进 ODU2 的信号帧的复用适配功能块。

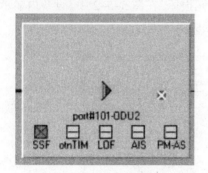

图 5-5-3　ODUk 的适配和终接功能用一个功能块图　　图 5-5-4　ODU2 的信号帧的复用适配攻能块

5.5.3　OTUk 子层的功能块

在 G.798 中定义的 OTUk 子层主要由（OTUk[V]/ODUk）信号适配功能和（OTUk[V]-TT）光传送单元链路终接功能组成。

（OTUk[V]/ODUk）信号适配功能完成将 ODUk 的信号模块适配到 OTUk[V]层，（OTUk[V]-TT）光传送单元链路终接功能将 OTUk[V]子层的开销信息（SM、GCC0、RES）插入 OTUk[V]信号帧中，或从 OTUk[V]信号帧中分离处理开销信息，之后连接到 OCh 子层。

图 5-5-5　OTUk 功能块图

在 OTUk 功能块发送侧，将 ODUk 的信号模块适配到 OTUk[V]层形成 OTUk 的信号帧,给 OTUk 信号帧加上 OTUk 帧开销（SM、GCC0、RES）后输出。

在接收侧，终接处理 OTUk 的 SM 段开销内容,将 ODUk 信号模块从 OTUk 信号帧中取出，当输入的 OTUk 信号失效，向下游发出 ODUk-AIS 维护信号，OTUk 子层不支持路由交叉连接功能。

业务信号在接收侧的处理中产生的告警定义：

otnTIM：SM 开销中的 TTI 路径踪迹字节失配告警。

目前设备上 SM 的其他开销内容暂未用。

设备内显示的 OTUk 功能块图案如图 5-5-5 所示。

5.5.4　OCh 子层的功能块

在 G.798 中定义的 OCh 子层主要由（OCh/客户层信号）信号适配功能和（OCh-TT）光通道链路终接功能组成。对 OCh 光通道链路，分完全功能和部分功能两种，具有完全功能的 OCh 光通道链路包含非关联开销，部分功能的 OChr 光通道链路不包含非关联开销。

通常，完全功能的 OCh 光通道链路连接到光域内接口，部分功能的 OChr 光通道链路连接到光域间接口。

（OCH/客户层信号）传送信号适配功能完成将客户层信号模块适配到 OCh 层，客户层信号可以是 SDH/SONET、CBD、以太网信号、OTUkV 等。在 OTN 光传送网中，OCh 子层的客户层信号是 OTUkV，适配内容主要是为 OTUk 加上 FEC 编码，对除 FAS/MFAS 以外的 OTUk 信号进行扰码/解扰码处理，（OCh-TT）光通道链路终接功能在 OSC 中插入/分离出 OCh 非关联开销内容（目前，设备暂不支持对非关联开销的处理）。

在 OCh 功能块发送侧，OCh 适配功能块将来自 OTUk 子层的 OTUk 信号模块加上 FAS/MFAS 帧和复帧同步信号，加上 FEC 编码开销（如 FEC 未用，FEC 编码内容为全 0），对除帧和复帧同步信号外的其他 OTUk 信号扰码后输出。

在完全功能的（OCh-TT）光通道链路终接功能块内，OCh 的监控开销信息（OCI，FDI-P/O）分别与 OCh 通道净荷信号输出到 OMS 子层。

部分功能的 OChr 光通道链路终接功能块内，直接将 OCh 通道净荷信号输出到 OPSn 子层（域间接口）。

目前设备暂不支持对 OCh 非关联开销的处理。

在 OCh 功能块接收侧，（OCh-TT）光通道链路终接功能块终接分析 OCh 的监控开销信息（OCI，FDI-P/O）（暂不支持）。

在 OCh 适配功能块内，完成对 OCh 通道净荷信号 3R 再生，帧同步，解扰码，FEC 译码（检错和纠错）和复帧同步。之后将 OTUk 输出到 OTUk 子层。

其余类型的客户层信号到 OCh 子层的适配请参见 G.798 OCh 子层支持路由交叉连接功能（目前设备不支持）。

OCh 业务信号在接收侧的处理中产生的告警定义：

LOF：OTUk 的帧失步。

LTCER：FEC 译码检测并纠正的错码数超过门限告警。

PM-AS：FEC 检测的符合 G.826 的误码超过门限告警。

相关设备内显示的 OCh 功能块图案如图 5-5-6 所示。

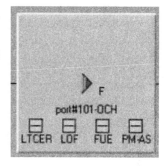

图 5-5-6　OCH 功能块图

5.5.5　OMS 子层的功能块

在 G.798 中定义的 OMS 子层主要由（OMSn/OCh-A）光通道信号适配和（OMSn-TT）光复用段链路终接功能组成。

（OMSn/OCh-A）光通道信号适配功能完成将各路 OCh 的信号模块适配到 OMS 层，之后将多个不同频率的光载波复用后作为 OMS 子层的光业务净荷。同时，将各 OCh 光通道的监控开销信号复用/解复用到 OTM 数字监控开销信号帧中。

（OMSn-TT）光复用段终接功能块将 OMS 子层的开销信息映射/去映射到 OTM 数字开销信号帧中。之后，将 OMS 子层的光业务净荷和 OMS 子层的 OTM 数字开销信号送入 OTS 服务层。

在 OMS 功能块发送侧，将各路 OCh 信号模块适配调制到分配的 OCCp 光载波上，并根据需要进行单波光信号放大、色散补偿，之后将多个不同频率的光载波复用，并根据需要对复用后的光信号进行放大、色散补偿等，然后作为 OMS 子层的光业务净荷送入 OTS 层，同时，将包含各 OCh 光通道和 OMS 非关联监控开销信号（BDI-P/O、PMI）的 OTM 数字开销信号帧也送入 OTS 层。

在 OMS 功能块接收侧，从输入的 OTM 数字开销信号帧中分离终接下 OMS 层的非关联监管开销信息（PMI、BDI-P/O，FDI-O/P）处理（暂不支持）。

输入的 OMS 业务净荷光信号经适配处理（接收侧光前置放大，色散补偿，偏振光色散补偿）后，分解成不同频率的单个光载波信号，从各光载波信号解调出 OCh 信号模块（电信号）输出到下一 OCh 子层。

同时，从 OTM 数字开销信号帧中分解出各 OCh 的监控开销送入下一网络子层（OCh）。

OMS 子层不支持路由交叉连接功能。

夹在（OMSn/OCh-A）光通道信号适配功能和（OMSn-TT）光复用段终接功能之间的（OMS-P）光复用段保护功能请参见 G.798 的定义。

OMS 业务信号在接收侧的处理中产生的告警定义：

SSF：指示 OTS 层失效。

AIS：告警指示信号，收到的信号为"1"。

LOW：分接后输出的单波光信道波长丢失。

相关设备内 OMS 功能块，如图 5–5–7 所示。

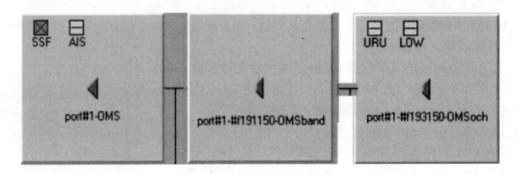

图 5–5–7　OMS 功能块

注：由于在 1626LM 设备中，OMS 的复用涉及单波复用（CMDX）单元和子波带复用单元（BMDX），图 5–5–7 中用 OMSband 表示子波带复用单元（BMDX）的功能，OMSoch 表示对单 OCh 光信号的复用功能。

5.5.6　OTS 子层的功能块

在 G.798 中定义的 OTS 子层主要由（OTS/OMS-A）光复用段信号适配和（OTSn-TT）光传输段链路终接功能组成。

（OTS/OMS-A）光复用段信号适配功能将 OMS 输入的光信号适配到 OTS 子层，作为 OTS 子层的业务净荷。

（OTSn-TT）终接功能块将 OTS 子层的开销信息映射/去映射到 OTM 数字开销信号帧中，再将 OTM 数字开销信号调制/解调到 OSC 光监控载波上，OSC 与 OTS 子层的光业务净荷信号相加，形成 OTS 子层的信号（OTMn.m）后与线路接口连接。

在 OTS 功能块的发送侧，将 OMS 送来的业务信号通过适配处理（发送侧光放大或色散补偿）后，形成 OTS 层的传输净荷，之后将 OTS 层的开销信息（TTI、PMI、BDI-P/O）映射到 OTM 数字开销信号帧中，再将 OTM 数字开销信号帧调制到 OSC 光载波上，将业务净荷光信号和 OSC 光信号合并后输出。

在 OTS 功能块的接收侧，从输入的光信号中将业务净荷光信号与 OSC 光信号分开，从 OSC 上解调下 OTM 数字开销信号帧，从中终接下 OTS 层的监管开销信息（TTI、PMI、BDI-P/O）处理。

输入的业务净荷光信号经适配处理（接收侧光前置放大、色散补偿、偏振光色散补偿）后，输出到下一网络子层（OMS）。

在 OTS 线路接口处，支持对输入的业务净荷和 OSC 的信号是否丢失（LOS，LOSC）的监测。

OTS 子层不支持路由交叉连接功能。

OMS 业务信号在接收侧的处理中产生的告警定义：

LOS：从线路输入的业务净荷光信号和 OSC 的光信号丢失。

otnTIM：OTS 在接收侧监测到光传送段的路迹标识错误。

LOSC：从线路输入的 OSC 的光信号丢失。

LOSCF：从线路输入的 OSC 的光信号帧同步丢失。

LOMS：从线路输入的业务净荷光信号丢失。

DMS：从线路输入的业务净荷光信号劣化（光信号功率低于预定的门限）。

URU：功能块所在的物理单元损坏。

如图 5-5-8 所示，相关设备内用 OMSA 表示（OTSn/OMSn-A）功能块。

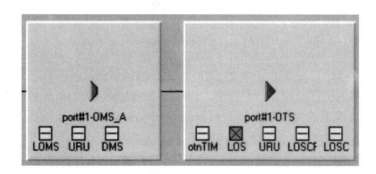

图 5-5-8　OTSn/OMSn-A 功能块

图 5-5-8 中的 OTS 接口，是 OTN 的域内接口（OTM-n.m），处理线路上的业务光净荷和 OSC 光载波上承载的光域内各层 OH 开销。

注：在 1626LM 设备中，暂不支持对 OTN 光域内非关联数字开销信号的监控应用。目前调制映射到 OSC 上的数字开销信息内容由设备供应商自定义（参见相关设备介绍）。

5.6　OTN 的网络保护

OTN 光传送网由于传送的业务量大，因而多用于通信网的干线传输，因此，OTN 网络保护变得更为重要。在参照借鉴了 SDH 的保护方式下，对 OTN 光传送网提出了不同的保护模型，有些保护模型所涉及的保护协议和保护倒换操作程序，ITU-T 已制定了相关的标准与规范。在 ITU-T 的 G.798 标准制定的设备功能模块结构中，对这些保护模型给予了详细的描述。

对于下面介绍的 OTN 保护模型中，有些保护方式是直接从 DWDM 光传输系统中引用过来的，有些是针对 OTN 光传送网制定的。在这些 OTN 保护模型中，不要求设备都支持。

OTN 的保护可分为通道层保护和复用段层保护。

对于 OTN 的通道层保护，可分为电域内和光域内的通道保护。OTN 光传送网在电域内，在 G.798 的标准中，提出了基于 ODUk 的子网连接保护，模式有 SNCP/I、SNCP/N、SNCP/S，其保护协议和保护倒换操作程序符合 G.873.1 的定义，如图 5-6-1 所示。

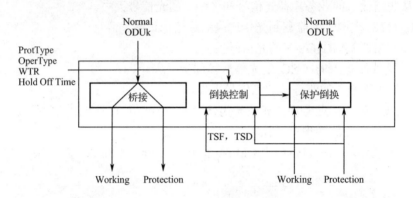

图 5-6-1　子网连接保护

此外，在电域 ITU-T 还提出了基于 ODUk 的环网共享保护，其保护协议和保护倒换操作程序符合 G.873.2 的定义（此标准尚在制定中）。在光域内，OTN 支持光通道 1+1 保护（O-SNCP），对于光通道的 1+1 保护，可以是 1+1 的 OCh 保护，对 OCh 的 SNCP 保护，与 G.841 中定义的 SDH 通道层的 SNCP 保护是一致的。也就是 OCh 分配调制到两路彩光上，分别送入环两个方向的光复用单元传送到对端，对端对此两路 OCh 信号进行质量监测，择优接收。G.798 中定义 OTN 设备 1+1 的 OCh 保护连接支持 SNCP/N 方式，如图 5-6-2 所示。

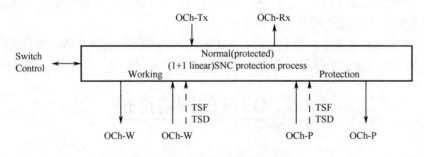

图 5-6-2　OCh 子网连接保护

OTN 的光通道保护也可以采用 DWDM 光传输系统中的 1+1 客户层光业务信号保护方

式。分光器将输入的光客户业务信号分成两路，分别送入不同方向上的 OTU 单元，经 OTN 环网的两个方向送到对端，对端对此两路彩光信号进行质量监测（LOS），择优接收，如图 5-6-3所示。

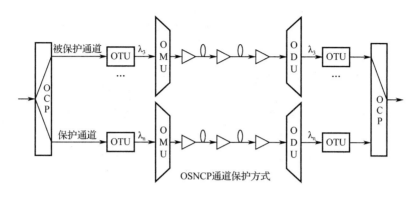

图 5-6-3　通道保护

对 OTN 的光复用段层保护：1+1 的线性 LMS 保护交换方案。

OTN 的 1+1 的光复用段层保护结构与 SDH 是极其相似的，符合 G.841 定义的 1+1 复用段层保护模型。对于 OTN 点对点的线性系统，1+1 线性光复用段（OMS）保护交换方案，将复用段光信号用分光器分成两路，分别送入不同的 OTS 子层，经不同的光物理层送到对端，在对端 OMS 光复用段的接收侧进行监测（LOS-P），择优接收，如图 5-6-4所示。

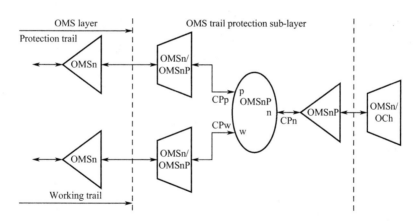

图 5-6-4　复用段保护

对图 5-6-4中 1+1 线性光复用段（OMS）保护倒换功能块，G.798 标准有详细的描述。

对于 OTN 光复用段的共享环保护，光复用段共享保护环（OMS-SPRING）。在 OTN 中，光复用段共享保护环结构也具有抗毁性生存能力。尤其对于要求逻辑网状结构的网络，较复杂的光层保护交换模型能提供高效率的带宽管理能力。目前这种模型的相关协议标准尚在制定中。

5.7 OTN 的抖动和漂移性能

对 OTN，与电域层的 PDH、SDH 网络一样，为保证 TDM 业务信号传送质量，对抖动和漂移性能有相应的要求。本节主要介绍 OTN 的网络节点设备接口的抖动和漂移性能要求，包括最大允许抖动、抖动转移特性和最小输入抖动容限。

由前述可知，OTN 的网络节点设备接口主要是 UNI 用户业务接口和 NNI 域间接口。对 UNI 接口，只是对输入/输出 UNI 接口的 SDH 业务有抖动和漂移性能要求。对于 SDH 业务，要求输入/输出 UNI 接口的 SDH 业务抖动和漂移性满足 G.825 的要求，这与 SDH 光传输设备 STM-N 接口上的抖动和漂移性能要求一致，内容参见 ITU-T 的 G.825。

对 NNI 域间接口，ITU-T 只对 OTM-0.m 的单波白光接口上输入/输出的 OTUk 信号制定了相应的抖动和漂移性能。

5.7.1 OTUk 接口（NNI）允许输出的最大抖动和漂移

OTUk 接口上，允许输出的最大抖动值见表 5–7–1。

表 5–7–1 允许输出的最大抖动值

Interface	测试带宽 −3 dB frequencies/Hz	Peak-to-peak 幅度 /UIpp
OTU1	5k～20M	1.5
OTU1	1M～20M	0.15
OTU2	20k～80M	1.5
OTU2	4M～80M	0.15
OTU3	20k～320M	6.0
OTU3	16M～320M	0.15

注：OTU1　$1\,UI=\dfrac{238}{255\times2.488\,32}\,ns=375.1\,ps$

　　OTU2　$1\,UI=\dfrac{237}{255\times9.953\,28}\,ns=93.38\,ps$

　　OTU3　$1\,UI=\dfrac{236}{255\times39.813\,12}\,ns=23.25\,ps$

在测试节点设备的 OTUk 接口之前，不论已串联了多少个 OTN 的节点设备，OTUk 接口的最大输出抖动值都要求满足表 5–7–1 中的指标要求。

由于在 NNI 接口单元内，通常不需要独立的定时单元提供工作定时（独立定时单元通常包含在 ODUk/客户层信号适配单元内，也就是 UNI 接口单元内），接收侧通常采用从通过的 OTUk 信号中再生定时，因此，对 OTUk 接口的定时输出漂移指标无要求。

5.7.2　OTUk 接口（NNI）的输入抖动和漂移容限

在 OTN 网络的传送过程中，每经过一个 OTN 的节点，OTUk 信号的抖动和漂移都会有积累。因此，在某一个 OTUk 接口的输入侧，都要求能容忍一定量的输入抖动和漂移，在保障正常传输的情况下，OTUk 接口能容忍的最大输入抖动和漂移的量就叫作 OTUk 接口（NNI）的输入抖动和漂移容限。

在输入信号上叠加的输入抖动和漂移大于给定的容限值，等效于 1 dB 接收光功率劣化的情况下测试不产生任何误码。

注：1 dB 接收光功率劣化的定义为：先测试误码达到 10e-10 情况下的最低接收光功率，之后将接收光功率增加 1dB，再向输入信号调制不同频率的抖动和漂移信号，接收误码达到 10e-10 时的调制量要求在给定的容限指标之上。如果有 FEC，要求将 FEC 功能关闭。

OTUk 接口的输入信号在规定的频偏范围内（±20 ppm），要求都能满足输入抖动和漂移容限。下面给出不同速率的 OTUk 信号的输入抖动和漂移容限值要求。

5.7.3　OTU1 接口（NNI）的输入抖动和漂移容限

图 5-7-1 所示是 OTU1 接口（NNI）的输入抖动和漂移容限。

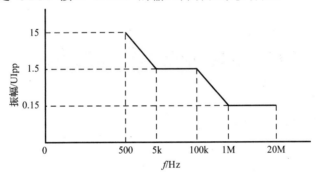

图 5-7-1　OTU1 接口（NNI）的输入抖动和漂移

图 5-7-1 中，由于实际原因（通常在定时再生锁相环的带宽之内），不要求测试低于 500 Hz 以下频率的抖动和漂移指标。

5.7.4　OTU2 接口（NNI）的输入抖动和漂移容限

图 5-7-2 所示是 OTU2 接口（NNI）的输入抖动和漂移容限。

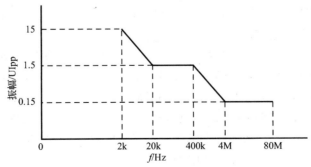

图 5-7-2　OTU2 接口（NNI）的输入抖动和漂移

图 5-7-2 中，由于实际原因（定时再生锁相环的带宽之内），不要求测试低于 2k 以下频率的抖动和漂移指标。

5.7.5 OTU3 接口（NNI）的输入抖动和漂移容限

图 5-7-3 所示是 OTU3 接口（NNI）的输入抖动和漂移容限。

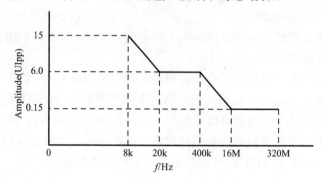

图 5-7-3　OTU3 接口（NNI）的输入抖动和漂移

图 5-7-3 中，由于实际原因（定时再生锁相环的带宽之内），不要求测试低于 8k 以下频率的抖动和漂移指标。

5.8　大容量超长距离光传输

超长距离光传输是指不采用电再生中继的全光传输。由于减少了光/电转换次数，并且可以利用光纤丰富的带宽资源，超长距离传输技术大大降低了长距离传输的成本，同时系统的可靠性和传输质量都得到了保证。正是由于这些优点，长距离光传输技术受到了电信运营商和设备制造商的关注，成为近年来电信业的热点技术之一。

在大容量超长距离传输解决方案中，40 Gb/s 光传输技术、拉曼放大器、色散补偿、前向纠错（FEC）、RZ 调制方式等已经成为被众多电信运营商、设备供应商广泛认同的关键技术。

由于传统的 WDM 系统，每经过 200 km 左右的传输就需要对光信号进行 OEO 再生，因此，OEO 再生的成本在 WDM 系统的建设成本中所占的比重越来越大。大容量超长距离传输不仅可以极大地提高传输容量，而且可以减少大量电中继站，节省网络成本。

目前 10 Gb/s WDM 系统的传输容量已超过 1.6Tb/s，但业务（尤其是 IP 业务量）还在迅速增长，带来了对带宽更宽的需求。

为提高 WDM 光传送网的传输容量，实现大容量传输，OTN 可采取的措施是通过增加波长通道数或提高单波信道的传输速率来实现。增加波长通道数的途径有：减小通道间隔、拓宽波长范围。10 Gb/s 系统的通道数目前已超过 160 个，密集波分复用（DWDM）的通道间隔已实现 50 GHz，并向 25 GHz 发展，但波长间隔的进一步减小将使光纤非线性效应（相邻波之间的交调干扰增加）的抑制变得困难。目前波长频谱已用到了 C 和 L 波段，但靠拓宽波长范围的方式受到光放大器带宽的限制。

40 Gb/s 系统只需 40 波,采用一个波段,且所用的用户接口单元 OTU 的数量可比 10 Gb/s 系统减少 3/4,这将简化网络管理,比 4 个 10 Gb/s 系统更节省空间、功耗。降低网络费用一直是运营商的主要目标之一,如果 40 Gb/s 的 OTU 在费用上做到比 4 个 10 Gb/s 的 OTU 用户单元低,就降低了运营商的费用,40 Gb/s 的 WDM 系统就会得到运营商的认可。

对一个 100 GHz 间隔的 10 Gb/s WDM 系统,在不影响其他 10 Gb/s 信道的条件下,只需升级两端的 OTU(40 Gb/s)设备,即可将信道的容量提升为原来的 4 倍。

与 10 Gb/s WDM 系统相比,40 Gb/s WDM 系统对光传输网性能的要求更高:光信噪比(OSNR)提高 6 dB 左右,色度色散容限降低为 1/16,偏振模色散(PMD)容限降低为 1/4。

40 Gb/s 光传输技术主要涉及光放大技术、色散补偿技术、非线性效应抑制、RZ 信号调制格式、PMD 补偿。

OTN 光传送网为实现超长距传输,采取的措施如下。

1. FEC 编码技术

FEC 编码:属于信道编码技术,信道编码的本质是增加通信的可靠性。但信道编码会使有用的信息数据传输减少,信道编码的过程是在源数据码流中加插一些码元,从而达到在接收端进行判错和纠错的目的,这就是开销。在 OTN 中,为每一路通道进行 FEC 编码,在不降低传送有用信息码率的情况下,总的传送码率由于信道编码增加了数据量,其结果增大了每路通道的传送码率带宽。

对 FEC 编码,根据信息码和监督码之间的关系,分为分组码和卷积码两类,两者特性不同。

分组码:码形排列为(n,k),n 位码元,k 位信息码。r=n-k,为监督码。分组码中,r 监督码只与本组内的 k=n-r 信息码有关。

卷积码:r 监督码不仅与本组内的 k=n-r 信息码有关,与前面各组的 k=n-r 信息码也有关。

前向纠错码(FEC)的码字是具有一定纠错能力的码型,纠错码是利用码字与码字之间有规律的数学相关性来发现并纠正错误的。它在接收端解码后,不仅可以发现错误,而且能够判断错误码元所在的位置,并自动纠错。这种纠错码信息实时性好,在单向传输系统中大都采用这种信道编码方式。

2. RZ(归零码)调制码型

在光信道中,调制到光载波上的数字比特信号码型在 10 Gb/s 以内,普遍采用的是非归零(NRZ)码的调制格式。NRZ 码以其码型简单、电路成本低等优势成为传统 WDM 系统的标准调制码型。但是在长距离和大容量(40 Gb/s)系统中,NRZ 码逐渐暴露出非线性容限差、抗色散能力不足、末端接收侧对 OSNR 要求高等缺点。在 40 Gb/s 系统中,尤其是长距离传输时,已逐渐采用了 RZ 码(占空比 50%)。RZ 码型可以获得更高的灵敏度、更低的接收 OSNR、更大的色散或非线性容限等。

RZ 码具有如下的一些优点:

① RZ 码抗 PMD(偏振模色散)的能力比 NRZ 码的强。

② RZ 码降低了系统对 OSNR 的要求,有利于现在的 10 Gb/s 的光纤通信系统速率升级到 40 Gb/s。与 NRZ 相比,RZ 的占空比小,同样平均功率时的峰值功率高,因此,RZ 码的灵敏度、接收侧对 OSNR 的要求比 NRZ 码的低。在相同 OSNR 下,RZ 码的接收眼图比 NRZ 码张得更开。

③ RZ 码可降低非线性效应的影响，在长距离传输中，为了增加中继传输间距而提高发送光功率时，由于入纤功率的提升，会增加非线性效应的影响。RZ 码输出的光功率能量集中，信号峰值功率高，但平均光功率降低，从而降低了入纤平均光功率。因此，对于 40 Gb/s 系统而言，采用 RZ 编码调制技术，降低输出的平均光功率，可使非线性效应降低。

可采用有效面积大的光纤来降低非线性效应的影响。

④ 在相同速率下，RZ 码比非归零（NRZ）码有更宽的频谱范围，频谱的展宽也可抑制光纤非线性效应中布里渊后向散射及非线性串扰的影响，但 RZ 码展宽了信号的频谱，限制了信道的间隔。在信道间隔大的系统中，更多的时候是采用 RZ 码。

对于信道间隔小的系统，采用频谱宽度小的 NRZ 能减小非线性串扰的影响，表现出比 RZ 更好的性能。

3. PMD 偏振模色散补偿

在单模光纤传输中，光波的基模含有两个相互垂直的偏振态。理想光纤的几何尺寸是均匀的，且没有应力，因而光波在这两个相互垂直的偏振态以完全相同的速度传播，在光纤的另一端没有任何延迟。然而，在实际的光纤中，由于光纤内部结构不对称或波导管外部压力等原因，两个相互垂直的偏振模是以不同的速度传播的，因而到达光纤另一端的时间也不同。

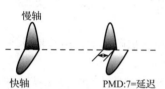

慢轴

快轴　　　　PMD:7=延迟

图 5-8-1　PMD 偏振模色散补偿

这两个相互垂直的偏振模在单位长度中的时间差，即是 PMD，其单位为 ps/km。PMD 和色度色散对系统性能具有相同的影响，即引起脉冲展宽，从而限制了传输速率，如图 5-8-1 所示。

在数字系统中，当数据传输率较低和距离相对较短时，PMD 对单模光纤系统的影响微不足道。随着对带宽需求的增长，特别是在 40 Gb/s 的高速率系统中，PMD 开始成为限制系统性能的因素，因为它会引起脉冲展宽。

40 Gb/s 信号的偏振模色散（PMD）容限同样大大降低，因此对系统的 PMD 性能提出了更高的指标。但是 PMD 是一种动态效应，其补偿技术复杂，而且必须每个波长信道单独补偿，对 10 Gb/s 系统的色散限制距离约 60 km。和 10 Gb/s 系统相比较，40 Gb/s 色散容限要提高 16 倍，其色散容限约为 50 ps/nm，这相当于 3 km 标准单模光纤（SMF）所引起的色散，因此，随着光通道速率的提高，色散受限距离已经取代了功率受限距离，并成为主要限制因素之一。对于 40 Gb/s 传输，采取合理的色散补偿是必需的。如基于光纤的色散补偿技术，可采用色散补偿光纤（DCF）。另一种简单直接的色散补偿方案是在线路放大器中插入无源的固定色散补偿模块（DCM）。PMD 容忍度与比特率成反比，也就是说，40 Gb/s 信号的 PMD 容忍度是 10 Gb/s 信号的 1/4。由于 PMD 产生的色散值较小，比色度色散小几个数量级在合适的传输距离内，PMD 还不是限制 40 Gb/s 传输的主要因素。

4. 拉曼（Raman）放大器（低噪声放大器）

光信噪比（OSNR）定义为光信号功率与光噪声功率之比，对于 WDM 系统而言，低噪声放大器的采用是传输更长距离的重要因素，因为单纯地提高发送光功率会引起光纤的非线性效应的产生，使光信号频谱展宽，引起色散，难以达到传送目标距离的要求。

对于 EDFA 光放大器，在对光信号放大时，由于产生较大的 ASE 背景光噪声，在多级 EDFA 放大器级联时，OSNR 下降较大，限制了光放大中继段的数量。

从图 5-8-2 中可看出，EDFA 光放大器在对光信号放大过程中，ASE 也被放大了，反应每经过一个光放大器，ASE 逐级增加，使得 OSNR 逐级下降。对 EDFA 光放大器，其产生的 ASE 背景光噪声会随光增益的增加而增加，因此，EDFA 光放大器的输出光功率不能太大。

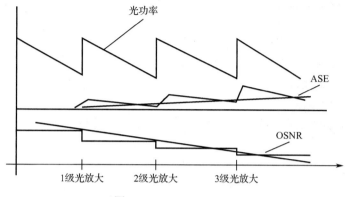

图 5-8-2　OSNR、ASE

拉曼（Raman）放大器由于是一种低噪声放大器，在长距离的光传输应用中，是一种很好的选择。

光纤拉曼放大器具有许多优点：

① 增益介质为普通传输光纤，与光纤系统具有良好的兼容性。

② 增益波长由泵浦光波长决定，不受其他因素的限制，理论上只要泵浦源的波长适当，就可以放大任意波长的信号光。

③ 增益高、串扰小、噪声指数低、频谱范围宽、温度稳定性好。

拉曼放大器工作的基本原理是受激拉曼散射（SRS）效应，当波长较短（与信号波长相比）的泵浦光馈入光纤时，发生此类效应。拉曼增益取决于泵浦光功率、泵浦光波长和信号光波长之间的波长差值。泵浦光光子释放其自身的能量，释放出基于信号光波长的光子，将其能量叠加在波长较长的信号光上，从而完成对信号光的放大。

受激拉曼散射（SRS）是光纤中的一种非线性现象，它将一小部分入射光功率转移到频率比其低的斯托克斯波上；如果一个弱信号与一强泵浦光波同时在光纤中传输，并使弱信号波长置于泵浦光的拉曼增益带宽内，弱信号光即可以得到放大。

采用拉曼放大器后，较低的信号光功率就可得到较高的 OSNR，从而减少光纤非线性效应的影响。

思考与练习

一、填空题

1. OTN 是根据_____的_____和主要_____来定义的。

2. OTN 可以在_____层对信号进行处理。

3. OTN 以_____为基础，在光层组织网络的传送网，是下一代的骨干传送网，将解决传统 WDM 网络无波长/子波长业务调度能力差、组网能力弱、保护能力弱等问题。

4. 光传送网是在光域对客户信号提供_____、_____、_____、_____和功能的实体。

5. OTN 可分为_____、_____和_____。

二、简答题

1. 什么是 OTN 技术？为什么会产生 OTN？

2. OTN 技术的灵活调度体现在哪几个方面？

3. OTN 的特点是什么？

4. OTN 的实现方式是什么？

5. 从各光子层功能来看，光网络层实现的三大类功能是什么？

第 6 章

传输现场基础维护

学习目的

本章内容为传输的基础概念及基本的维护知识。在设备维护与监控管理方面，各厂家都有针对各自设备特性的维护要求，本章中所列出的为通用的基本维护要求，是维护人员必须掌握的内容。

6.1　现场维护基础

6.1.1　传输的基本概念

传输网在整个电信网络中是一个基础网，其发挥的作用是传送各个业务网的信号，使每个业务网的不同节点、不同业务网之间互相连接在一起，形成一个四通八达的网络，为用户提供各种业务。传输网提供 2M、8M、34M、140M、155M、2.5G 速率的通道，各业务网通过传输网传送信号时，也必须以相应的接口与传输网对接，常用的有 2M、155M、2.5G 等速率接口，这些接口可以是电口，也可以是光口。传输设备把这些相同速率或不同速率的多条通道复用成高速率的信号，通过传输媒质传送到对端局，然后解复用还原给相应的业务网。根据传输媒质的不同，传输可分为微波通信、光通信等；根据复用方式的不同，传输又可分为模拟（频分）通信、数字（时分）通信，其中数字（时分）通信又分为 PDH、SDH 两种，目前骨干传输网络基本采用 SDH 光通信，而在接入层，小 PDH 光通信传输设备使用得较多。

6.1.2　常见的传输设备、结构

常见的骨干传输设备一般以子框为基本物理单元，子框安装在机架中，机架为子框提供电源、告警、风扇等公用模块，而子框根据里面的配置不同，可分为复用单元、线路单元，随着设备集成度的提高，同一个子框里可以把复用单元、线路单元放在一起，配成一个或多个传输系统。从逻辑上讲，一个传输系统可分为支路单元、线路单元、时钟单元、告警单元等部分，其中支路单元接用户业务，线路单元接光缆线路，而时钟单元、告警单元则提供公用功能。在传输机房里，配套的传输设备还有 DDF 架、ODF 架，DDF 架用于用户中继与传输电路间的跳接，ODF 架用于传输线路单元与光缆外线之间的跳接，如图 6-1-1 所示。

图 6-1-1 传输机房中的配套传输设备

小 PDH 设备从逻辑上讲也同样具有上述逻辑单元，但因其容量小，所以可做成集成度很高的如 DVD 机一般大小的设备或单盘。

6.1.3 各类传输设备常见告警（面板与头柜）及含义

SDH 传输设备因监控比较完善且告警种类繁多，因此一般无法从设备面板告警灯指示来判断故障，而应及时与监控中心联系。而小 PDH 设备则可通过面板指示简单判断故障，这将在下面讲述。这里先讲传输常见的告警及含义。

传输告警大多由三个方面引起：线路、设备、支路，以下是一些常见告警。

① 无光：光缆断，本端光端机收光模块坏，对端光端机坏或发光模块坏，对端光端机断电。

② 线路误码：光缆衰耗大，本端光端机收光模块性能降质，对端光端机发光模块坏性能降质。

③ 帧失步：光缆衰耗大，本端光端机坏或收光模块性能降质，对端光端机发光模块坏性能降质。

④ 支路信号丢失：用户业务信号断，DDF 架跳线出现故障，支路单元或支路接口出现故障。

⑤ 支路误码：DDF 架跳线出现故障，支路单元或支路接口出现故障，光缆衰耗大。

⑥ 告警指示（AIS）：对端 DDF 架跳线出现故障，对端光端机支路单元或支路接口出现故障，光缆断，本端光端机收光模块坏，对端光端机坏或发光模块坏，对端光端机断电。

⑦ 对告：对端光端机有告警。

6.1.4 DDF、ODF 架资料及相关资料的查询

1. DDF 架

DDF 架用于用户中继与传输电路间的跳接和转接。以往 DDF 架分正面（高速）单元和背面（低速）单元。和低速单元相比，高速单元有塞孔，可用于测试、环路等维护工作，现在为维护方便，背面也采用高速单元。一般来说，正面单元接传输设备提供的支路通道，背

面单元接用户中继（如交换中继），两者之间通过跳线连接后即可开放业务。DDF 架自身故障和跳线故障一般会引起支路信号丢失、支路误码、告警指示（AIS）、对告等告警。

一般情况下，在 DDF 架的横条上都标有该端子所对应的电路名称、所处传输设备的网元及对应的槽道号，在 DDF 架的上面都标有 DDF 号及正反面。比如现有电路：

556-146 SYS1 对应的位置分别为：

556 侧：ddf5-tm1-19   146 侧：ddf8-tm14-17

在 556 机房内，标有 DDF5 正面的第 1 排端子条上的第 19 个端子就是该系统，因为电路是有收发的，相应地，在 DDF5 正面的第 7 排端子条上的第 19 个端子就组成了该电路的收发。同样，在 146 侧也是如此。

现在只有宁波隆鑫密集型 DDF 的收发是在一个端子上，其他类型的 DDF 的收发都不在一个端子条上。

2. ODF 架

ODF 架用于通信设备光接口与光缆外线之间的跳接、光纤转接。光纤通过 ODF 架上面的法兰盘对接。如对接不良，会引起无光、线路误码、帧失步、告警指示（AIS）、对告等告警。ODF 架也有好几种类型，如常州太平洋 ODF、深圳世纪人通信 ODF、日海通信及NEC-ODF 等。一般情况下，外缆都是通过光纤连接器连到 ODF 架的内侧，而尾纤是接在 ODF架的外侧。在 ODF 架上都标有相应的标签，其中标有光缆的名称及该位置所对应的光系统名称。例如：

云南路 ADSL—龙江 ZAN，该光系统在龙江的位置为 ODF1（龙江—5, 6/144P 云南路），就是指这个光系统是在龙江机房 ODF1 架中龙江—云南路 144 芯光缆的第 5、6 两芯。

只要熟练掌握 DDF 和 ODF 架的使用常识，标签清楚整洁，就能完成对相关资料的准确查询。

6.1.5　小 PDH 光端机

小 PDH 光端机目前常用来做大用户接入，常见的有 8M 小光端机和 34M 小光端机，分别提供 4 个 2M 通道和 16 个 2M 通道。型号多种多样，但不同厂家提供的光端机面板告警大体类似，有无光（NOP）、帧失步（LOF）、线路误码（1*E-3、1*E-6）、对告（RMA、RA）、支路信号丢失（E1LOS），同时还有对告按钮，可以按下查看对端光端机的告警（按下对告按钮，本端光端机显示的告警内容就是对端光端机的告警），结合这些告警，一般能初步判断故障是否在小光端机这一段。如用户报业务不好，看到本端光端机有对告，按下对告按钮后看到有支路信号丢失（E1LOS），一般就可认为用户设备断电、2M 线断或 2M 线收发反了，与用户电话联系或直接去用户端处理即可。

6.1.6　注意事项

1. 机房注意事项

（1）环境现场检查。

① 保持机房清洁干净，防尘防潮，无异味，防止鼠虫进入。

② 保证稳定的温度范围：15 ℃～28 ℃，机房温度最好保持在 20 ℃左右。

③ 保证稳定的湿度范围：40%～80%。

④ 照明设施无损坏。

（2）电源现场检查。

① 保证传输设备正常工作的直流电压：-48 V（设备电源线区分一般为：蓝色线为-48 V、黄色线为保护地、黑色线为工作地）。

② 允许的电压波动范围：-48 V（1±5%）。

③ 确保设备良好接地：设备采用联合接地，接地电阻应良好（要求小于 1 Ω），否则会被雷击打坏设备。

④ 电源线、在用熔丝连接正确、牢固，无发热现象；备用熔丝容量正确、可用。

（3）设备现场检查。

① 设备运行正常，无异常情况，无告警。

② 设备清洁干净完好，无缺损；附件、配件齐全；相关标签、资料，相关文档，电路资料规范，光路资料规范齐全。

③ 仪表、工具、调度尾纤、塞绳、钥匙等各用具功能正常，安放到位，满足维护需要。

④ 传输设备子架上散热孔不应有杂物（如 2M 线缆、尾纤等）。

⑤ 机柜指示灯和告警铃声检查：一般绿色灯亮表示设备供电正常，红色灯亮表示本设备当前正发生危急告警，黄色灯亮表示本设备当前正发生主要告警。

⑥ 检查单板指示灯，单板是否发烫，子架通风口风量是否过大。

2. 防止激光伤害

当对尾纤和光接口板的光连接器进行操作时，最好佩戴过滤红外线的防护眼镜，可以避免操作过程中可能出现的不可见红外激光对眼睛的伤害。没有佩戴防护眼镜时，禁止眼睛正对光接口板的激光发送口和光纤接头。

3. 光接口板的光接口和尾纤接头的处理

对于光接口板上未使用的光接口和尾纤上未使用的光接头，一定要用光帽盖住；对于光接口板上正在使用的光接口，当需要拔下其上的尾纤时，一定要用光帽盖住光接口和与其连接的尾纤接头。

这样做有以下益处：

① 防止激光器发送的不可见激光照射到人眼。

② 起到防尘的作用，避免沾染灰尘使光接口或者尾纤接头的损耗增加。

4. 光接口板环回操作注意事项

用尾纤对光口进行硬件环回测试时，一定要加衰耗器，以防接收光功率太强导致接收光模块饱和，甚至光功率太强损坏接收光模块。

5. 更换光接口板时的注意事项

在更换光接口板时，要注意在插拔光接口板前应先拔掉线路板上的光纤，然后再拔线路板，不要带纤拔板和插板。

不要随意调换光接口板，以免造成参数与实际使用不匹配。

6. 防静电注意事项

在设备维护前，必须按照要求，采取防静电措施，避免对设备造成损坏。

在人体移动、衣服摩擦、鞋与地板的摩擦或手拿普通塑料制品等情况下，人体会产生静电电磁场，并较长时间地在人体上保存。在接触设备，手拿插板、单板、IC 芯片等之前，为防止人体静电损坏敏感元器件，必须佩戴防静电手腕，并将防静电手腕的另一端良好接地。

7. 单板电气安全注意事项

单板在不使用时要保存在防静电袋内；拿取单板时，要戴好防静电手腕，并保证防静电手腕良好接地。注意单板的防潮处理，备用单板的存放必须注意环境温、湿度的影响。

防静电保护袋中一般应放置干燥剂，用于吸收袋内空气的水分，保持袋内的干燥。当防静电封装的单板从一个温度较低、较干燥的地方拿到温度较高、较潮湿的地方时，至少需要等 30 min 以后才能拆封；否则会导致潮气凝聚在单板表面，容易损坏器件。

8. 设备温度检查

将手放于子架通风口上面，检查风量，同时检查设备温度。如果温度高且风量小，应检查子架的隔板上是否放置了影响设备通风的杂物；或风机盒的防尘网上是否脏物过多。若是，清理防尘网；若为风扇本身发生问题，必要时更换风扇。

此外，还可以用手接触电路板前面的拉手条，探测电路板的温度。

对设备的温度检查，要每天进行一次。

9. 风扇检查和定期清理

良好的散热是保证设备长期正常运行的关键。在机房的环境不能满足清洁度要求时，风扇下部的过滤网很容易堵塞，造成通风不良，严重时可能损坏设备。因此，需要定期检查风扇的运行情况和通风情况。

定期清洗设备风扇盒防尘网。条件较好的机房每月清洗一次，机房温度、防尘度不好的机房每两周清洗一次。如果发现设备表面温度过高，应检查防尘网是否堵塞，风扇是否打开。

10. 公务电话检查

公务电话对于系统的维护有着特殊的作用，特别是当网络出现严重故障时，公务电话就成为网络维护人员定位、处理故障的重要通信工具，因此，在平时的日常维护中，维护人员需要经常对公务电话做一些例行检查，以保证公务电话的畅通。

定期从本站向中心站拨打公务电话，检查从本站到中心站的公务电话是否能够打通，并检查话音质量是否良好。让对方站拨打本站公务电话进行测试。中心站应定期依次拨打各从站，检查公务电话质量。

如果条件允许，可从中心站拨打会议电话，检查会议电话是否正常。电话不通时，通过设备机房专线电话（或者其他联系方法）确认被叫方是否挂机。若已挂机，则由中心站通过网管检查相应的电路板配置数据是否发生了改变，若配置正确，则结合其他板的性能、告警判断问题是出在线路上还是电路板上。

6.2　基本维护操作

6.2.1　电路环路、调度与测试

① 在 DDF 架上进行焊接操作时，防止屏蔽层与芯线短路；烙铁温度不能高，防止烫坏绝缘层；焊接点焊锡不能过多或过少，焊点光滑、无尖锐突起。

② 对电路做环路或调度操作前，要清楚 DDF 架上高端侧（传输）和低端侧（交换）及

跳线的分布情况。进行拔插塞绳时，不能直接拉塞绳，要拿住塞绳头进行相关操作，防止损坏塞绳。

③ 环路操作在进行电路障碍的分析判断时，根据需要实施。环路操作用调度塞绳，一般在高端侧（传输）完成，一般下塞孔对传输线路侧做环回，上塞孔对交换用户侧做环回。

④ 调度操作分临时应急调度和固定调度，临时调度在做应急障碍抢修时实施，一般用塞绳实施（将 U 形同轴连接器或塞子拔除），固定调度操作根据业务开放需要，用跳线焊接完成。做调度操作时，要注意信号收发（in 和 out）。

⑤ 电路测试分在线监测和离线终端测试。在线监测通过 DDF 架监测孔进行，一般不影响业务；离线终端测试时，将 DDF 架 U 形同轴连接器（塞子）拔除，将待测电路收发和测试仪表端子相连测试，此时业务中断。

6.2.2　使用万用表测试中继电缆

在施工和维护工作中，经常需要对同轴中继电缆进行测试，以判断电缆是否有虚焊、漏焊、短路，以及中继电缆在 DDF（数字配线架）处的连接位置是否正确。这就是通常所说的对线。测量对线的操作如下：

① 将同轴电缆一头的信号芯线和屏蔽层短接（可以用短导线或镊子），在同轴电缆另一头用万用表测试信号芯线和屏蔽层之间的电阻，电阻应该约为 0 Ω。

② 取消信号芯线和屏蔽层的短接，再在另一头用万用表测试，电阻应该为无穷大。

③ 如果测试结果与上面的描述相符，说明测试的两头是同一根电缆的两头，且此电缆正常。

如何测试结果与上面的描述不相符，说明电缆中间存在断点或电缆接头处存在虚焊、漏焊、短路，或者这两头不是同一根电缆的两头。

6.2.3　环回

环回操作在定位故障的过程中经常用到，下面分别讲述 SDH 接口和 PDH 接口的内外环回的操作。

1. SDH 光接口硬件环回

从信号流向的角度来讲，硬件环回一般都是内环回，因此也称为硬件自环。光口的硬件自环是指用尾纤将光板的发光口和收光口连接起来，以达到信号环回的目的。

硬件自环有两种方式：本板自环和交叉自环（环回时要加光衰耗器）。

本板自环：将同一块光板上的光口"IN"和"OUT"用尾纤连接即可。

交叉自环：用尾纤连接西向光板的"OUT"口和东向光板的"IN"口，或者连接东向光板的"OUT"口和西向光板的"IN"口。

2. SDH 接口的软件环回

SDH 接口的软件环回是指网管中的"VC-4 环回"设置，也分为内环回和外环回。以下以华为设备为例，说明操作方法：

① 在网管界面顶部菜单条选择[维护/环回/VC4 环回]。

② 在跳出的界面上选择要设置环回的线路板，单击 `>>`。

③ 系统自动查询所选线路各通道的环回状态，默认为不环回。

④ 单击要设置环回的线路端口，根据维护需要选择环回方式。

⑤ 单击"应用"按钮。

案例：VC-4 环回的应用

【故障现象】

以 OptiX 2500+设备为例，如图 6-2-1 所示，A 站为中心站，A 站到 C 站的 2M 业务中断。

【故障定位步骤】

首先在 A 站业务中断的 2M 口上，挂误码仪进行测试，如图中第①步所示。找出此 2M 业务所在的 VC-4。通过网管，对 A 站东向（图中所示为"e"）光板的相关 VC-4 进行 VC-4 环回（"内环回"），如图中第②步所示。如果环回后误码仪显示业务正常，说明 A 站本身无问题，进行下一步。

通过网管，解除 A 站东向光板此 VC-4 的"内环回"，并对 B 站西向（图中所示为"w"）光板的此 VC-4 进行 VC-4 环回的"外环回"，如图中第③步所示。如果环回后误码仪显示业务不通，说明故障基本上就在 A、B 站之间的光纤上；如果误码仪仍然显示业务正常，则应继续下面步骤的环回以定位故障。

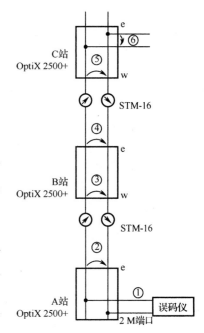

图 6-2-1　VC-4 环回的应用

解除 B 站西向光板此 VC-4 的"外环回"，继续对 B 站东向的该 VC-4 进行"内环回"，如图中第④步所示。如果环回后业务不通，说明故障就在 B 站；如果环回后业务仍然正常，则应继续下面步骤的环回以定位故障。

解除 B 站东向该 VC-4 的"内环回"，继续对 C 站西向的该 VC-4 进行"外环回"，如图中第⑤步所示。如果环回后业务不通，说明故障在 B、C 站之间光纤上；如果环回后业务仍然正常，故障只可能在 C 站了。

解除 C 站西向该 VC-4 的"外环回"，接下来，不用"VC-4 环回"，而采用对应 2M 支路端口的"内环回"，可基本判断故障是在 C 站的 SDH 网元还是在外接电缆。内环回的示意如图中第⑥步所示。

注意

① 进行 VC-4 环回时，由于是对整个 VC-4 环回，将导致该 VC-4 内的所有业务受影响。

② 光路上速率等级不管是 STM-1、STM-4，还是 STM-16，如果对第一个 VC-4 进行"VC-4 环回"，将可能影响 ECC 通信，导致下游网元无法登录。

③ VC-4 环回最后一定要解除！（设置为不环回）

3. PDH 接口的硬件环回

从信号流向的角度来讲，硬件环回一般都是内环回。OptiX 设备 PDH 口的硬件环回有两个位置：一个是在子架接线区，一个是在 DDF。如果是 2M 信号，在子架接线区的硬件环回就是指将接口板上同一个 2M 端口的 TX、RX 用电缆连接。在 DDF 的硬件环回是指在 DDF 上将同一个 2M 端口的收发用电缆连接。

4. PDH 接口的软件环回

PDH 接口的软件环回是指通过网管对 PDH 接口进行的"内环回"或"外环回"设置。通过对 PDH 接口的环回操作，再结合误码仪和外环回测试，可以测试某个 2M 的传输全通道是否正常。以下以华为设备为例，说明操作方法：

① 在网管界面顶部菜单上选择"维护"→"环回"→"支路环回"。

② 在跳出的界面上选择要设置环回的支路板，单击 `>>` 。

③ 单击"查询"按钮，从网元侧查询支路的实际环回状况。

④ 单击要设置环回的支路端口，根据维护需要选择环回方式。

⑤ 单击"应用"按钮。

案例：支路接口外环回、内环回的应用

【故障现象】

以 OptiX 2500+为例，如图 6-2-2 所示，假设 A 局为中心局，交换机房报 A 局到 B 局有一个 2M 业务中断。

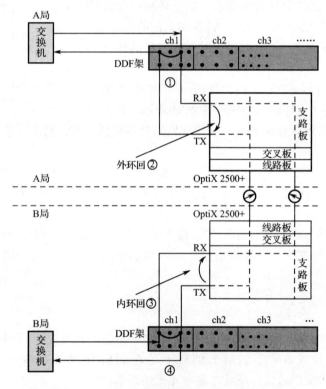

图 6-2-2　PDH 接口的外环回、内环回的应用

【故障定位步骤】

首先在 A 局 DDF 上，用自环电缆向交换机侧环回，观察交换中继的状态，如图中第①步所示。如果交换机中继状态不正常，说明是交换机到 DDF 的问题；如果中继状态正常，则继续以下步骤。

解除 DDF 上对交换侧的自环电缆。通过网管，对 A 局 OptiX 2500+网元相应的 2M 口做

"外环回"，观察 A 局交换中继状态或在 DDF 处挂误码仪测试，如图中第②步所示。如果交换机中继状态不正常，说明是 A 局 OptiX 2500+设备的支路板问题，或者是 OptiX 设备到 DDF 电缆的问题；如果中继状态正常，则继续以下步骤。

通过网管，解除 A 局 OptiX 2500+网元相应的 2M 口做的"外环回"。对 B 局 OptiX 2500+网元相应的 2M 口做"内环回"，仍然观察 A 局交换中继或误码仪状态，如图中第③步所示。如果交换机中继状态还不正常，由于排除第②步后，业务路径为 A 局 OptiX 的支路板、交叉板、线路板、光纤、B 局 OptiX 的线路板、交叉板、支路板，所以以上部位都有故障可能；如果中继状态正常，则继续以下步骤。

解除 B 局 OptiX 2500+网元相应的 2M 口做的"内环回"。在 B 局 DDF 上，用自环电缆向 A 局方向环回，观察 A 局交换中继或误码仪状态。如果交换机中继状态还不正常，则为 B 局 DDF 到 OptiX 设备的电缆问题，或 B 局 OptiX 的支路板问题；如果中继状态正常，只可能是 B 局 DDF 到 B 局交换机的问题。

6.2.4　尾纤的插拔

1. 尾纤简介

目前传输系统常用的尾纤有 SC/PC、FC/PC、LC/PC、E2000/APC 四种接口，如图 6-2-3 所示。

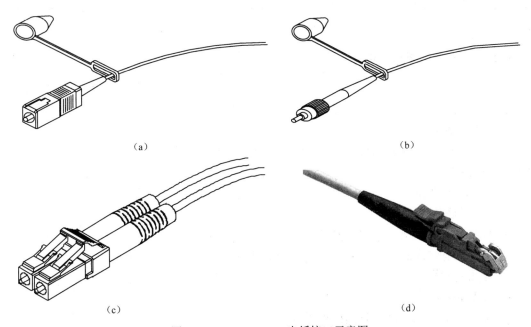

(a)　　　　　　　　　　　　　　　　　　(b)

(c)　　　　　　　　　　　　　　　　　　(d)

图 6-2-3　E2000/APC 光纤接口示意图

(a) SC/PC 型光接口尾纤；(b) FC/PC 型光接口尾纤；(c) LC/PC 光接口；(d) E2000/APC 光纤接口

2. 插拔尾纤方法

在插拔尾纤前，要戴好防静电手腕，防静电手腕要良好接地。

注意

SC/PC、LC/PC、E2000/APC 尾纤接口用手拔纤，易导致光纤损伤，造成严重业务中断故障。建议使用专用的拔纤器拔纤。

1. SC/PC 尾纤插拔

当 SC/PC 尾纤需要拔出时，应该使用专用工具——尾纤起拔器。插入尾纤时，将 SC/PC 尾纤上的连接器对准单板上的光接口，看准导槽，插入尾纤。如果听到一声脆响，说明尾纤已经插好。

2. FC/PC 尾纤插拔

FC/PC 尾纤需要拔出时，首先逆时针旋转尾纤上的锁定螺丝套，当螺丝已松动时，稍转螺丝套，将尾纤固定。FC/PC 型的活动光连接头决不能拧得太紧，否则光纤端面极易受伤。

3. LC/PC 尾纤插拔

拔出 LC/PC 尾纤时，必须使用专用的光纤起拔器。从上、下两面钳住尾纤上的连接器，压下叉簧，轻轻拔出。插入 LC 尾纤时，可直接用手进行操作，将尾纤上的连接器对准单板光接口，对准导槽，插入跳线，如听到一声脆响，说明尾纤已经插好。

4. E2000/APC 尾纤插拔

OptiX BWS 320G 系统拉曼放大器的拉手条上有少量的 E2000/APC 光接口。插入该光纤跳线时，使跳线上的连接器对准单板光接口，对准导槽，插入光纤跳线。拔出时需使用光纤起拔器，力度适中，小心拔出光纤跳线。

6.2.5 光接口清洁操作

1. 工具准备

清洁光纤接头和光接口板激光器的光接口，必须使用专用的清洁工具和材料，本节给出一些常用的清洁工具。

① 专用清洁溶剂（作为易耗品，优先选用异戊醇，其次为丙醇，不建议使用乙醇，禁止使用含甲醛溶剂）。

② 无纺型镜头纸。

③ 专用压缩气体。

④ 棉签（医用棉或其他长纤维棉）。

⑤ 专用的卷轴式清洁带（其中所使用的清洁溶剂优先选择顺序同上）。

⑥ 光接头专用放大镜。

2. 光纤端面的清洁步骤

① 确认要清洁的光纤与有源器件断开。

② 手持光纤连接器，避免手指与插针的任何部分接触，把镜头纸上滴有溶剂的部分覆盖在陶瓷插针的端面，慢慢地把镜头纸向一个方向拖过插针端面，该操作可重复 2～3 次，每次均为镜头纸的不同部位。

③ 待插针表面干燥后，使用专用压缩气体对准插针表面连续三次短促喷射（每次约为 1 s）。在避免与连接器端面物理接触的情况下，压缩气体罐喷嘴尽量靠近连接器端面。

以上步骤也可采用专用的卷轴式清洁带来完成。

④ 使用光接头专用放大镜检查连接器端面的清洁度，若合格，则可进行光纤连接工序。重复上述步骤后仍不合格，则可换纤。

3. 纤适配器的清洁步骤

① 从 ODF 架上取出光纤适配器。

② 用浸有专用清洁溶剂的棉签插入光纤适配器，轻轻转动和回拉棉签。视光纤适配器的清洁程度可重复该操作，但每次须使用不同的棉签。

③ 待光纤适配器干燥后，使用专用压缩气体吹去光纤适配器内壁表面可能存在的残留物。

4. 光纤端面的清洁度标准

光纤连接器清洁后，使用光接头专用放大镜检查端面情况，如图 6-2-4 所示，可认为光纤连接器清洁度符合要求。

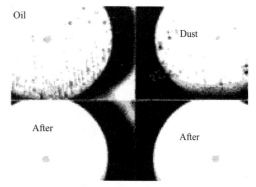

图 6-2-4　光接头专用放大镜检查端面

光纤连接器清洁后，使用光接头专用放大镜检查端面，若出现下列描述的任何一项，可认定为光纤连接器受损伤而不能再继续使用：

① 光纤端面有任何裂痕。

② 光纤端面上有经过芯层的划痕。

③ 光纤端面上有划痕终止于芯层。

④ 光纤端面上不经过芯层的划痕不止一条或有一条非常明显的划痕。

⑤ 光纤与陶瓷结合部周围有多余/突起的环氧树脂。

⑥ 光纤与陶瓷结合部光纤边缘有碎片、凹点、毛刺。

⑦ 插针端面及侧面任何部位有裂痕。

⑧ 插针端面上有多条非常明显的划痕。

⑨ 插针表面上有环氧树脂斑点。

光接口端面受损示意图如图 6-2-5 所示。

光纤放大器的输出端决不能在有光的情况下

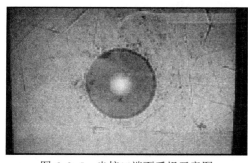

图 6-2-5　光接口端面受损示意图

清洁处理，否则肯定会造成光纤端面的硬性损伤。

6.2.6　光功率测试

1. 光功率计的基本使用（以 WG 光表为例）

（1）光功率计：

① 将待测纤接至光表的接收口。

② 按下"ON"（即打开电源）。

③ 按下"λ"，选择相应的波长（一般波长为 1 310 nm）。

④ 按下"dBm"，选择合适的计量单位（一般为 dBm）。

这样就可以测试光功率了。

（2）光源：

① 将待测光纤接至光表的发送口。

② 按下"ON"。

③ 按下相应的波长按钮（一般只有两种波长可选）。

这样就可以发送光信号测试了。

2. 发送光功率测试

发光功率测试如图 6-2-6 所示，测试操作如下：

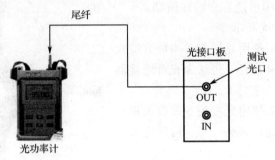

图 6-2-6　发光功率测试图

① 设置光功率计的接收光波长与被测光波长相同。

② 将测试用尾纤的一端连接被测光板的 OUT 接口。

③ 将此尾纤的另一端连接光功率计的测试输入口，待接收光功率稳定后，读出光功率值，即为该光接口板的发送光功率。

测量注意事项：

① 该项测试一定要保证光纤连接头清洁，连接良好，包括光板拉手条上法兰盘的连接、清洁。

② 事先测试尾纤的衰耗。

③ 单模和多模光接口应使用不同的尾纤。

④ 测试时，应根据接口类型选用 FC/PC（圆头）或 SC/PC（方头）连接头的尾纤。

⑤ 光功率计应在均方根模式下测量。

3. 接收光功率测试

收光功率测试如图 6-2-7 所示，测试操作如下：

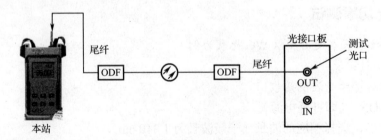

图 6-2-7　收光功率测试图

① 设置光功率计的接收光波长与被测光波长相同。

② 在本站，选择连接相邻站发光口（OUT）的尾纤（此尾纤正常情况下连接在本站光板的收光口上）。

③ 将此尾纤连接到光功率计的测试输入口，待接收光功率稳定后，读出光功率值，即为该光板的实际接收光功率。

测量注意事项：

① 该项测试一定要保证光纤连接头清洁，连接良好，包括光板拉手条上法兰盘的连接、清洁。

② 事先测试尾纤的衰耗。

③ 单模和多模光接口应使用不同的尾纤。

④ 测试时应根据接口类型选用 FC/PC（圆头）或 SC/PC（方头）连接头的尾纤。

⑤ 光功率计应在均方根模式下测量。

6.2.7　误码测试

采用误码仪测试误码时，一般以业务接入点为测试点。SDH 设备可以进行 E1、E3、T3、E4、STM-1 等接口的 B1、B2、B3、V5 的误码测试。可选择在线或离线两种测试方式。DWDM 设备可以对光波长转换板、合波板、分波板、放大板等共同组成的光路进行 B1 的误码测试。采用在线测试方法。

1. SDH 设备误码测试

（1）在线测试方法。

先选定一条正在使用的业务通道（E1、E3、T3、E4、STM-1），找到该通道在 DDF 上对应的端口；将测试线一端连接 DDF 该端口的"在线测试接头"，一端连接误码仪的在线测试接口进行测试。仪表的设置，请参考相应仪表的使用说明书，注意仪表此时应设置为"在线测试"，而且要注意仪表接地，并使用稳压的电源。

（2）离线测试方法。

这是用得较多的误码测试方法。先选定一条业务通道（E1、E3、T3、E4、STM-1），将误码仪的收发连接到此业务通道在本站的 PDH/SDH 接口的收发端口（误码仪的发应接 PDH/SDH 的收端口，误码仪的收应接 PDH/SDH 的发端口），然后在对端站 PDH/SDH 接口做内环回（例如在 DDF 处的硬件自环，或通过网管进行软件环回），设置好误码仪即可进行测试。误码仪的操作方法见相应的说明书，而且要注意仪表接地，并使用稳压的电源。

以 OptiX 2500+设备为例，误码测试连接框图如图 6-2-8 所示。

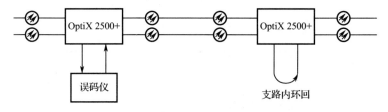

图 6-2-8　误码测试图

2. DWDM 设备误码测试（图 6-2-9）

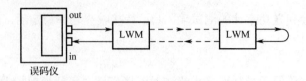

图 6-2-9 误码测试示意图

误码测试可以级联测试，图 6-2-9 中虚连线代表的可能是多个光波长转换板（包括对端站单板），也有可能是合波板、分波板、放大板等共同组成的光路。其他波长转换板操作与此相同。测试步骤如下：

① 设置误码仪，进行 SDH 信号误码测试。

② 按图 6-2-9 连接，开始 24 小时误码测试。

③ 如果 24 h 产生误码，通过网管分析 LWM 板的性能参数 B1 的数值，进行故障定位，待排除故障后重新测试。

注意

① 测试时注意光功率过载可能损坏光接收模块，所以必须在信号的输入端加衰耗器。

② 测试仪表应该有良好的接地。

6.2.8 单板的插拔和更换

在设备的扩容或维护过程中，常常需要添加或更换单板，而不正确的操作往往容易引起事故。

1. 单板更换前应做的准备工作

在更换单板前，一定要做好表 6-2-1 列出的准备工作，准备工作的任意一项没有做好，都不能启动单板更换。避免因准备不充分导致更大的事故。

单板更换往往会导致业务中断，更换单板的时间最好选择在夜里业务量较小的时候。

表 6-2-1 单板更换准备清单

基础准备（所有单板更换都必须填写）			
单板名称		单板条形码	
网元名称		站点名称	
单板所在槽位			
单板配置信息是否已备份		□是　　□否	
被更换单板是否导致了业务中断		□是　　□否	
单板是否需要设置拨码开关和跳线		□是　　□否　　□不清楚	
业务板更换准备（非业务板可以不填）			
业务是否备份	□是　　□否	业务保护类型	
是否配置了电接口保护（光接口板可以不填）		□是　　□否	
电接口保护是否启动（仅上一条成立时填写）		□是　　□否	

主控板（SCC）更换准备（仅主控板更换填写）		
单板 ID		
网元业务是否备份	□是　　　□否	
交叉板更换准备（仅交叉板更换填写）		
交叉容量		
时钟板更换准备（仅时钟板更换填写）		
时钟保护方式		
公务板更换（仅公务板更换填写）		
公务电话号码	公务会议电话号码	
单板更换工具准备		
螺丝刀（用来拆卸单板）	拔纤器（注意，不同光接口采用不同拔纤器）	
光功率计（仅光接口板更换时需要）	光衰（仅光接口板更换时需要）	
可变光衰（仅光接口板更换时需要）		
其他工具：		
其他准备活动：		
更换原因：		
单板更换责任人签名：		

2. 单板插拔和更换操作

　　在完成单板更换的准备工作后，就可以进行单板更换了。单板上多采用非常灵敏的芯片，人体产生的静电会损坏单板上的静电敏感元器件，如大规模集成电路等，所以，在接触单板前一定要做好相应的防护工作，如图 6-2-10 所示。

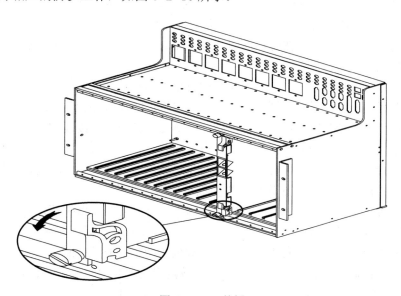

图 6-2-10　单板

单板更换步骤（以华为设备为例）：

① 带好防静电手腕。

② 如果被更换的单板上连接有线缆，请将线缆从单板接口上拔下来。

③ 将单板从槽位上拔出。

④ 将拔出的单板装入防静电口袋。

⑤ 从防静电口袋中将待更换的单板取出。

⑥ 插入单板时，先将单板的上下边沿对准子架的上下导槽，沿上下导槽慢慢推进，直至单板刚好嵌入母板。子架插头要对准单板插座，子架防误插导销对准单板的防误插导孔，然后再稍用力推单板的拉手条，直至单板基本插入。若感觉到单板插入有阻碍，不要强行插单板，应调整单板位置后再试。

⑦ 观察到插头与插座的位置完全配合时，再将拉手条的上下扳手向里扣，至单板完全插入，并旋紧锁定螺钉。

注意

更换线路板（光接口板）时，要注意在插拔线路板前，应先拔掉线路板上的光纤，然后再插拔线路板。不要带纤插、拔板。

⑧ 观察单板上的指示灯，如果运行指示灯 1 秒亮、1 秒灭，证明单板工作正常。

⑨ 如果单板运行指示灯闪烁异常，说明待更换的单板有问题，请重新拔出并插入。如果问题依旧，请更换其他单板。

⑩ 如果更换的是光接板，需要现场测量收、发光功率值，接收灵敏度，过载光功率灯，指标应符合相关标准。

⑪ 如果单板上需要插入线缆，请插入相应的线缆。注意位置要正确。

⑫ 从网管处将备份的单板配置数据重新下发。

⑬ 如果更换的是主控板（SCC），需要将更换单板前备份的网元数据重新下发。

⑭ 从网管处查看该站告警和性能事件，确保没有异常告警和性能事件。

⑮ 单板更换完成后，需要在现场继续观察 15 min，确认单板工作无误后方可离开。

单板更换注意事项：

① 插入单板时，切勿用力过大，以免弄歪母板上的插针。

② 顺着各板位的防误插导槽插入单板，避免单板上的元器件相互接触，引起短路。

③ 手拿单板时，切勿触摸单板上的电路、元器件、接线头、接线槽。

④ 在插入接口板时，不允许接口板上连有线缆。

⑤ 更换光接口板时，眼睛不要直视接口与光纤接触，激光束会对眼睛造成损害。

⑥ 如果支路板没有配置 TPS 保护，则拔板后会造成业务中断。

⑦ 如果配置了保护功能，如链形保护、通道保护环、复用段保护环，则在单板更换后，应检查保护倒换功能是否正常。

⑧ 如果交叉时钟板没有配置主备保护，则拔板后会引起业务中断。

⑨ 主控板拔板后，如设备掉电重新启动后，或网络发生复用段保护倒换时，业务将中断。

6.2.9　单板复位

这个操作在设备故障处理时经常用到。复位单板是危险的操作，特别是对具有业务处理能力的单板复位，往往会中断业务。所以，非特殊情况下，不可以复位单板。

1. 通过网管复位单板

以华为网管系统为例，说明通过网管系统进行单板复位的操作步骤：

① 在网管界面顶部菜单条上选择"维护"→"复位单板"。

② 在出现的对话框上选择需要复位的网元或其单板，单击 >> 。

③ 在单板列表中选中需要复位的单板。

④ 单击"软复位"或"硬复位"。也可以通过右键菜单完成该功能，一次可以选中并复位多块单板。

软复位：不重新初始化单板上的一些寄存器数据。

硬复位：重新初始化单板上的一些寄存器数据。

2. 硬件复位单板

硬件复位单板比较简单，只需要插拔单板就可以了。

主控板的拉手条上有一个复位按钮"RST"，按下此按钮，主控板就复位一次；也可以通过插拔主控板来复位单板。

主控板硬复位和软复位都不会影响业务，除非网络发生了复用段保护倒换。

但是当主控板处于复位状态时，网管通信将暂时中断，直到主控板重新进入正常运行状态。

6.2.10　设备告警声音切除

原则上，不准许随便切断声音告警，但在某些场合，需要暂时切除该告警声，切除方法如下。

1. 利用主控板上的告警声切除开关

此开关位于主控板上，属于触发式开关。在有声音告警时，将此开关拨下，则告警声音被切除；

然后再将此开关拨上，当下次设备又有新的紧急告警上报时，将再次触发声音告警。整个过程相当于确认告警。

设备正常运行时，此开关要求置于"向上"位置。

2. "MUTE"开关切除告警声

此开关位于机柜顶部的电源盒上。将此开关置于"OFF"的位置，声音告警会彻底关闭，即使以后再发生紧急告警，机柜也不会发出声音告警。

设备运行时，此开关要求置于"ON"的位置。

 思考与练习

一、填空题

1. 光传输设备的日常维护又称为光传输设备的_____。

2. 环回的方法有_____和_____；环回信号可以是_____或_____。

3. 为防止光功率过强损耗光口，一般在接受光口前需加入适当的规格：_____。

4. 硬件环回方向一般都是_____方向。

5. SDH 设备可以实现的误码测试包括_____和_____两种测试方法。

6. 告警信息按严重程度可分为_____、_____、_____和_____ 4 种。

7. 利用网管软件的打印功能，可以打印输出_____、_____、_____和_____等信息。输出的报表可作为_____、_____和_____依据。

二、解答题

1. 光传输设备日常维护包括哪些方面？

2. 简述环回操作。

3. 简述插拔单板的规范操作。

4. 简述故障处理的原则。

5. 单板维护的注意事项有哪些？

6. 按图 6-2-11 所示组网规划。

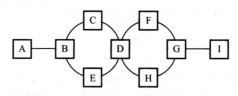

图 6-2-11　组网规划

A→D　5 个 34 Mb/s；

A→I　4 个 140 Mb/s；

B→G　2 个 140 Mb/s；

B→F　40 个 2 Mb/s；

C→I　7 个 34 Mb/s；

D→G　70 个 2 Mb/s。

分别对其进行网元单板配置、网元连接配置、网元时隙配置。

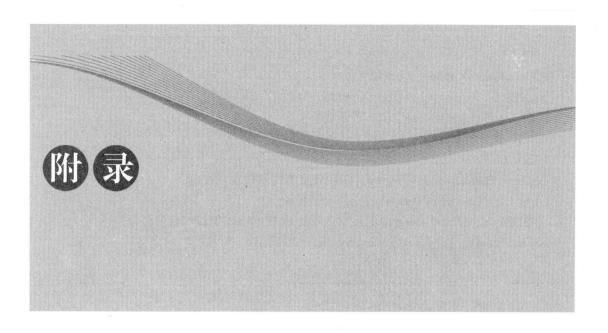

A

ADM：Add and Drop Multiplexer 分插复用器

AIS：Alarm Indication Signal 告警指示信号缩略语

AU-AIS：Administrative Unit Alarm Indication Signal 管理单元告警指示信号

AU-LOP：Loss Of Administrative Unit Pointer 管理单元指针丢失

ACTS：Advanced Communication Technology and Service 高级通信技术与业务项目

ADM：Add Drop Multiplexer 分插复用器

API：Application Programming Interface 应用程序编程接口

Appletalk：一组网络协议的名字

APS：Automatic Protection Switching 自动保护倒换

APSD：Automatic Power Shut Down 光功率自动关断

ASCII：American Standard Code for Information Interchange 美国信息交换标准代码

ASE：Amplified Spontaneous Emission 放大自发辐射光源

ASON：Automatically Switched Optical Network 自动交换光网络

ASP：Administrative Unit Signal Processing 同步线路管理单元信号处理

ASTN：Automatic Switched Transport Network 自动交换传输网

ATM：Asynchronous Transfer Mode 异步传送模式

AU：Administrative Unit 管理单元

AUG：Administrative Unit Group 管理单元组

AUPTR：administration unit pointer 管理单元指针

B

BA：Booster Amplifier 功率放大器

BA2/BPA：2x/Booster Precede Amplifier 功放/前放接口板

BBE：Background B lock Error 背景误块

BBER：Background Block Error Ratio 背景误块比

BER：Bit Error Rate 误码率

BFD：：Bidirectional Forwarding Detection 双向转发检测机制

BIP：Bit Interleaved Parity 比特交织奇偶校验

B-ISDN：Broadband-integrated Services Digital Network 宽带综合业务数字网

BITS：Building Integrated Timing Systems 大楼综合定时系统

C

C：Container 容器

C34S：3E3/T3 75 Interface Board for Switch 3×E3/T3 750 欧电接口转接倒板

CATV：Cable Television 有线电视

CBR：Constant bit rate 恒定比特率

CCSA：China Communications Standards Association 中国通信标准化协会

CIT：computer Interface Terminal 计算机接口终端

CIR：Committed Information Rate 承诺信息速率

Client：用户端

CMI：Coded Mark Inversion 传号反转码

COS：Class of Service 业务等级

CRC：Cyclic Redundancy Check 循环冗余码

D

D12S：32 E1 120 Interface Board for Switch 32XE1 120O 欧电接口转换倒板

D75S：32 El 75 Interface Board for Switch 32×El 750 欧电接口转换倒板

DCC：Data Communications Channel 数据通信通道

DCF：Dispersion Compensating Fiber 色散补偿光纤

DCN：Data Communication Network 数据通信网

DDF：Digital Distribution Frame 数字配线架

DFB：Distributed Feed-Back 分布反馈

DQDB：Distributed Queue Dual Bus 分布式队列双总线

DSF：Directory System Function 数据库管理功能元

DWDM：Dense Wavelength-Division Multiplexing 密集波分复用

DXC：Digital Cross Connect 数字交叉连接

E

E12S：63El 120 Interface Board for Switch 63×El120 欧电接口转接倒换板

E75B：63 E1 75 Interface Board 63×El75 欧电接口板

E75S：63E1 75 Interface Board for Switch 63×El 75 欧电接口转接倒换板

EB：Error Block 误码块

ECC：Embedded Communications Channel 嵌入式控制通道

EDF：Erbium-Doped Fiber 掺铒光纤

EDFA：Erbium-Doped Fiber Amplifier 掺铒光纤

EIPC：Electrical Interface Protection Control 电接口保护控制板

EIR：Equipment Identity Register 设备识别寄存器

EMC：Electro Magnetic Compatibility 电磁兼容

ES：Errored Second 误码秒

ESR：Errored Second Ratio 误码秒比

F

FBI：Internal Connection board-type I 母板 El 接口线连接板 1

FB2：Internal Connection board-type II 母板 E1 接口线连接板 2

FCS：Frame Check Sequence 帧检验序列

FDDI：Fiber Distributed Data Interface 光分布式数据接口

FEBE：Far End Block Error 远端误码块

FEC：Federal Exchange Commission 前向纠错

FERF：Far End Receive Failure 远端接收失效

FICON：Fiber Connector 光纤连接器

FITB：Fiber To The Building 光纤到大楼

FITC：Fiber To The Curb 光纤到路边

FTTH：Fiber To The Home 光纤到家庭

Forwarders：转发器

FRR：Fast Reroute 快速重路由

G

GCC：GNU Compiler Collection 编译器套装

GFP：General Frame Procedure 通用成帧规程

GPS：Global Position System 全球定位系统

H

HDLC：High Level Data Link Control 高级数据链路控制

HRDS：Hypothetical Reference Digital Section 假设参考数字段

HRP：Hypothetical Reference Path 假设参考通道

HOA：Higher Order Assembler 高阶组装器

HOI：Higher Order Interface 高阶接口

HPA：Higher order Path Adaptation 高阶适配

HP-BBE：Higher order Path-Background Block Error 高阶通道背景误码块

HPC：Higher order Path Connection 高阶通道连接

HPP：Higher order Path Protection 高阶通道保护

HP-RDI：Higher order Path-Remote Defect Indication 高阶通道远端缺陷指示

HP-REI：Higher order Path-Remote Error Indication 高阶通道远端差错指示

HP-SLM：Higher Order Path-Signal Label Mismatch 高阶通道信号标记字节失配

HPT：Higher order Path Termination 高阶通道终端

HP-TIM：Higher order Path-Trace Identifier Mismatch 高阶通道踪迹字节失配

HP-UNEQ：Higher order Path-Unequipped 高阶通道未装载

I

ICC：The International Chamber of Commerce 国际商会

IEEE：Institute of Electrical and Electronics Engineers 电气与电子工程师协会

IETF：The Internet Engineering Task Force Internet 工程任务组

IP：Internet Protocol 网际协议

IPTV：Internet Protocol Television Internet 网络电视

IUP：Interfaces Unit Protection 接口单元保护

ITU：International Telecommunication Union 国际电信联盟

J

JWT：JSON Web Token 联合工作组

L

L2VPN：Virtual Private Network 虚拟专用网络

LA：Line Amplifier 线路放大器

Label：标签

LACS：Link Capacity Adjustment Scheme 链路容量调整方案

LAN：Local Area Network 局域网

LAPS：link Accept Protocol-SDH 链路接入协议-SDH

LCAS：Link Capacity Adjustment Scheme 链路容量调整机制

LD：Laser Diode 半导体激光器

LDP：Label Distribution Protocol 标签分发协议

LED：Light Emitting Diode 发光二极管

LOF：Loss Of Frame 帧丢失

LOS：Loss Of Signal 信号丢失

LOI：Loss Order Interface 低阶接口

LPR：Local Primary Reference 区域基准时钟

LPA：Lower order Path Adaptation 低阶通道适配

LPC：Lower order path Connection 低阶通道连接

LPDB：Line Protection Drive Board 线路保护驱动板位

LPP：Lower order Path Protection 低阶通道保护

LP-RDI：Lower order Path-Remote Defect Indication 低阶通道远端缺陷指示

LP-REI：Lower order Path-Remote Error Indication 低阶通道远端差错指示

LP-SLM：Lower order Path-Signal Label Mismatch 低阶通道信号标记字节失配

LPSU：Line Protection Switching Unit 线路保护倒换板

LPT：Lower order Path Termination 低阶通道终端

LP-TIM：Lower order Path-Trace Identifier Mismatch 低阶通道踪迹字节失配

LP-UNEQ：Lower order Path-unequipped 低阶通道未装载

LSP：Layered Service Provider 分层服务提供程序

LSP Ping：Label Switching Path 标签交换路径

LVC：Low Voltage Control Unit 低压保护

M

MAC：Medium Access Control 媒体访问控制

MAF：Management Application Function 管理应用功能元

MAN：Metropolitan Area Network 城域网

MCF：Message Communication Function 消息通信功能

MCU：Multipoint Control Unit 多点控制单元

MF：Mediation Function 协调功能

MPLS-TP：MPLS transport profile 面向连接的分组交换网络技术

MSP：Multiplexer Section Protection 复用段保护

MST：Multiplexer Section Termination 复用段终端

MS-AIS：Multiplexer Section-Alarm Indication Signal 复用段告警指示信号

MS-BBE：Multiplexer Section-Background Block Error 复用段背景误码块

MS-RDI：Multiplexer Section-Remote Defect Indication 复用段远端缺陷指示

MS-REI：Multiplexer Section Remote Error Indication 复用段远端差错指示

MSOH：Multiplexer Section Over Head 复用段开销

MSP：Multiplexer section Protection 复用段保护

MSTP：Multiple spanning Tree protocol 多业务传送平台

MTIE：MaximunTime Interval Error 最大时间间隔误差

MUX：Multiplex or Multiplexer 多路复用器

N

NDF：New Data Flag 新数据标志

NEF：Network Element Function 网元功能

NNI：Network to Network Interface 网络结点接口

NRZ：Non-Return to Zero 不归零码

NTP：Network Time Protocol 网络时钟协议

NZ-DSF：No-Zero Dispersion Shifted Fiber 非零色散位移光纤

O

OA：Optical Amplifier 光放大器

OADM：Optical Add-Drop Multiplexer 光分插复用器

OAM：Operation Administration and Maintenance 处理操作，管理和维护

OCC：operating control center 运行控制中心

OCDMA：Optical code Division Multiple Access 光码分多址

OCH：Optical Channel Layer 光通道层

OFDM：Optical Frequency Division Multiplexing 光频分复用

OMS：Optical Multiplex Section Layer 光复用段层

OPU：Outstation Processing Unit 分部处理单元

OSF：Operating System Function 操作系统功能

OTDR：Optical Time Domain Reflectometer 光时域反射仪

OTDM：Optical Time Division Multiplexing 光时分复用技术

ODF：Optical Distribution Frame 光纤配线架

OHA：Over Head Access 开销接入

OLT：Optical Line Terminal 光线路终端

OOF：Out Of Frame 帧失步

OSC：Open Source Commerce 光监控信道

OSF：Operating System Function 操作系统功能

OTM：Optical Terminal Multiplexer 光终端复用器

OSI：Open System Interconnection 开放系统互联

OTN：Optical Transport Network 光传送网络

OTS：Optical Transmission Layer 光传输段层

OTU：Optical Transform Unit 光转换单元

OXC：Optical Cross Connection 光交叉连接

P

PA：Pre-Amplifier 前置放大器

PD1：32 x E1 Interfaces Unit32 x E1 电接口板

PDA：Power Distribution Adapter 电源分配转接

PDFA：Praseodymium-Doped Fiber Amplifier 掺镨光纤放大器

PDH：Plesiochronous Digital Hierarchy 准同步数字系列

PDU：Packet Data Unit 分组数据单元

PHY：Physical Layer 物理层

PL3：3 x E3/T3 Interfaces Unit 3 路 E3/T3 电接口板

PM1：32 x E1/T1 Interfaces Unit 32 路 E1/T1 兼容电接口板

PMU：Power Monitor Unit 电源监测板

POH：Path Over Head 通道开销

PP：Path Protocol 通道保护

PPI：PDH Physical Interface PDH 物理接口

PPP：Point-to-Point Protocol 点对点协议

PQ1：63 x E1 Interfaces Unit 63xE1 电接口板

PRC：Primary Rcference Clock 全国基准时钟

PTR：Pointer 指针

Q

QAF：Q Adapter Function Q 适配器功能

QOS：Quality Of Service 服务质量

QW：Quantum Well 量子阱

R

REG：Regenerator 再生中继器

RNC：Radio Network Controller 无线网络控制器

RSOH：Regenerator Section Overhead 再生段开销

RPR：Resilient Packet Ring 弹性分组环

RS-BBE：Regenerator Section -Background Block Error 再生段背景误码块

RST：Regenerator Section Termination 再生段终端

S

S16：Synchronous STM-16 STM-16 光接口板

SASE：Stand-Alone Synchronization Equipment 独立性同步设备

SD1：Dual STM-1 Optical Interface unit 2 路 STM-1 光接口板

SD4：Dual STM-4 Optical Interface unit 2 路 STM-4 光接口板

SDE：Dual STM-1 Electrical Interfaces Unit 2 路 STM-1 电接口板

SDE2：Dual STM-1 Electrical Interfaces Unit 2 路 STM-1 电接口板

SDH：Synchronous Digital Hierarchy 同步数字体系

SDM：Space Division Multiplexing 空分复用

SEC：SDH Equipment Clock 设备时钟

SEMF：Synchronous Equipment Management Function 同步设备管理功能

SES：Severely Error Second 严重误码秒

SESR：Severely Error Second Ratio 严重误码比

SETS：Synchronous Equipment Timing Source 同步设备时钟源

SETPI：Synchronous Equipment Timing Physical Interface 同步设备定时物理接口

SL4：STM-4 Optical Interface Unit STM-4 光接口板

SMN：SDH Management Network SDH 管理网

SNCP：Sub-Network Connection Protection 子网连接保护

SP：Security Function 安全管理功能元

SPI：Synchronous Physical Interface 同步物理接口

SQ1：Quad STM-1 Optical Interface Unit 4 路 STM-1 光接口板

SQE：Quad STM-1 Electrical Interface Unit 4 路 STM-1 光接口板

SSM：Synchronous Status Message 同步状态信息

SSU：Synchronous Supplying Unit 同步供给单元

STM：Synchronous Transfer Mode 同步传送模式

STP：Signaling Transfer Point 信令转接点

T

TCM：Terminal Compliance Management 终端管理系统

TCP：Transmission Control Protocol 传输控制协议

TDM：Time Division Multiplexing 时分复用

TTF：Transport Terminal Function 传送终端功能

TM：Terminal Multiplexer 终端复用器

TMN：Telecommunications Management Network 电信管理网

TPS：Toyota Production System 支路保护倒换

TU：Tributary Unit 支路单元

TUG：Tributary Unit Group 支路单元组

TV-AIS：Tributary Unit-Alarm Indication Signal 支路单元告警信号

TUI-LOM：Tributary Unit-Loss Of Multi-frame 支路单元复帧丢失

TU-LOP：Tributary Unit-Loss Of Pointer 支路单元指针丢失

Tunnels：隧道

TUPTR：Tributary Unit Pointer 支路单元指针

U

UBR：Uncertain bit rate 不确定比特率

UISF：User Interface Support Function 用户接口支持功能元

UNI：User Networks interface 用户网络侧接口

UTC：Universal Time Coordinate 通用时间坐标

V

VC：Virtual Container 虚容器

VDF：Audio Distribution Frame 音频配线架

VLAN：Virtual Local Area Network 虚拟局域网

VOIP：Voice Over Internet Protocol 用 Internet 数据网络承载语音

VPDN：Virtual Private Dial-up Networks 虚拟专用拨号网

VPLS：Virtual Private LAN Service 虚拟专用局域网业务

VPN：Virtual Private Network 虚拟专用网

VPRN：Virtual Private Routing Network 虚拟专用路由网

VRF：Visual FoxPro 数据库程序设计

VWP：al Wavelength Path 虚波长通道

W

WAN：Wide Area Network 广域网

WDM：Dense Wave length Division Multiplexing 波分多路复用

WFQ：Weighted Fair Queuing 加权公平排队

WSF：Work station Function 工作站功能

WSSF：work station support 工作站支持功能元

WP：Wavelength 波长通道

X

XCS：Cross Connection/Clocking board 交叉连接与时钟处理板

参 考 文 献

[1] 王健. 光传送（OTN）技术设备及工程应用[M]. 北京：人民邮电出版社，2016.

[2] 刘业辉，方水平. 光传输系统(中兴)组建、维护与管理[M]. 北京：人民邮电出版社，2011.

[3] 贾璐. 光传输系统运行与维护[M]. 北京：机械工业出版社，2013.

[4] 卜爱琴. 光传输系统的组建与维护[M]. 北京：北京师范大学出版社，2013.

[5] GB/T 32657. 2-2016，自动交换光网络（ASON）[S]，2016.

[6] 李允博. 光传送网(OTN)技术的原理与测试[M]. 北京：人民邮电出版社，2013.

[7] 肖萍萍，吴健学，等. SDH 原理与技术[M]. 北京：北京邮电出版社 2002.

[8] 肖萍萍，吴健学，等. SDH 原理与应用[M]. 北京：人民邮电出版社 2008.

[9] 佟卓，尹斯星. 宽带城域网与 MSTP 技术[M]. 北京：机械工业出版社出版 2007.

[10] 金明晔，张智江，陆斌. DWDM 技术原理与应用[M]. 北京：电子出版社，2004.

[11] 韦乐平. 光同步数字传输网[M]. 北京：人民邮电出版社.

[12] 曾甫泉. 光同步传输网技术[M]. 北京：北京邮电学院出版社，1996.

[13] 杨世平，张引发，邓大鹏，何渊. 光同步数字传输设备与工程应用[M]. 北京：人民邮电出版社，2001.